BÄUME DER HOFFNUNG

SUSANNE FISCHER-RIZZI

BÄUME DER HOFFNUNG

BAUM UND MENSCH IM KLIMAWANDEL

at VERLAG

INHALT

EIN BAUM NAMENS LEBEN

VORWORT

Die Wälder der Erde verkörpern den Reichtum dieses Planeten. Jeder einzelne Baum ist ein Inbegriff dieser unermesslichen Fülle. Zwischen Menschen und Bäumen bestand schon immer eine enge Beziehung. Es sind besonders die alten Bäume, die uns berühren. Sie sind – wie wir Menschen – Individuen mit Charakter und über ein soziales Netz miteinander verbunden. Zu diesen Baumriesen spüren wir eine geheimnisvolle Verbindung – eine Magie, der sich kaum jemand entziehen kann.

Eine über vier Jahrzehnte lange Freundschaft verbindet mich mit einer monumentalen alten Eiche, einer beeindruckenden Baumpersönlichkeit, die bereits rund vierhundert Jahre zählt. Man könnte sie sich daher gut in einem der Märchen der Gebrüder Grimm vorstellen. Ihr Stamm ist hohl und weist eine große, runde Öffnung auf. Als wir uns kennenlernten, setzte ich mich in die geräumige Aushöhlung ihres mächtigen Stammes und fühlte mich von ihr wohlwollend willkommen geheißen. Ich nannte sie »Vita«, nach dem lateinischen Wort für »Leben«, denn hier spürte ich den uralten und immer wieder neuen Herzschlag des Lebens.

Die Basilika Sagrada Família in Barcelona, »umarmt« von einem Baum.

Mir wurde klar, wie wenig ich von unseren einheimischen Bäumen wusste. Ich wollte mehr über sie erfahren, ihre Geschichten hören, ihre Botanik studieren, ihre Heilkraft kennenlernen. Ein Buch über Bäume, wie ich es mir wünschte, gab es damals nicht, und so fasste ich den Entschluss, es für mich selbst zu schreiben, mich auf die Spur der Bäume zu begeben und alles, was ich über sie lernte, festzuhalten. Ich unternahm eine Art Pilgerreise quer durch Deutschland, zu den alten, sagenumwobenen Baumriesen meines Heimatlandes, die mich unter anderem auch zu der erwähnten Eiche im märchenhaften Urwald nahe dem Dornröschenschloss Sababurg in Hessen führte. Nach drei Jahren des Forschens, Studierens und Reisens war ein Buch entstanden: *Blätter von Bäumen. Legenden, Mythen, Heilanwendung und Betrachtung von einheimischen Bäumen.* Es erschien 1980, hat bis heute über zwanzig, immer wieder aktualisierte Auflagen erfahren und inspiriert weiterhin Baumliebhaberinnen und -liebhaber.

Bei meinen Erkundungsreisen begegnete ich vermehrt kahlen Bäumen und kranken Wäldern. Ich sah sie bedroht, sah sie sterben und war beunruhigt. Der saure Regen hatte ihnen enorm geschadet; der einst grüne Wald zeigte braune Baumspitzen und ausgedehnte kahle Flächen. Zum Glück erfolgte eine heftige Reaktion aus der Bevölkerung, später auch aus der Politik, und die Ursachen des Waldsterbens konnten behoben werden: Industrieabgase wurden entschwefelt, sodass weniger Stickoxide in die Luft gelangten, sich in Schwefelsäure verwandeln konnten und die Böden sauer werden ließen. Die Abgase der Autos wurden durch den Einbau von Katalysatoren gereinigt. Diese wirksamen Filtersysteme bremsten das Waldsterben, und der Wald erholte sich zusehends. Er atmete auf – und ich ebenfalls.

Immer wieder besuchte ich Vita, meine alte Eichenfreundin. Mächtig, gesund und stark stand sie da, verharrte in scheinbar unbeugsamer Entschlossenheit und zeigte mit zunehmendem Alter mehr und mehr ihre Persönlichkeit. Wenn ich sie besuchte, legte ich meinen Kopf gerne an die Runzeln ihrer Rinde und spürte ihren kraftvollen Stamm. Das Alter schien sie nicht zu beeinträchtigen, ihre faltige Rinde sah immer gleich aus. Durch die Jahrzehnte hindurch schien sie äußerlich fast unverändert, während die Zeit sich mit feinen Falten in mein Gesicht einschrieb.

Nun werde ich zum zweiten Mal in meinem Leben Zeugin dessen, wie Bäume ums Überleben kämpfen, wie der Zustand der Wälder schlechter denn je ist, mehr noch als in den Achtzigerjahren. Ein zweites Mal schreibe ich ein Buch über diese wunderbaren Gewächse. Ich musste es tun, nicht zuletzt um mir selbst Mut und Hoffnung zu geben – und vielleicht auch Ihnen. Wieder bin ich mit der Zerstörung der Natur konfrontiert, dies besonders nach den Dürresommern in den Jahren 2018, 2019 und 2022. Wieder sehe ich kranke Bäume, sterbende, kahle Wälder. Ich blicke in geschwächte Baumbestände, sehe lichte Kronen und entdecke kaum mehr einen älteren gesunden Baum.

Dieses Mal jedoch ist das Waldsterben weltweit und in unvorstellbaren räumlichen und zeitlichen Dimensionen wirksam. Der Klimawandel hat das gesamte Ökosystem des Planeten in Mitleidenschaft gezogen, es zum Kippen gebracht. Die Wälder sind tiefgreifenden und schnellen Veränderungen ausgesetzt – in zwanzig bis dreißig Jahren wird unser Wald ganz anders aussehen. Die Klimakrise ist vor unserer Haustür angekommen, die Bedrohung greifbar nah. Die bedrückende Faktenlage zwingt uns dazu, unsere Sicht der Natur, unseren Glauben an die Unerschöpflichkeit der Ressourcen, an unbegrenztes Wachstum radikal zu überdenken und neu auszurichten.

Heute sterben auch alte Waldbestände. So reiste ich wieder zu meiner Eiche, um nachzusehen, wie es ihr geht. Schon von Weitem bemerkte ich, dass sie schwächelte. Es ging ihr schlechter, als ihre noch immer imposante Gestalt glauben machte. Um sie herum – mit einigem Abstand – kahle, abgestorbene Fichtenbestände. Mir blutete das Herz. Ich setzte mich ins Gras an ihrem Stamm und fühlte mein Entsetzen und meine Trauer.

Doch dann erinnerte ich mich daran, dass es damals, in den 1980er-Jahren, möglich war, das Waldsterben zu stoppen. Viele Fragen wirbelten mir durch den Kopf: Ist das auch heute wieder möglich? Können wir die Bäume, die Wälder retten – und damit unser eigenes Überleben sichern? Können wir den Lauf der Dinge aufhalten, wirksame Maßnahmen gegen den menschengemachten Klimawandel finden? Schaffen wir es, unseren Lebensstil zu ändern? Welche Rolle spielen die Bäume und die Wälder der Erde in diesem Prozess? Was bewirkt der Klimawandel beim Menschen, was bei den Bäumen, und in welcher Wechselwirkung stehen die beiden?

Erneut machte ich mich auf die Suche, recherchierte und sammelte diesmal Informationen, Fakten und Zusammenhänge über den Klimawandel. Ich befragte Expertinnen und Experten zu diesem Thema. Aus dem Wissen über Klimawandel, Wälder, Wind, Wetter, Wasserkreislauf und Klimabäume setzte sich allmählich ein Verständnis für die Ursachen des Waldsterbens zusammen. Davon werde ich im ersten Teil des Buches berichten.

Was mir dieses Mal Hoffnung gab und gibt, waren die vielen Begegnungen mit Menschen, die sich für den Erhalt der Wälder, der Natur einsetzen, die beispielsweise Aufforstungsprojekte in verschiedenen Ländern initiiert haben und darin mitarbeiten.

Meine Recherchen und Reisen führten mich diesmal nicht nur in die Wälder oder zu einzelnen Bäumen wie für mein erstes Baumbuch, sondern ich verbrachte auch viel Zeit in Städten, um die dortige Situation der Bäume zu studieren. Städte sind besonders vom Klimawandel betroffen. Fast unbemerkt von der Bevölkerung gedeihen hier schon viele der sogenannten Klimabäume – einige wurden gepflanzt, manche verbreiten sich auch von selbst. Diese Bäume sind gekommen, um zu bleiben. Das sind gute Nachrichten, die Hoffnung schenken. Das Leben kehrt beeindruckend schnell zurück. In den durch den Klimawandel zerstörten Waldgebieten wie auch in Nischen in den Metropolen wachsen und gedeihen neue ebenso wie einheimische Pflanzen – wenn wir sie lassen.

Zwanzig neue Baumarten, die in unseren Städten und teilweise auch in den Wäldern wachsen, stelle ich Ihnen in diesem Buch vor. Ich möchte Sie dazu inspirieren, ihren Geschichten zu lauschen, sie kennenzulernen, über ihre Fähigkeiten zu staunen, künftig bei ihnen stehen zu bleiben und sie zu bewundern. Vielleicht wird dies Ihre Wahrnehmung der Bäume, der Natur, der Stadt verändern, sie erweitern. Um die neuen Klimabäume auch in ihrer ursprünglichen Heimat kennenzulernen, führten mich meine Reisen nicht nur durch Zentraleuropa, sondern auf verschiedene Kontinente. Am Rand der Steppe in Rumänien stand ich unter mongolischen Linden, in Städten des Mittelmeergebiets genoss ich den Schatten der Zürgelbäume, in Nordamerika bewunderte ich Tulpenbäume, in Südamerika Palo-Santo-Bäume, in Island beobachtete ich große Aufforstungsprojekte, im Norden von Skandinavien bestürzten mich riesige, flächendeckende Kahlschläge und die Abholzung der alten Naturwälder der Rentiernomaden.

Seit Jahrtausenden sind wir durch uralte Verflechtungen mit den Bäumen verbunden, und wir werden es auch künftig sein. Ihre Wurzeln ragen tief in unser Leben. Darüber berichte ich im abschließenden Teil des Buches. Ich möchte zu konstruktivem Tun anregen, das dafür sorgt, dass die Natur, die Wälder und einzelne Bäume gewürdigt und geschützt werden. Ich möchte ermutigen und aufzeigen, dass jede Aktion dabei zählt und zugleich Hoffnung schenkt. Das letzte Kapitel des Buches fragt deshalb: »Was können wir tun?« und führt uns zu einigen Menschen, die sich für die Rettung der Wälder einsetzen und uns zu eigenen Aktionen inspirieren und begeistern können.

Bäume machen unsere Städte lebenswert.

KLIMABÄUME: GEKOMMEN, UM ZU BLEIBEN

»Die einzige Autorität, die heute sagen darf: ›Du musst dein Leben ändern!‹ ist die globale Krise, von der seit einer Weile jeder wahrnimmt, dass sie begonnen hat (…) Sie besitzt Autorität, weil sie sich auf etwas Unvorstellbares beruft, von dem sie der Vorschein ist – die globale Katastrophe.«

– PETER SLOTERDIJK [1]

Was bedeutet der Klimawandel für Wälder und Bäume? Wie geht es dem Wald? Wie geht es Ihnen? Was empfinden Sie beim Anblick großflächigen Waldsterbens mit kahlen Baumkronen, ausgetrockneten Baumskeletten, bereits im Sommer fast entlaubten Bäumen oder solchen mit braungefleckten Blättern? Was geht in Ihnen vor, wenn Sie an abgestorbenen Nadelwäldern entlangfahren oder Ihren Lieblingsbaum besuchen, der sichtbar, spürbar geschwächt ist? Wie fühlt es sich an, wenn Sie unter einem Baum liegen und statt in ein Blätterdach in den Himmel blicken, da inzwischen jede zweite Buche oder Eiche gelichtete Wipfel (Kronenverlichtung genannt) aufweist?

Schneller als angenommen ändert sich das Klima. Wir nehmen es wahr, innerlich und äußerlich. Die zunehmende Hitze, die Trockenheit, die extremen

Wetterphänomene üben einen destabilisierenden Einfluss auf die komplexen Ökosysteme der Wälder, ja, des ganzen Planeten aus. Sie sind gefährdet, und zunehmend wird uns bewusst, wie wichtig sie für unser Überleben sind. Ohne Wälder droht eine Zerstörung der Ökosysteme der Erde. Nach den Ozeanen hüten die Wälder die größte Artenvielfalt des Planeten, sorgen für den höchsten Umsatz an Biomasse und sind aktiver Teil des globalen und des regionalen Klimas. Sie halten die Welt zusammen.

Noch immer werden riesige Flächen von Urwäldern etwa am Amazonas, in Indonesien oder in Afrika zugunsten des Sojaanbaus für Tierfutter, von Palmölplantagen und zur Ausbeutung verschiedener Rohstoffe vernichtet. Dabei ist der Amazonas-Regenwald die grüne Lunge des Planeten. Dieses Ökosystem entnimmt der Luft besonders viel Kohlendioxid, kann es speichern und so als natürliches Reservoir für Kohlenstoff (Kohlenstoffsenke) dienen. Dieser Wald erfüllt eine wichtige geoklimatische Funktion und hat auch auf unser europäisches Klima einen bedeutenden Einfluss. Er ist wie die großflächigen Wälder des Nordens eines der wichtigsten Kippelemente, die, wenn sie stark gestört sind, den Klimawandel unumkehrbar beschleunigen können.

Nun hat sich das Gefüge des Klimas stark verändert. Neben den Wäldern tragen verschiedene weitere Faktoren dazu bei, die alle miteinander vernetzt sind. Von besonderer Bedeutung ist der Jetstream, ein dynamisches Starkwindband, das in acht bis zwölf Kilometer Höhe mit hoher Geschwindigkeit von Westen nach Osten schlangenförmig die Erdkugel umkreist. Er hat großen Einfluss auf das lokale Wetter und das globale Klima. Er wird von der Temperaturdifferenz zwischen dem Äquator und den Polen angetrieben. Durch die steigenden Temperaturen infolge der Erderhitzung wird die Dynamik des Jetstreams verlangsamt. Hoch- und Tiefdruckgebiete verweilen länger an Ort und Stelle als bisher; dadurch entstehen Extremwetterbedingungen wie lang anhaltende Kälteperioden, Hitzewellen oder Überflutungen.

Die Klimaerwärmung bewirkt Dürreperioden, der Wald durstet und wird trocken, verheerende Waldbrände nehmen zu, tropische wie boreale Wälder sind von Feuer bedroht. Satellitenbilder zeigen ausgedehnte Waldbrände, die im Süden Europas, in Kalifornien, Australien, Südostasien und Sibirien wüten. Die zunehmende Hitze erhöht aber auch in den Wäldern Mitteleuropas die Brandgefahr. Der Kohlendioxidgehalt der Luft (CO_2-Gehalt) steigt durch die Brände, und der dadurch entstehende Feinstaub kann auch in weiter entfernte Gebiete verfrachtet werden und gesundheitliche Probleme schaffen.

Der Einfluss der Klimaerwärmung auf die heimische Baumwelt wird immer deutlicher sichtbar. Die heftigen Stürme der vergangenen Jahre haben die durch Trockenheit geschwächten Wälder teilweise großflächig zerstört, Bäume oft wie Streichhölzer umgelegt. Manche ehemalige Waldlandschaften ähneln nun Mondlandschaften. Dürresommer und heftige Stürme haben den Wäldern zu schaffen gemacht. Es waren vor allem die sturmanfälligen Fichten- und Kiefernmonokulturen, die unter diesen Wetterphänomenen zuerst gelitten haben. Der Klimawandel zeigt wie unter einem Brennglas auf jene Zustände, die nicht im Einklang mit der Natur vom Menschen geschaffen wurden. Die ursprünglichen alten Buchenwälder wurden schon Generationen vor uns gefällt. Mit schnellwachsenden Nadelbäumen wie Fichten und Kiefern wurde in Mitteleuropa plantagenmäßig aufgeforstet, da diese Baumarten schnell und gerade wachsen und gewinnbringend sind. Ihr Holz ist als Bauholz hoch begehrt. Doch die immer heißer und trockener werdenden langen Sommer setzen diese Bäume zunehmend unter Stress. Monokulturen sind für Schädlingsbefall viel anfälliger als Mischwälder. Außer in den Mittelgebirgszügen und wenigen Schluchtwäldern sind Nadelbaumarten bei uns ursprünglich nicht in großflächigen Beständen heimisch. In den borealen Nadelbaumgesellschaften besitzen sie ihr ökologisches Optimum, wachsen gut, wenn auch extrem langsam, und halten niedrigsten Temperaturen stand. Sie sind an die ökologischen Bedingungen in Gebieten wie Skandinavien, Sibirien oder Nordamerika angepasst und gedeihen in kalten Wintern mit kurzen Sommern gut. Als Teil des borealen Waldgürtels bevorzugen sie kaltes und feuchtes Klima. Mitteleuropa hingegen ist die Heimat der sommergrünen Laubwälder, die den Boden durch ein dichtes Blätterdach und höhere Verdunstung kühlen können. In einem Laubbaumwald kann es im Sommer bis zu sechs Grad kühler sein als in einem Kiefernwald.

Salida
adif

WASSER AUSSER REICHWEITE

Unsere einheimischen Bäume, Nadelbäume wie Laubbäume, stehen unter Trockenstress, da der Klimawandel ihnen höhere Temperaturen und zugleich weniger Niederschläge beschert. Eine fortschreitende Erderwärmung bewirkt, dass viele der einheimischen Bäume nicht mehr gedeihen können. Besonders Flachwurzler wie Fichten leiden unter Wassermangel. Ihre Wurzeln reichen nicht tief genug ins Erdreich, um an Grundwasser zu gelangen. Der Grundwasserspiegel sinkt zudem immer weiter. Extremwetterlagen schwächen das Immunsystem der Bäume; sie können sich schlechter gegen Schwächeparasiten wehren. Baumschädlinge – Pilze und Insekten – haben dadurch leichtes Spiel und fallen über die Bäume her. Insekten können sogar von Wassermangel gestresste Bäume riechen und orten.[2]

In den Wäldern sterben die Fichten durch rindenbrütende Borkenkäfer. Der Buchdrucker ist einer von ihnen und ein gefürchteter Forstschädling, der hier jedoch nur seine ökologische Nische findet und aus der Balance geratene Ökosysteme befällt. Geschwächte Bäume ziehen ihn wie magisch an. Normalerweise sind Bäume in der Lage, sich gegen diesen Angreifer zu wehren. Bohrt sich das Insekt in den Baumstamm, produziert der Baum vermehrt Harz, das den Borkenkäfer außer Gefecht setzt und gleichzeitig die Wunde am Stamm verschließt. Wenn die Bäume durch Trockenheit und den gesunkenen Grundwasserspiegel nicht mehr über ausreichend Wasser verfügen, können sie nicht mehr genügend Harz produzieren, um sich zu wehren. So konnte sich der Borkenkäfer milliardenfach in den Fichtenwäldern einnisten. Dieses kleine Insekt kann riesige Waldflächen vernichten, indem es die lebenswichtige Kambiumschicht unter der Rinde der Bäume zerstört.

Selbst auf engstem Raum schaffen es Bäume, in der Stadt zu überleben.

Auch andere Bäume und Mischwälder sind geschwächt und werden mehr als zuvor von Schwächeparasiten befallen. Eschen leiden durch einen aus Ostasien stammenden Parasiten, das Falsche Weiße Stängelbecherchen, einen Pilz, der von steigenden Temperaturen profitiert und das Eschentriebsterben verursacht. Eichen bedroht der Eichenwickler und in besonders wärmebegünstigten Gebieten der auch für den Menschen gesundheitlich bedenkliche Eichenprozessionsspinner. Kiefern werden vom Kiefernspinner befallen, Ulmen vom Ulmensplintkäfer, Berg- und Spitzahorn sind von der aus Nordamerika stammenden Rußrindenkrankheit bedroht. Diese zeigt sich an aufgeplatzter Rinde und der Absonderung von schwarzen Pilzsporen, die für den Menschen durch eine Reizung der Atemwege gesundheitsschädlich sind und starke allergische Reaktionen auslösen können.

KLIMAWANDEL ESSEN SEELE AUF

Ebenso leiden die Buchen unter den Folgen des Klimawandels, besonders die wunderschönen alten Baumriesen sind betroffen. Es fehlt auch ihnen an Wasser. Buchenwälder sind eigentlich die Regenwälder Europas, und ausgedehnte Buchenwälder müssten den Kontinent bedecken. Zwei Drittel Deutschlands sind heute von Wäldern bedeckt, von Natur aus wären es hauptsächlich Buchenwälder.

Ich besuchte den Nationalpark Hainich im Nordwesten Thüringens, den größten zusammenhängenden Buchenwald Deutschlands, ein Unesco-Weltnaturerbe. Dort nahm ich am Stamm einer mächtigen Buche Platz, spürte ihre glatte Rinde an meinem Rücken und blickte hinauf in ihre Krone, die sich wie das Dach einer Kathedrale über mir wölbte. Buchen wissen, wie man Wasser sammelt: Ihre nach oben gerichteten Äste fangen das Regenwasser auf, das der glatte Stamm nach unten bis zu den Wurzeln rinnen lässt.

Der Klimawandel verursacht auch extreme Stürme. Flachwurzelnde Bäume, wie hier Fichten in Monokulturen, sind besonders gefährdet.

Vor einigen Jahren hatte ich diesen Zauberwald schon einmal besucht, um unter den wundervollen Bäumen in die Buchenzeit einzutauchen. Diese wunderschönen majestätischen Bäume sind nun geschwächt und leiden an Baumkrankheiten wie dem Buchenschleimfluss. Durch die steigenden Temperaturen wandern zunehmend neue Schädlinge ein, die die Bäume schädigen können. Die sterbenden alten Buchen, auch in meiner Heimat im Allgäu, lassen in mir ein be-

klemmendes Gefühl und Trauer aufsteigen. Nicht weit von meinem Haus entfernt sterben jahrhundertealte Buchen, die ich seit Jahrzehnten kenne und besucht habe, langsam ab. Oft saß ich an ihrem Stamm und genoss ihre Ausstrahlung. Nun befinden sie sich im Trockenstress. Ihre Blätter verfärben sich, fallen mitten im Sommer ab. Durch den vorzeitigen Laubfall versuchen die Bäume, Verdunstungsfläche zu reduzieren. Mächtige Äste brechen vom Stamm, die Krone ist schütter. Pilze besiedeln das geschwächte Holz des Baumes. Ich hoffe jedes Jahr von Neuem, dass nicht ein weiterer Dürresommer die Bäume quält und es möglichst vielen gelingt, sich einigermaßen an den Wassermangel anzupassen und sich die kargen Niederschläge einzuteilen.

Für das Gefühl des Verlustes und der Trauer, den emotionalen Schmerz, der entsteht, wenn wir miterleben, dass durch Umweltzerstörung Naturräume und so auch die eigene Heimat verschwinden, hat der australische Naturphilosoph Glenn Albrecht 2005 den Begriff Solastalgie geprägt. Das Wort setzt sich aus dem lateinischen Begriff für »Trost«, *solacium,* und der griechischen Wurzel *algos* für »Schmerz« zusammen. Es beschreibt das beklemmende Gefühl der Machtlosigkeit den großen Umweltveränderungen gegenüber und der Trauer über den Verlust von Heimat. Der Journalist und Riff-Reporter Christopher Schrader beschreibt den Angriff der globalen Erwärmung auf unsere psychische Gesundheit mit dem Satz »Klimawandel essen Seele auf«.[3]

Wie können wir mit Solastalgie umgehen? Wir können den Verlust der Natur, der Wälder und Bäume, nicht mehr leugnen, sollten uns aber von den damit zusammenhängenden Gefühlen nicht überwältigen lassen. Die Trauer über den Verlust anzuerkennen, sie jedoch konstruktiv zu verarbeiten und als Impuls zum Handeln anzunehmen, wäre ein guter Weg, mit diesen Gefühlen umzugehen.

HEILE WELT IN DER STADT?

Dass es den Wäldern schlecht geht, ist mittlerweile vielen bekannt. Aber wie geht es unseren Stadtbäumen? Es scheint, als wäre die Baumwelt in der Stadt noch in Ordnung. Es wird geradezu erwartet, dass Straßenbäume gesund sind, vital wachsen und einen ästhetischen Anblick bieten. Bevor den Bäumen die verheerenden Folgen des Klimawandels anzusehen sind, sie durch herabfallende Äste zur Gefahr werden oder umstürzen, werden ihre kranken Äste gekappt oder die

Bäume durch den städtischen Baumpflegedienst gefällt. In den Städten werden die Straßenbäume kontrolliert. Sie sind meist in einem »Grünflächeninformationssystem« erfasst, sodass sie alle ohne Ausnahme beobachtet werden können. Trotzdem kommt es immer wieder vor, dass Bäume einfach umstürzen. Schon 1975 haben sich die Gartenamtsleiter in Deutschland zum »Arbeitskreis Stadtbäume« zusammengeschlossen, um gemeinsam nach Lösungen für die aktuelle Problematik der Stadtbäume zu suchen.

Nicht nur die Bäume in den Wäldern, auch unsere altbekannten Stadtbäume wie Linde, Ahorn, Esche, Eiche, Platane und Rosskastanie leiden unter Klimastress und kämpfen ums Überleben. Ende 2020 wurde in Frankfurt festgestellt, dass im stadteigenen Wald 98,9 Prozent der Bäume krank oder geschädigt sind.[4] Wer genau hinschaut, entdeckt die geschwächten Bäume. Die beliebten Linden werden vom Stigmina-Triebsterben befallen, wodurch die Krone abstirbt. Auch die kraftvollen Platanen, die in den Städten großzügig für Schatten sorgen, zeigen besonders in Verbindung mit Trockenstress häufiger absterbende Astpartien, die vom Massariapilz befallen sind. Es kommt zu Astbrüchen, die besonders im Bereich von Straßen und öffentlichen Plätzen vermieden werden müssen, sodass die Bäume noch häufiger und aufwendiger kontrolliert und gepflegt werden und im schlimmsten Fall gefällt werden müssen. Auch viele der in Biergärten Schatten spendenden Rosskastanien sind krank. Sie werden von der Kastanien-Miniermotte befallen, wodurch ihre schönen großen Blätter sich braun färben, eintrocknen und abfallen. Und der Asiatische Laubholzbock, der mit Holzpaletten vorwiegend aus Ostasien eingeschleppt wurde, befällt weitere Laubbaumarten.

Wie wird es weitergehen mit den Bäumen in den Wäldern und in der Stadt? Das fragen wir uns besorgt. Wie können wir den bestehenden Bäumen helfen? Was können wir anpflanzen? Auch Gärtnerinnen und Gärtner fragen sich, welche Gehölze, die besser mit den bevorstehenden Klimaveränderungen zurechtkommen, sie in ihren Gärten pflanzen können.

DIE EIGENSCHAFTEN DER KLIMABÄUME

»Fremde Arten können uns gelegentlich Angst machen. Sie sind jedoch das Beste, was die Natur hervorbringt, und nach all den Schäden, die Menschen ihr zugefügt haben, verkörpern sie heute womöglich die Chance auf ihr Wiedererstarken.«

– FRED PEARCE [5]

Bäume machen das Leben in der Stadt erträglich. Oft bemerken wir sie nicht einmal, wie diese Robinie.

Für die vielfältigen, oft schwierigen Anforderungen von Standort, Wetter und Klima haben die Bäume, die bei uns gedeihen, Lösungen gefunden. Viele sind nun jedoch an ihre Grenzen gekommen und können sich an die neuerdings herrschenden Bedingungen nicht mehr anpassen. Als Klimabäume bezeichnet man Baumarten, die meist schon durch ihre Herkunft die bei uns durch den Klimawandel neu entstandenen und für die einheimischen Arten problematischen Bedingungen kennen und mit ihnen vertraut sind: Trockenheit, Hitzestress, Wasserknappheit, Extremwetter, karge Böden. Je nach Baumart besitzen sie unterschiedliche Fähigkeiten, die ihnen helfen, diese Herausforderungen zu meistern. Dank dieser neuen Bäume können wir Zeit gewinnen für hoffentlich wirkungsvolle Maßnahmen, den Klimawandel aufzuhalten, uns an bevorstehende Extremsituationen anzupassen und aus den fossilen Energieträgern auszusteigen. Sie können Lücken füllen und die anfälligen heimischen Bäume teilweise ersetzen. Unter den in diesem Buch beschriebenen Klimabaumarten gibt es mehrere, die für Hitze und

Trockenheit besonders gut gerüstet sind, wie der Lederhülsenbaum, die Blumenesche oder die Zelkove.

Die heute als Klimabäume bezeichneten Baumarten werden wahrscheinlich mehr und mehr zu einheimischen Bäumen werden. Bis dahin müssen sie in größerem Umfang gepflanzt und erprobt werden. So können sie ihre Anpassungsfähigkeit an extreme Klimaverhältnisse weiter unter Beweis stellen. Die Sichtungen und Erprobungen durch Anpflanzung werden bereits in vielen Städten Europas vollzogen. Kleinere Klimabäume wie der Amberbaum 'Gumball', die Blumenesche, die Kobushi-Magnolie oder der Maulbeerbaum eignen sich auch für Gärten. Der Maulbeerbaum kann sogar als Spalier oder Hecke geschnitten werden.

Schauen Sie sich in Ihrer Stadt, in Parks, in Gärten und im Wald um. Die neuen Bäume, die uns Lösungen anbieten, sind bereits da. Besuchen und bestaunen Sie diese botanischen Kostbarkeiten. Sie sind unsere Reisebegleiter durch die Klimakrise.

DEN UMBAU BEWERKSTELLIGEN

Klimabäume sollen helfen, die Biodiversität zu erhalten oder zu fördern und ein breites Spektrum an Baumarten zu bilden. Ökosysteme sind umso widerstandsfähiger, je mehr Arten sie enthalten. Bäume in der Stadt sind vor einem flächendeckenden Baumsterben auch deshalb besser geschützt, weil in der Regel im städtischen Bereich keine anfälligen Monokulturen gepflanzt werden. Die dortigen Bäume können nach und nach mit einheimischen, einigermaßen klimarobusten Bäumen – je nach Standort und Bedürfnissen – kombiniert werden. Sicherlich werden diese neuen Bäume in Zukunft noch häufiger gepflanzt und an der klimabedingten Umwandlung unserer einheimischen Vegetation einen großen Anteil haben. Die Klimabäume, die sich bewähren und sich ins Ökosystem integrieren, können dann bei uns heimisch werden.

Genauso wichtig, wie neue passende Bäume zu pflanzen und zu erproben, ist es, die heimischen Wälder zu schützen, zu stärken und einen Waldumbau vorzunehmen, um dem Klimawandel entgegenzuwirken. Dabei sollten bereits vorhandene Ökosysteme lokal gestärkt werden – auch durch die zusätzliche Pflanzung neuer resistenter Baumarten und -sorten. Mit diesen und einheimischen robusten Laubbäumen könnten die artenarmen und anfälligen Fichten-Monokulturen, die zudem leicht entflammbar sind, in artenreiche und resistente, feuchtere Misch- und Laubwälder verwandelt werden. Klimabäume bieten sich auch für die Pflanzung an Extremstandorten mit wenig Wasser und mageren Böden an. Sie bereichern teilweise das Nahrungsangebot der heimischen Tierwelt mit Nüssen, Früchten oder Blüten, und einige, die viel Nektar und Pollen bieten, werden als Bienenbäume geschätzt. In den Städten können Klimabäume helfen, widerstandsfähige Biotope neu zu erschaffen und Waldgärten aufzubauen.

DIE REGENERATIONSKRAFT DER NATUR

Selbst in der desolaten Situation, in der sich unsere Wälder, unsere Bäume befinden, liegt Hoffnung. Bäume werden zu Verbündeten in Zeiten der Klimakrise, wir treten in eine neue Partnerschaft mit ihnen ein. Sie können helfen, die Ökosysteme der Erde zu erhalten oder sogar wiederherzustellen. Durch die Bäume drückt sich die Regenerationskraft der Natur sichtbar aus. Besonders in einigen Nationalparks oder in anderen Wäldern, wo nicht eingegriffen wird und die toten Bäume im Wald belassen werden, kann man beobachten, wie die Natur mit ihrer eigenen »Eingreiftruppe« auf natürliche Weise die Wunden heilt, einen Heilungsprozess und eine Wiederaufforstung in Gang setzt. Zu den ersten Bäumen, die sich ansiedeln, neue Waldgesellschaften schaffen und das Gelände für weitere Bäume vorbereiten, gehören Pionierbaumarten wie Birke, Zitterpappel, Eberesche, Erle und später die Buche.

Auch die Vegetation der Stadt zeigt den Überlebenswillen, die Regenerationskraft und die Anpassungsmöglichkeiten der Natur. Hier können auch Arten überleben, die im Umland durch die industrielle Landwirtschaft keine Überlebensmöglichkeit mehr haben. In den Städten ist eine artenreiche Lebensgemeinschaft aus Tieren und Pflanzen entstanden, auch ohne unsere Auswahl nach passenden und unpassenden Arten. Viele Pflanzen und insbesondere die Bäume helfen, die Natur immer mehr in die Stadt zu holen, um so unser aller Überleben zu sichern.

WOHER KOMMEN DIE KLIMABÄUME?

Die bei uns neuen Klimabäume stammen aus verschiedensten Ländern der Erde – man könnte anhand ihrer Herkunftsländer eine botanische Weltreise unternehmen. Ihre ursprüngliche Heimat ist zum einen der südliche und südosteuropäische Raum, bis weit in den Kaukasus und in den Himalaja hinein. Manche sind in Asien, beispielsweise in China, Japan und Korea heimisch, viele in Nordamerika, und einige stammen aus Nordafrika. Viele dieser Baumarten wachsen bereits seit Jahrzehnten oder gar seit einigen Jahrhunderten in Mitteleuropa, in Städten, in Arboreten, Parks und Gärten, und haben sich auch als Straßenbäume bewährt. Ihre Anpassungsfähigkeit an die zunehmende Hitze hat sie nun ins aktuelle Rampenlicht gerückt.

Einige dieser neuen Baumarten, die uns zunächst fremd erscheinen mögen und die wir als eine Art »Gastbäume« betrachten, sind eigentlich botanisch europäische »Ureinwohner«. Fossile Funde bezeugen, dass sie einst auch hier in Europa wuchsen. Sie haben eine lange Reise hinter sich und sind nun wieder in unseren Städten angekommen.

In Asien und Amerika, wo viele der Klimabäume herkommen, herrscht eine höhere Vegetationsvielfalt als in Europa. Hierzulande schoben sich die Gletscher der letzten Eiszeit über den Kontinent und drängten die Bäume zu den in West-Ost-Richtung verlaufenden Alpen hin ab, die ihnen wie ein Riegel die Verbreitung in den Süden verwehrten. Die Gebirgsketten anderer Kontinente verlaufen tendenziell diagonal zu den Küsten, sind in Längsrichtung orientiert und boten den Wäldern damals sichere Rückzugsgebiete im Süden. Nach dem Ende der Eiszeit konnten die Wälder dort ihre alten Verbreitungsgebiete zurückerobern. In Europa jedoch kamen nach der Eiszeit nur relativ frostharte Bäume und Sträucher wie Birken, Kiefern, Eichen, Buchen oder Haselnuss aus ihren südlich gelegenen Refugien zurück. Sie bildeten den europäischen nacheiszeitlichen Urwald, in dem viele der einst ursprünglichen Baumarten fehlen.

Diese Baumwanderung fand vor zwölf- bis sechzehntausend Jahren statt. Die Bäume wanderten zurück, indem sie ihren »Nachwuchs« in Form von Früchten, Nüssen und damit Samen über den Landweg, im Wasser oder über die Luft auf die Reise schickten. Manche Samen, wie die der Pappel oder der Weide, sind so leicht, dass sie von der Luft weit fortgetragen werden. Andere Samen haben kleine Luftpolster als eine Art »Schwimmweste«, die eine Reise zu Wasser in Flüssen und Seen ermöglichen. Schwere Samen lassen sich die Bäume von Vögeln wie dem Eichelhäher kilometerweit oder von Eichhörnchen einige hundert Meter weit befördern. Die Tiere vergraben die Samen in der Erde als Wintervorrat, vergessen einige der Verstecke und pflanzen so neue Bäume. Buchen können sich auf diese Weise pro Jahr zweihundert bis dreihundert Meter weit verbreiten. Auch Huftiere tragen Samen in den Zwischenräumen ihrer Klauen oder im Fell über große Strecken mit sich.

Die Natur ist ständig in Bewegung. Die Pflanzenwelt wandert und mit ihr die Bäume. Sie weichen nun dem wärmer werdenden Klima aus und wandern Richtung Norden oder in höhere Lagen der Bergwelt, wo sie kühlere Temperaturen vorfinden – die Vegetationsgrenzen verschieben sich. Die Hochgebirgsflora steht dadurch in Gefahr, von konkurrenzstarken Arten des Flachlands verdrängt zu werden. Viele endemische Pflanzenarten der Alpen sind bereits vom Aussterben bedroht, da sie sich nicht schnell genug an die sich verändernden Temperaturen anpassen können.

Ob die Pflanzen, die Bäume den Klimawandel überstehen, hängt davon ab, wie viel Zeit ihnen bleibt, um in für sie passendere Regionen auszuweichen. Für viele Baumarten scheint diese »Fluchtbewegung« zu langsam zu verlaufen; es steht ihnen zu wenig Zeit zur Verfügung, um mit dem immer schneller fortschreitenden Klimawandel mithalten zu können. Sie werden aussterben. Die Pflanzen und Bäume, die Hitze und Trockenheit standhalten, können den Wettlauf mit der Zeit gewinnen.

VON PFLANZENJÄGERN GEKIDNAPPT

Viele der Klimabäume wurden im 18. und 19. Jahrhundert von sogenannten Pflanzenjägern nach Europa gebracht. Botaniker, Pflanzensammler, Abenteurer zogen aus, um seltene und noch unbekannte Pflanzen auf anderen Kontinenten zu entdecken, sie »einzufangen« und nach Europa zu verschleppen. Sie scheuten keine Mühen und Gefahren und brachten sich oft in Lebensgefahr, um botanische Schätze zu finden und sie auszugraben oder ihre Samen zu sammeln.[6] Dann galt es, diese Pflanzen unbeschadet nach Europa zu bringen und mit viel gärtnerischer Raffinesse aufzuziehen und zu versorgen. Meist übernahmen dies botanische Gärten; das Ganze wurde von begüterten Privatleuten und anspruchsvollen Handelsgärtnern finanziert. Einige der tollkühnen Geschichten, die sich mit diesen botanischen Entdeckungsreisen verbinden, werde ich Ihnen bei den entsprechenden Klimabäumen vorstellen.

Heute werden viele Klimabäume sorgfältig und bedacht verbreitet, gepflanzt, geprüft und als passend befunden. Doch einige warten nicht darauf. Sie sind ausgerissen aus Gewächshäusern, Gärten oder Pflanzungen und breiten sich seither von selbst weiter aus. Sie erobern auf eigene Faust neue Räume. Oft werden sie argwöhnisch beobachtet, als invasive Arten und Neophyten bezeichnet. Zu diesen »neuen Wilden« gehören einige der hier beschriebenen Klimabäume wie der Götterbaum und der Blauglockenbaum. In ihren Ursprungsländern sind sie meist unproblematisch in die natürliche Vegetation und den Anbau integriert. Bei uns sollten sie, besonders im Freiland, beobachtet und gepflegt werden. Diese Veränderung und Erneuerung ist der Lauf der Welt. Der größte Teil unserer derzeitigen Vegetation, achtzig Prozent, besteht aus nicht einheimischen Arten. In der Permakultur, in Tiny Forests, im Agroforst und in Waldgärten schätzt man viele dieser Bäume. Richtig eingesetzt, leisten sie dort gute Dienste.

WAS MÜSSEN KLIMABÄUME KÖNNEN, UND WAS BRAUCHEN SIE?

Ich bin immer wieder erstaunt und berührt davon, unter welch extremen Bedingungen Stadtbäume – einheimische wie nicht einheimische – gedeihen, wie sie eingequetscht zwischen Häuserschluchten, in dunklen Hinterhöfen, an viel befahrenen Straßen unverdrossen ihre Schönheit, ihren Lebenswillen und ihre Lebendigkeit entfalten.

Städte stellen besondere Anforderungen an (Klima-)Bäume. Sie müssen sich in einer vom Menschen bestimmten Umgebung anpassen können und überlebensfähig sein. Manche haben sich bereits gut bewährt, einige fremdeln und wachsen nicht wie vorgesehen. Die Bäume sind den Emissionen des Verkehrs und der Industrie ausgesetzt. Als Lebensraum steht ihnen manchmal nur eine kleine

Der Schatten der Bäume – besonders wertvoll in der Stadt.

Baumscheibe, der unversiegelte Boden um ihren Wurzelansatz, zur Verfügung. Oft bedrängen sie nahegelegene Gebäude, in den Häuserschluchten finden sie wenig Platz, um ihre Äste auszubreiten. Sie erfahren kaum Wertschätzung, dienen als Fahrradständer, ihre Rinde wird beim Einparken oder durch Baustellenfahrzeuge verletzt, die Gurte der Slackliner schneiden sich in sie ein. Hunde erledigen ihre Notdurft am Stamm und im Bereich der Baumscheibe und können so den pH-Wert des Wurzelraums empfindlich stören. Bei der Reinigung der Gehwege wird oft Bodenmaterial aus der Baumscheibe abgetragen. Im Baumbereich werden Zigarettenkippen, Kaugummis, Bierdosen und allerlei anderer Müll entsorgt. Auch weitere unerwünschte Flüssigkeiten, für die ein Entsorgungsort fehlt oder nur mit Anstrengung zu erreichen wäre, werden in den Wurzelbereich der Stadtbäume gegossen. Nicht selten kann man Bauleute beobachten, wie sie Mörtelwannen unter Bäumen ausspülen, und nach Festivitäten werden oft Spülgeräte oder gar der Inhalt von Fritteusen unter Bäumen ausgegossen. Diese Respektlosigkeit macht den Bäumen in der Stadt das Leben schwer, auch ihre Geduld hat Grenzen. Nur die zähesten überleben den Giftcocktail.

Die Bäume leiden außerdem unter der Versiegelung und Verdichtung der Böden. Es fehlt an Feuchtigkeit, die zu ihren Wurzeln vordringen kann, und an Durchlüftung des Bodens. Ihre feinen Wurzeln werden gequetscht. Die in den Städten vorhandenen Böden sind oft humusarm und können kaum Wasser halten. Sind über den Wurzeln des Baumes Parkplätze angelegt, müssen sie zusätzlichen Druck aushalten.

Stadtbäume sind oft Solitärbäume, sie stehen allein, ohne die sich über das Wurzelsystem gegenseitig unterstützende Baumvergesellschaftung und ohne Windschutz von anderen Bäumen. Im Winter sind sie dem Streusalz ausgesetzt. Stadtbäume sollten industriefest sein, das heißt, dass sie die Abgase des Stadtverkehrs sowie die der ansässigen Industrie tolerieren. Selbst große Mengen Feinstaub dürfen sie nicht beeinträchtigen; sie sollten vielmehr fähig sein, tonnenweise Staub, Gase, Bakterien, Ruß und radioaktive Stoffe aus der Atmosphäre herauszufiltern. Welche Filterleistung ein Baum besitzt, hängt von der Art ab, von der Größe seiner Blatt- oder Nadeloberfläche. Kann ein Baum mit all dem umgehen, gilt er als »stadtklimafest«.

Durch den Klimawandel kommen nun aber noch erschwerte Bedingungen hinzu: lange Dürreperioden mit noch weniger Wasser. Den Bäumen wird der Spagat zwischen extremer Hitze im Sommer und kalten Wintern abverlangt. Auch Extremwetter wie Sturzregen, Stürmen, starkem Schneefall und späten Frösten sollen sie die Stirn bieten. Die Versiegelung des Bodens in den Städten kann zu Überschwemmungen führen. Die Bäume sollten zudem relativ resistent gegen Pilz- und Schädlingsbefall sein. Wegen erhöhter Bruchgefahr können Äste auf die Straße oder auf Gehwege fallen und Menschen oder den Verkehr gefährden. Daher sollten die Bäume sturmsicher und nicht anfällig für Schneebruch sein.

Ihre Wuchsform muss außerdem auch noch zum Standort passen: auf Verkehrsinseln und nahe der Straße nicht zu ausladend, hoch, niedrig oder schmal wachsend. Als Solitärbaum in Parks hingegen werden imposante Formen geschätzt. Manche Bäume sollen Gebäude beschatten, andere bei Kinderspielplätzen ein Dach bieten, und wiederum andere sollen wenig Schatten werfen, wo Sonne in Gärten oder Parks erwünscht ist. Auf Plätzen, die der brütenden Mittagshitze ausgesetzt sind, sollen die Bäume den Menschen Zuflucht bieten. In Biergärten ist ein dichtes Blätterdach gewünscht, das genügend Schatten spendet. Zudem stellt sich die Frage: Können die neuen Bäume geeignete Habitate und Nahrung für die städtische Insektenwelt und für andere Tiere bieten? Manche Klimabäume erfüllen viele dieser Anforderungen, andere sind nur unter bestimmten Voraussetzungen einsetzbar. Obwohl diese enorme Leistung von den Anwohnerinnen und Anwohnern meist nicht wahrgenommen wird, leben doch beide, Mensch und Baum, eng zusammen im Lebensraum Stadt.

In den letzten Dürresommern hat die Wassernot der Bäume die Anwohner in den großen Städten dazu bewogen, die Bäume zu gießen. Eine Geste aus dem Gefühl und dem Wissen heraus, dass Städte ohne Bäume in Zukunft kaum mehr lebenswerten Lebensraum bieten. Es ist wie eine nachbarschaftliche Fürsorge für die pflanzlichen Mitbewohner, die ihrerseits die Menschen mit Schatten, Sauerstoff und Lebensqualität versorgen. Der britische Biologieprofessor David George Haskell, der an der University of the South in Sewanee, Tennessee, lehrt, stellt fest, dass »eine Beziehung zwischen Mensch und Baum die Bäume eher überleben lässt. Neu gepflanzte Bäume wachsen sicherer an, wenn sie in ein menschliches soziales Netzwerk eingebunden sind. Wenn ein Baum von Menschen aus der Nachbarschaft und nicht von einem anonymen Gartenbaubetrieb gepflanzt wird, besitzt er höhere Überlebenschancen«.[7] Unter diesem Gesichtspunkt ist es sinnvoll, sich an Baumpflanzaktionen in der Stadt zu beteiligen und die gepflanzten Bäume wie Familienmitglieder auch weiter zu betreuen.

Falls Sie während einer Trockenperiode mit akutem Wassermangel und trockenen Böden Bäume in der Stadt oder im Garten bewässern möchten, spenden Sie großzügig Wasser. Zu wenig davon erreicht nur die oberste Schicht des

Bodens, die Wurzeln wachsen dann nach oben, wodurch die Bäume ihre ursprüngliche Stabilität verlieren können. Gießen Sie direkt in den Wurzelbereich und durchnässen Sie den Boden mindestens fünf Zentimeter tief. Das Wässern sollte alle paar Tage vorgenommen werden. Eine Mulchschicht aus Grasschnitt und Laub rund um den Stamm kann vor weiterer Austrocknung des Bodens schützen. In vielen Städten und Gemeinden dürfen die Baumscheiben, die offenen Flächen rund um die Straßenbäume, von Anwohnenden bepflanzt und gepflegt werden. Dazu erhält man beim Grünflächenamt einen Patenschaftsvertrag.

Interessant ist auch folgende Beobachtung des Biologen Haskell: Wenn Bäume eine Plakette tragen, auf der steht, um welche Baumart es sich handelt und was der Baum braucht, zum Beispiel Wasser, Mulch, lockere Erde und keinen Müll, steigt seine Überlebenschance schlagartig auf fast hundert Prozent. Ich stelle mir dazu vor, wie Kinder für die Stadtbäume in ihrer Umgebung Schilder mit diesen Angaben malen.

DIE OHREN DER BÄUME

Bäume in der Stadt sind auch einer Flut von Geräuschen ausgesetzt, die sie in Form von Druckwellen erreichen. Der bereits erwähnte David Haskell hat im Rahmen seiner wissenschaftlichen Arbeit Bäume mit Sensoren ausgestattet, die mit einem Laptop verbunden waren. Er beschreibt seine Ergebnisse am Beispiel eines chinesischen Wildbirnbaums, der als Straßenbaum in Manhattan wuchs. Das »elektronische Ohr« nahm die akustischen Schwingungen im Baum wahr und zeichnete sie auf. Hier ein Teil von Haskells Bericht: »Das jedem U-Bahn-Gast vertraute Geräusch rumpelnder Räder, die über Eisenschienen fahren, dringt über die Wurzeln in den Baum und erschüttert ihn schon Sekundenbruchteile, bevor das Geräusch aus dem Entlüftungsgitter aufsteigt, Druckwellen setzen sich in Beton oder Holz zehn Mal schneller fort. In Graniteinfassungen wandern Geräusche noch mal doppelt so schnell (…) All diese Bewegungen fließen in den Baum ein. Der Birnbaum wird von der Stadt bewohnt.«[8]

Solche Studien zeigen, dass Bäume viel mehr wahrnehmen, als uns bewusst ist. Sie haben »gute Ohren«, die nicht nur Naturgeräusche, sondern auch menschengemachte Geräusche aufnehmen. Schon unser Vorbeigehen auf dem Gehweg nehmen sie über feine Druckwellen wahr. Das metallene Klacken von

Nordic-Walking-Stöcken hört sich für sie wahrscheinlich so an wie für uns das unangenehme Geräusch des Weckers am Morgen. Der Lärm der Stadt erreicht sie, hat eine aufrüttelnde und manchmal sogar zerstörerische Wirkung. Bäume werden zum Klangkörper der Schallwellen, die zu ihnen vordringen. Sie erschüttern nicht nur die Wurzeln und den Stamm des Baumes – jedes einzelne Blatt, jede Blüte erschaudert in feinem Zittern. Die Bäume jedoch reagieren und versuchen den Lärmangriff auszugleichen, denn starke Erschütterungen könnten ihr Wurzelwerk lockern. Sie steuern dagegen, wurzeln stärker, um sich besser zu verankern. Stadtbäume sind oft stabiler im Boden verwurzelt als Bäume auf dem Land, außer jenen, die beständigem Wind oder Stürmen ausgesetzt sind.

Genau wie Bäume auf Lärm reagieren, tun es auch die Vögel: Stadtvögel singen lauter und höher als Landvögel, um überhaupt gehört zu werden und mit ihren Paarungsgesängen, akustischen Reviermarkierungen, Kontaktlauten und Warnsignalen mit Artgenossen kommunizieren zu können. Dies zeigt, dass Tiere, Bäume und Menschen mit der Stadt in einem kontinuierlichen Austausch stehen und oft dazu fähig sind, schwierige Situationen auszugleichen und sich anzupassen.

BÄUME FÜR COOLE STÄDTE

Es ist Hochsommer zur Mittagszeit in einer großen Stadt, ganz im Süden Spaniens – quälend heiß und schweißtreibend. Die engen Häuserschluchten haben sich wie ein Backofen aufgeheizt, die Hitze schwebt lähmend und flimmernd über der Straße. Das Atmen fällt schwer. Das Herz schlägt schneller, der Puls pocht, Sie fühlen sich erschöpft. Endlich erblicken Sie am Ende der Straße einige Bäume und gehen darauf zu. Sie erreichen den kleinen Park, in dem die ausladenden Kronen der Bäume sich zu einem Schattendach verbinden. Länger hätten Sie es nicht mehr ausgehalten. Dankbar und erleichtert treten Sie ein, finden Zuflucht in dieser grünen Oase und nehmen es sofort wahr: Die Luft ist hier um einige Grad kühler, feuchter, angenehmer. Sie atmen tief ein. Es duftet nach Blättern, Rinde, Leben. Mit einem Seufzer der Erleichterung setzen Sie sich auf eine kleine Steinmauer unter einen großen, freundlichen Baum, der in stiller Würde Schatten spendet: Es ist der Baum, der das Titelbild dieses Buches ziert, eine chinesische Feige, ein Banyanbaum. Weil die großen Städte Europas ähnliche Bedingungen aufweisen, sind übrigens die in diesem Buch beschriebenen Klimabäume in allen europäischen Metropolen anzutreffen.

Wie der *Atlas of the Human Planet* der EU[9] anschaulich zeigt, leben zurzeit mehr Menschen in Städten als auf dem Land, jeder Achte sogar in einem Großballungsraum. Bis 2050 werden drei Viertel der Bevölkerung der Erde in Städten leben. Die Metropolen der Welt zeigen besonders drastisch die Folgen des menschengemachten Klimawandels. Es scheint, als galoppierten beide parallel vorwärts: die schnelle Verstädterung der Welt und der an Fahrt aufnehmende Klimawandel.

Städte breiten sich oft maßlos aus. Sie beanspruchen immer mehr Land, versiegeln Böden, verbrauchen Energie, verursachen extrem viel Müll, stoßen große Mengen Emissionen aus. Das Stadtklima verändert sich. Viele Städte in Mitteleuropa sind für die Folgen des Klimawandels – wie Temperaturen über vierzig Grad, Starkregen mit Überflutungen und Stürme – nicht vorbereitet. Sie müssen dafür umgestaltet und anders gebaut werden.

Die Entscheidungen, die im Umgang mit der Klimakrise zur Sicherung unserer Lebensqualität und unseres Überlebens auf dem Planeten getroffen werden, diktiert zum großen Teil die Situation in den Städten. Die Städte erweisen sich in der Klimakrise als Experimentierräume, wo nach neuen anwendbaren Technologien, Systemen der Nachhaltigkeit, Bepflanzungen, Stadtplanungen, Verkehrskonzepten für die Stadt der Zukunft gesucht wird. Es braucht schnelle Lösungen. Bäumen kommt dabei eine besondere Bedeutung zu, denn ihr Potenzial für eine Klimaleistung ist groß. Lassen Sie uns daher die besondere Klimasituation in den Städten genauer betrachten, besuchen wir dort die Bäume, um ihre Klimaleistung zu verstehen. Beachten wir aber auch die Funktion der Wälder, denn was deren Ökosysteme leisten, erklärt uns die Klimawirksamkeit der Bäume im lokalen, begrenzten Umfeld der Stadt.

Die größte Bedrohung, die sich durch die steigenden Temperaturen der Erderwärmung für die Menschen in der Stadt ergibt, ist die Überhitzung. Städte mit ihrer dichten Bebauung, Betonflächen, Asphaltstraßen, Gehwegen, reflektierenden Fassaden heizen sich wie Felsformationen in einer Landschaft tagsüber auf und geben die gespeicherte Hitze nachts ab. Dazu kommt, dass Frischluftschneisen teilweise verbaut wurden oder generell fehlen. Bei bisher unbebauten Flächen im Stadtgebiet fällt in Zeiten der Wohnungsknappheit meist die Entscheidung für eine Bebauung statt für eine grüne Oase, einen Park oder eine Frischluftschneise.

So lassen sommerliche Hitzewellen und lang anhaltende Wärmezeiten die Städte zu Wärmeinseln werden. Dieser Effekt zeigt sich auch in der Anzahl der Tropennächte, in denen die Temperatur nicht unter zwanzig Grad sinkt und die damit nach einem heißen Tag keine spürbare Abkühlung spenden. Thermobilder belegen diese in den Städten spürbare Hitzerealität: Die Temperaturunterschiede zwischen Stadt und Umland können je nach Ort in der Stadt bis zu zwanzig Grad betragen. Hitze fordert in den Städten schon mehr Todesopfer als Verkehrsunfälle. Studien belegen das erhöhte Sterberisiko während Hitzewellen in eng bebauten Stadtteilen großer Städte wie etwa Berlin.[10] Besonders ältere Menschen, Menschen mit Herz-Kreislauf-Beschwerden sowie Kleinkinder sind durch die steigenden Temperaturen und die erhöhten Ozonwerte, die Reizungen der Atemwege wie auch Asthma begünstigen können, gefährdet.

Unsere Städte und auch Landschaften brauchen dringend Kühlung. Für diese wichtige Aufgabe sind Bäume und Wälder wie geschaffen, sie sind Teil des lebendigen Wasserhaushalts der Erde. Wälder können helfen, die Folgen des Klimawandels aufzuhalten und auszugleichen. Sie wirken Bodenerosion entgegen und können so Schäden durch Hochwasser und Überschwemmungen verhindern oder zumindest verringern sowie große Mengen Wasser speichern. Sie sorgen für Regen und helfen, den Grundwasserspiegel aufrechtzuerhalten. Das macht sie zu einer natürlichen Klimaanlage.

BÄUME, WASSER UND WOLKEN

»Ohne Wald kein Wasser – ohne Wasser kein Brot – ohne Brot kein Leben.«

– VIKTOR SCHAUBERGER [11]

Das Klima ganzer Kontinente wird maßgeblich von Wäldern mitbestimmt. Sie leisten einen großen Beitrag zur Kühlung des Planeten. Dies schaffen sie insbesondere durch ihre Verdunstungsleistung. Wir können dies leicht nachvollziehen: Die Verdunstung von Feuchtigkeit auf unserer Haut kühlt, deshalb hat die Natur uns mit der Fähigkeit zu schwitzen ausgestattet. Wir transpirieren Feuchtigkeit aus feinen Hautporen. Auch Bäume transpirieren, scheiden aus kleinsten Öffnungen ihrer Blätter Wasserdampf aus. Das Blätterdach erzeugt so durch langsame Verdunstung viel Verdunstungskühle und kann damit regional und großflächig Landschaften abkühlen und in der Folge mit Regen versorgen. Fast die Hälfte der kontinentalen Niederschläge wird durch Verdunstung über der Landfläche erzeugt, der größte Teil davon stammt von Pflanzen.

Bäume sorgen nicht nur für ein angenehmes Klima in der Stadt, sie schenken auch Schönheit wie diese Jacaranda.

Wälder sind Teil des größeren, globalen Wasserkreislaufs: Durch kleinere Kreisläufe aus Ausdünstung und Kondensation von Feuchtigkeit bewirken sie einen fortwährenden Transport von Wolken, die Feuchtigkeit über den großen

Ozeanen aufgenommen haben und dann durch Luftströme wie auf einem Förderband ins Innere der Kontinente gleiten. So werden auch von Ozeanen weiter entfernte Regionen mit Wasser versorgt. Großflächige Kahlschläge reduzieren diese Kapazität der Wälder. Die durch die Versiegelung der Küstenstreifen durch Städte und touristische Überbauungen entstandene starke Hitzeentwicklung blockiert zudem die landeinwärts gerichteten Luftströme mit dem aus den Ozeanen stammenden, verdunsteten Wasser. Sie bilden eine Hitzewand, die die Wasserverfrachtung hinein ins Inland hemmt. Die Zerstörung auch kleiner Wasserkreisläufe an den Mittelmeerküsten lässt so die Niederschläge über den Landmassen insgesamt zurückgehen. Dies zeigen die umfangreichen Forschungen des spanischen Meteorologen Millán M. Millán, emeritierter Direktor des CEAM, des Zentrums für Umweltstudien in Valencia, Spanien. Seine Arbeiten legen dar, dass regionales Wassermanagement globale Wetterphänomene beeinflussen kann. In diesen Wirkmechanismen spielen Bäume und Wälder eine große Rolle.[12]

Das Netzwerk der Bäume, die Bodenorganismen und die Atmosphäre sind an der Entstehung des Klimas beteiligt. Wie aber entstehen nun die Wolken, die das kostbare Nass transportieren und für den Regen zuständig sind? Bäume pumpen große Mengen Wasser aus dem Erdreich über die Wurzeln in den Stamm und hinauf in das Blätterdach. Eine ausgewachsene Buche kann am Tag bis zu fünfhundert Liter Wasser verdunsten. Wälder sind Wettermacher, die ab einer bestimmten Größe ihren eigenen Niederschlag selbst produzieren. Er entsteht durch eine Art »Wolkensaatgut«: Bäume geben gasförmige organische Verbindungen an die Luft ab. Winzige Mikropartikel entwickeln sich durch fotochemische Kondensation, das heißt unter dem Einfluss von Licht, zu Kondensationskernen, an denen sich Wolken bilden können. (Eine ähnliche Wirkung haben auch in geringerem Maße Pilzsporen, Staubpartikel und Pollen.) Die Wälder tragen so, neben den Algenkolonien der Meere, die ebenfalls Kondensationskerne ausscheiden, zur globalen Wolkenbildung bei.[13]

Weiße Wolken reflektieren das Sonnenlicht und helfen mit diesem Albedo genannten Effekt zusätzlich, die Erde kühl zu halten. Im Wasserkreislauf geben die Wolken ihre Wasserlast in Form von Regen ab. Das Wasser kehrt so zur Erde zurück, sickert in den Boden ein, lässt den Grundwasserspiegel steigen, tritt in Quellen wieder zutage und füllt Bäche, Flüsse und Meere. Idealerweise sollte das Regenwasser nicht direkt in die Flüsse oder in den Städten direkt ins Abwassersystem abfließen, sondern zuvor den Boden feucht und damit fruchtbar halten. Sprudelnde natürliche Quellen zeigen an, dass der Grundwasserspiegel gefüllt ist. Bäume unterstützen diesen Prozess: Ihr Blätterdach fängt den Regen auf, lässt ihn sanft auf den Boden fallen, sodass dieser ihn aufnehmen, speichern und ins Grundwasser einsickern lassen kann. Das Wasser wird dabei auf natürliche Weise gefiltert und zudem mit Sauerstoff angereichert – neues Trinkwasser von hoher Qualität.

Ein Teil des Regens verbleibt in der Krone der Bäume, ein anderer wird als Verdunstungskühlung verbraucht. Bäume können aber auch kleinräumig den Boden unter ihrer Krone beregnen. Bei Nebel oder Dunst »ernten« sie Tau aus der Luft, sie sammeln Wasser auf ihren Blättern oder an den Nadeln, das dann als Niederschlag abtropfen kann.

DER DURST DER STÄDTE

Wie wichtig kleine und große Wasserkreisläufe für die Natur, die Wälder und die Bäume sind, erklärt der slowakische Hydrologe Michal Kravčík in seinem Vortrag »The New Water Reality«. In dem von ihm 2007 vorgestellten »neuen Wasserparadigma« beschreibt er die globalen Wassersysteme als »Blutbahnen des Lebens«, die alles Leben auf unserem Planeten erst ermöglichen. Die derzeitigen Wasserprobleme und Wetterextreme wie Dürren, Überschwemmungen oder Starkregen sind vor allem darauf zurückzuführen, dass die großen und kleinen Wasserkreisläufe gestört sind. Kravčík zeigt hoffnungsvolle Methoden auf, wie Wasserkreisläufe wieder regeneriert werden können.[14]

Die bedeutende Funktion der Wasserkreisläufe für die Aufrechterhaltung des Lebens auf dem Planeten wie auch für die Städte wird dadurch ebenso verständlich wie die Rolle der Wälder. Die auf verschiedenen Kontinenten noch immer betriebene großflächige Abholzung und die damit verbundene industrielle Landwirtschaft zerstören die Wasserkreisläufe; sie führen zu nackten Böden, zu höheren Bodentemperaturen, zu weniger Niederschlag, zu längeren Trockenzeiten und zu Wasserknappheit in den Städten. Die Folgen der Erderwärmung werden dadurch noch verstärkt.

Ein Lösungsvorschlag für einen besseren Wasserhaushalt in den Städten ist das Konzept der Schwammstadt, die wie ein Schwamm das kostbare Regenwasser lokal aufnimmt, speichert, langsam wieder abgibt und so Wasserreserven erhält. Einige Städte wie Leipzig, Berlin und Hamburg haben bereits mit der

Umsetzung dieses Stadtplanungskonzepts begonnen, weitere werden sicher bald folgen. Rückhaltebecken, größere Parks und Grünanlagen, Mulden, Flächenentsiegelungen, Fassadenbegrünungen, Grünwände, Dachbegrünungen, versickerungsfähige Pflasterungen, all dies hilft, dass Regenwasser aufgenommen wird, die Regenfälle nicht als Abwasser in die Flüsse geleitet werden und das gespeicherte Wasser der Überhitzung und Austrocknung entgegenwirken kann. Auch die Grundwasserspeicher werden dadurch aufgefüllt und starke Regenfälle so für spätere Dürreperioden nutzbar. Das Stadtklima kann auf diese Weise erheblich verbessert werden.

Der US-amerikanische Spezialist für urbane Wassermanagementsysteme Brad Lancaster zeigt in seinen Büchern und auf seiner Website in vielen anschaulichen Bildern und Texten, wie man sowohl in der Stadt wie auch in Gärten Regenwasser sammeln und damit fruchtbare Biotope anlegen kann.[15]

Wälder und Bäume tragen zum Abbau von Treibhausgas bei, indem sie Kohlenstoff aus der Atmosphäre entziehen und in Form verschiedener Kohlenstoffverbindungen in Wurzeln, Stamm und Ästen einlagern. Gleichzeitig geben sie den dabei frei werdenden Sauerstoff an die Atmosphäre ab. Sie liefern uns die Luft zum Atmen und nehmen das von uns ausgeatmete Kohlendioxid auf. Mit den Bäumen verbindet uns so ein gemeinsames Ein- und Ausatmen. Die Wälder und die Cyanobakterien-Kolonien der Meere halten den Sauerstoffgehalt der Luft konstant auf 21 Prozent und machen unser Leben auf diesem Planeten möglich.

Der Atem der Bäume beinhaltet aber noch mehr Nützliches für uns. Die in Kanada lebende Botanikerin und Spezialistin für medizinische Biochemie Diana Beresford-Kroeger hat sich der Aufgabe der Wiederaufforstung des Planeten gewidmet und betreibt dazu intensive Forschung. In ihrem Buch *Arboretum America: A Philosophy of the Forest* sowie in ihrem Film »A Call of the Forest: The forgotten Wisdom of Trees«[16] erläutert sie die Bedeutung der Wälder und Bäume für die Gesundheit der Natur und speziell auch für uns Menschen. Aerosole, flüchtige chemische Substanzen, die Bäume in die umgebende Luft abgeben, leisten, wie ihre Forschung zeigt, einen wichtigen Beitrag zur Aufrechterhaltung der Biosphäre. Diese Substanzen wirken antibakteriell, antifungizid, antiviral und sind für Menschen medizinisch wirksam. Das bislang bekannteste Waldaerosol ist Isopren, das wie ein Sonnenschild für den Planeten wirkt und die Bäume vor zu viel Sonneneinstrahlung schützt.

Wasser – Lebensqualität in der Stadt.

Die Aerosole können die Luftmassen ebenso wie die Luft in unmittelbarer Umgebung der Bäume desinfizieren und reinigen. Dieser »Atem der Bäume«

wirkt wie eine große Duftlampe, die aromatherapeutische Stoffe abgibt und auch auf die Gesundheit des Menschen einwirkt. Die heilenden Duftstoffe lassen, wie neuere Forschungen zeigen, die Asthmarate bei Kindern sinken und wirken sich positiv auf das Herz-Kreislauf-System aus. Auch das Immunsystem wird gestärkt. Diese Zusammenhänge erklären auch, warum sich ein Aufenthalt im Wald oder in der Nähe von Bäumen positiv auf unsere Gesundheit und auf unser seelisches Gleichgewicht auswirken kann.

Richten wir unseren Blick von den Wäldern nun wieder zu den Stadtbäumen, die einen bedeutenden Teil der lebendigen Infrastruktur im urbanen Raum bilden. Auch sie erfüllen in ihrer näheren Umgebung die genannten Funktionen und kühlen zudem in ihrem lokalen Umfeld. Probieren Sie es aus: Suchen Sie an einem Hitzetag in der Stadt einen großen Baum. Treten Sie in den Schatten seines Blätterdaches, spüren Sie die feine Kühle und Feuchtigkeit beim Einatmen und auf Ihrer Haut. Können Sie auch in der Stadtluft den »Atem« des Baumes riechen? Vergleichen Sie dieses Gefühl nun mit dem, was Sie am gleichen Tag auf einer gepflasterten oder asphaltierten Freifläche in der prallen Sonne, jedoch im Schatten eines Sonnenschirms wahrnehmen.

BELEBENDE BRUNNEN

Wasser bedeutet Lebensqualität, besonders in aufgeheizten Städten. An heißen Tagen sammeln sich viele Menschen und vor allem auch Kinder an Springbrunnen und Wasserfontänen. In früheren Zeiten wurden Trinkwasserbrunnen und Quellen besonders geehrt und zu bestimmten Festtagen, etwa an Ostern, mit Blumengirlanden geschmückt. Dieser Brauch wird noch heute in verschiedenen Regionen Deutschlands gepflegt. Die alte Tradition der Trinkwasserbrunnen in der Stadt wird derzeit wieder neu belebt. Angaben zu Standorten der Brunnen und deren Wasserqualität finden Sie auf der Website Ihrer Stadt oder auch bei Wikipedia unter »Brunnen in Deutschland«.[17] Besuchen Sie einmal an einem heißen Tag einen dieser Trinkwasserbrunnen. Spüren, trinken, erleben Sie die belebende Kraft des Wassers, lassen Sie es über Ihre Hände rinnen, lauschen Sie dem Plätschern. Einige Städte sind dazu übergegangen, Trinkwasserbrunnen zu reaktivieren oder neu zu installieren, was jedoch Probleme mit sich bringen kann. Viele dieser Brunnen wurden wegen geänderter Rahmenbedingungen, wegen eventueller Rückverkeimung der Trinkwassernetze und der für Abwasser anfallenden Kosten wieder verschlossen. Die bestehenden Brunnen allerdings sind ein Geschenk der Fülle des lebensspendenden Wassers und können uns daran erinnern, wie wertvoll und schutzbedürftig Wasserkreisläufe sind.

12
EL ENCANTO del RETIRO

STADT-VERWALDUNG STATT STADT-VERWALTUNG

Könnte man in der Stadt einen Wald pflanzen, die Stadt bewalden? Ja, das geht. Wir müssen dazu nur, wie Alice im Wunderland, unsere Perspektive ändern und uns selbst schrumpfen lassen, um einen Wald zu betreten, der »in eine Tasche passt«. Wir befinden uns dann in einem Pocket Forest, auch Tiny Forest genannt, einem artenreichen Miniwäldchen.[18]

Die hilfreichen Eigenschaften der Stadtbäume, die zur Verbesserung der urbanen Lebensqualität beitragen, können durch die Pflanzung mehrerer Bäume auf kleinem Raum gebündelt und verstärkt werden. Für diese kleinen, aber sehr effektiven Waldökosysteme wird eine kleine Fläche von mindestens einhundert Quadratmetern dicht mit Setzlingen von Bäumen, Sträuchern sowie mit bodenbedeckenden Gewächsen bepflanzt. Die Auswahl der Bäume wird den örtlichen Gegebenheiten angepasst. In Mitteleuropa gehören Arten wie Linde, Stieleiche, Eberesche, Rotbuche, Hainbuche, Hopfenbuche, Haselnuss und viele weitere dazu. Im Herzen des Wäldchens stehen die größeren Bäume, um sie herum werden schnell, aber nicht zu hoch wachsende Bäume gepflanzt. Umfasst wird das Wäldchen von einem Ring von Sträuchern, die vor Wind schützen und dem Boden Schatten spenden.

Bäume – Schatten spendende Oasen in aufgeheizten Städten.

Jede Baum- und Strauchart leistet in dem Miniwald einen Beitrag: Manche bilden durch ihr Laub, das auch düngerhaltig ist, schnell Humus, andere helfen Feuchtigkeit zu binden, manche können die Bäume vor Insekten schützen. Der Wald bietet schon bald nach seiner Pflanzung vielen Tieren Lebensraum. Innerhalb von etwa dreißig Jahren entsteht ein intaktes Ökosystem, eine Waldgesellschaft, die als übliche Waldpflanzung erst im Laufe von zweihundert Jahren entstanden wäre. Die Vielfalt an verschiedenen Bäumen bietet eine hohe Biodiversität und sorgt für Verdunstungskühlung, Luftreinigung und Luftbeduftung. Die Blätter der Bäume tragen nicht nur zum Wasserkreislauf des Miniwaldes bei, sie wirken auch bodenaufbauend. So kann der Boden bald mehr Wasser speichern. Die kleinen Wälder bieten ein Habitat für Flora und Fauna. Ein Tiny Forest passt gut in Städte, auf größere Verkehrsinseln, auf Brachflächen, in Parks und auch in Gärten. In dem bereits erwähnten Film »A Call of the Forest« zeigt Diana Beresford-Kroeger Beispiele von Tiny Forests in großen Städten und stellt den Begründer dieser Miniwald-Pflanzungen vor: den international bekannten japanischen Botaniker Akira Miyawaki.[19] Er initiierte die Pflanzung der kleinen Wälder in vielen großen Städten. Die Miniwälder sollten nach seinem Konzept als schnellwachsende, sich selbst erhaltende Habitate dem Artenschutz dienen, die Luft verbessern und zudem Wasser speichern. Weltweit wurden bisher mehr als dreitausend Miniwäldchen nach dieser Methode gepflanzt. Auf der Website des Professors finden Sie genaue Anleitungen zur Pflanzung eines Tiny Forest, dort »Miyawaki-Wald« genannt. Miya e. V., der Fachverband zur Förderung der Miyawaki-Methode, bietet zudem Workshops, Weiterbildungen und Mitmachprojekte an.

Die Idee dieses Konzepts kam aus Japan über die Niederlande in den deutschsprachigen Raum. In den Niederlanden wurden schon dreihundert Tiny Forests gepflanzt, in der Regel als partizipative Pflanzaktion geplant, verwirklicht und begleitet, im Freundeskreis, mit Schulklassen, mit Kindergarten-Gruppen, Kitas oder Sportvereinen. Der Miniwald erfordert einen geringen Pflegeaufwand. Die Pflanzung wird für die Kinder zu einem grünen Klassenzimmer, für die Anwohnerinnen und Anwohner zu einem gemeinschaftsspendenden Projekt. Möchten auch Sie die Pflanzung eines Tiny Forest wagen? Bei diesen beiden Vereinen finden Sie Anleitung und Unterstützung: miya-forest.de und citzensforests.org.

Selbst etwas zur Wiederbegrünung der Stadt beizutragen, erinnert an den von dem Künstler und Umweltaktivisten Joseph Beuys propagierten Aufruf: »Stadtverwaldung statt Stadtverwaltung«.[20] Zum Anlass der Kunstausstellung Documenta im Jahr 1982 schuf er ein Landschaftskunstwerk, für das auf der

Fläche der Stadt Kassel siebentausend Bäume, vorwiegend Eichen, gepflanzt wurden. Er wollte damit auch eine Kehrtwende im Verhältnis des Menschen zur Natur einleiten.

Wälder und in kleinerem Ausmaß auch einzelne Bäume sind aktiv an vielen natürlichen Kreisläufen auf der Erde, bei Wasser, Boden und Luft beteiligt. Bei all diesen Vorgängen produzieren sie keinen Müll. Alles wird wiederverwertet und ist in den natürlichen Kreislauf integriert. Dies könnte eine wichtige Inspiration für unser Wirtschaften sein und in verschiedensten Bereichen zu Ansätzen und Modellen der Kreislaufwirtschaft anregen. Doch nun tauchen wir ein in die Welt der Klimabäume, die ich für dieses Buch ausgewählt habe.

BAUM PORTRÄTS

»Alles, was wir für ein friedvolles Leben brauchen, ist schon in Fülle da: Luft, Wasser, Bäume, Sonnenenergie, Wind, Blumen, Gemeinschaften, Gebäude, Lehm, Holz, Kräuter, Wissen, Zuwendung (…). Wenn wir mit der Natur und dem Leben kooperieren, schaffen wir Harmonie, wenn wir gegen sie agieren, zerstören wir alles.«

– BILL MOLLISON[21]

AMBER BAUM

EIN FEST MIT DEM KÖNIG

An einem sonnigen Herbsttag könnte Sie der Anblick eines Amberbaumes in einen wahren Farbrausch versetzen. Sein Herbstlaub entflammt wie ein Feuerwerk in fast hypnotisierenden Farben: zitronengelb, scharlachrot, tief purpurn, violettbraun, gelborange, weinrot. Die atemberaubenden Rottöne, wie mit einem magischen Pinsel gemalt, der in unzählige Farbtöpfe getaucht wurde, sind betörend. Es braucht einen vollsonnigen und warmen Standort, damit der Amberbaum diese Pracht entwickeln und so vorteilhaft entfalten kann. Dann glüht sie im Abendlicht wie ein loderndes Feuer bei Sonnenuntergang: Indian Summer in der Stadt. Manchmal behält der Baum seine bunten Blätter sogar bis in den November hinein, als wolle er uns mit dem Trost seiner Farben in die dunkle Jahreszeit begleiten.

Warum entwickeln die Blätter der Bäume im Herbst diese intensiven Farben? Schon einige Zeit nach der Sommersonnenwende, wenn die Tage – für uns noch kaum bemerkbar – kürzer werden, setzt der Baum seine Blätter langsam auf Diät: Er drosselt die Zufuhr von Nährstoffen und konzentriert sie im Stamm und in den Wurzeln. Das kostbare Chlorophyll, der grüne Farbstoff, der für das Blattgrün sorgt und die Fotosynthese ermöglicht, wird abgebaut, die Inhaltsstoffe für das kommende Jahr in den Wurzeln und im Stamm eingelagert. Die anderen ebenfalls im Blatt vorhandenen Farbstoffe werden nun sichtbar und treten, bisher verborgen, deutlicher hervor: gelbe Luteine, orangegelbe Xanthophylle, orangefarbene Carotinoide und die rotvioletten Anthocyane. Aus diesen Farbstoffen wird das Herbstlaub des Amberbaumes expressionistisch gemischt. Irgendwann jedoch ist es Zeit für den Laubfall: Der Baum bildet eine Trennschicht aus Kork zwischen Ast und Blattstiel und durchschneidet gewissermaßen die Nabelschnur, das Blatt fällt zu Boden.

Auch im Frühjahr und im späten Sommer überrascht der Amberbaum mit einer besonderen Ästhetik: Seine hellgrünen, glänzenden Blätter sind wie Sterne geformt, und die weichstacheligen Früchte erinnern an Seeigel. Die spitz ausgeschnittenen Blätter ähneln denen des Ahorns. Ein gutes Unterscheidungsmerkmal sind die Korkleisten: leistenartige Wucherungen, die beim Amberbaum Äste und Teile des Stammes überziehen. Beide Bäume sind zudem an der Anordnung der Blätter zu unterscheiden: Der Amberbaum besitzt wechselständige Blätter, der Ahorn gegenständig angeordnete. Im Frühjahr kann man am Amberbaum aufrechte Ähren mit den männlichen Blüten entdecken. Die unauffälligen weiblichen hingegen formen sich zu kompakten Köpfchen. Der Baum überlässt die Bestäubung dem Wind.

Der Amberbaum gehört zur Familie der Zaubernüsse, ein Name, der zum Zauber dieses Baumes passt. Auch weitere Mitglieder dieser Pflanzenfamilie betören uns mit wunderschönen Herbstfarben. Von den verschiedenen Arten der Gattung sind viele fast überall auf der Welt zu Hause, nur leider nicht in Europa. Einst war die Gattung *Liquidambar* auch auf unserem Kontinent heimisch. Doch die schönen Bäume haben hier die Eiszeit nicht überlebt. Aus dem Tertiär stammende fossile Spuren konnten zum Beispiel in den Braunkohlelagerstätten Deutschlands nachgewiesen werden. *Liquidambar*-Bäume wuchsen also schon vor Millionen von Jahren in Europa. Die Amberbäume sind damit botanische Ureinwohner und kehren nun zurück. Seit dem 17. Jahrhundert werden sie aus Nordamerika nach Europa eingeführt und als dekorative Zierbäume in Parks und Gärten wie auch als resistente Bäume in den Städten angepflanzt.

Heute besteht die Gattung der Amberbäume, die auf verschiedenen Kontinenten gedeihen, aus vier Arten: dem Amerikanischen Amberbaum (*Liquidambar styraciflua*), dem Taiwanesischen Amberbaum (*Liquidambar formosana*), dem Chinesischen Amberbaum (*Liquidambar acalycina*) und dem Orientalischen Amberbaum (*Liquidambar orientalis*). Von diesen vier Arten ist nur der Amerikanische Amberbaum winterhart und deshalb hauptsächlich in den Parks und Gärten Europas anzutreffen. Er soll in geschützten Lagen Temperaturen von bis zu minus vierundzwanzig Grad Celsius aushalten. Wer eine Schwäche für den Orientalischen Amberbaum und sein duftendes Harz hat, kann ihn in Kübeln kultivieren, die ab Ende Herbst einen Platz im Wintergarten bekommen sollten.

Der Amberbaum, der hierzulande eine Wuchshöhe von zwanzig Metern erreichen kann, ist ein Schmuckstück für jeden Garten. Verfügen Sie nicht über genügend Platz, um einen solch großen Baum zu beherbergen, können Sie zum Beispiel die Zwergform *Liquidambar styraciflua* 'Gumball' pflanzen, die mit ihrer kugelrunden Krone auf einem niedrigen Stamm nicht viel Platz benötigt. Dieser Baum wird maximal zwei Meter hoch, passt gut in einen klei-

Amberbaum
Amerikanischer Amberbaum, Seesternbaum, Storaxbaum
Liquidambar styraciflua
Familie der Zaubernussgewächse, Hamamelidaceae

Verbreitung und Standort
Heimat: Östliches und südöstliches Nordamerika, südliches Kanada, Mexiko, Panama, Honduras, Guatemala. Sonnige bis vollsonnige Standorte, keine rauen und zugigen Lagen; feuchte, nährstoffreiche, durchlässige Böden, meidet Kalk. Gedeiht in seinen Ursprungsländern in Tälern und Uferwäldern, Mischbaumart in Laubwäldern, Pioniergehölz in verlassenen Ländereien, in den USA meist als Waldbaum; auf armen oder verdichteten Böden stellt er sein Wachstum ein. In den USA ist der Amberbaum nach der Eiche der zweitwichtigste Baum für die Holzproduktion.

Arten (Auswahl)
Amerikanischer Amberbaum, *Liquidambar styraciflua*
Taiwanesischer Amberbaum, *Liquidambar formosana*
Chinesischer Amberbaum, *Liquidambar acalycina*
Orientalischer Amberbaum, *Liquidambar orientalis*
Zuchtsorte: Kugelamberbaum, *Liquidambar styraciflua* 'Gumball'

HOLA
FRONT

neren Hausgarten und wird Sie mit buntem Herbstlaub erfreuen. Wo kommt dieser kleine, kugelrunde Baum ohne Mitteltrieb her? Er war ursprünglich ein sogenannter »Hexenbesen«, dichte kugelig-buschige Verzweigungen, die in Neuseeland wie ein Schatz in einem Amberbaum entdeckt wurden. Um daraus einen richtigen kleinen Baum mit Stamm und Krone zu machen, haben Baumschulen den eigentlichen Hexenbesen, der nur strauchartig wächst, auf ein Stämmchen aufgepfropft. So entstand ein kleiner, anmutiger Baum, der ohne Schnittmaßnahmen seine kugelrunde Form behält.

Der schwedische Botaniker Carl von Linné beschrieb als Erster die Amberbäume und verlieh ihnen ihren Gattungsnamen: *Liquidambar.* Der Name bedeutet »flüssiger Bernstein« und leitet sich von lateinisch *liquidus,* »flüssig«, und dem arabischen Begriff *anbar* für »Bernstein« oder »Duftstoff« ab. Manche Arten dieser Gattung wie der Orientalische Amberbaum, der in Kleinasien gedeiht, besitzen ein Harz, das tatsächlich flüssigem Bernstein gleicht. Der Name Amberbaum verweist zugleich auf den kostbaren Duftstoff Amber, ein Stoffwechselprodukt des Pottwals. Das balsamisch duftende Harz, das sich aus manchen Amberbaum-Arten, wie dem Orientalischen, gewinnen lässt, ähnelt im Duft dem des tierischen Ambers: warm, balsamisch und sinnlich.

Das süß riechende Harz der Amberbäume war schon in der Antike ein geschätzter Duftstoff. Auf assyrischen Keilschrifttäfelchen wird das Harz des Orientalischen Amberbaums »Balukku« genannt und als ein kostbarer, festlicher Duftstoff gelobt. Aus jener Zeit sind Rezepte für Räuchermischungen mit diesem antiken Räucherharz erhalten. Balukku, mit der Bedeutung »Festduft des Königs«, war damals ein berühmter Räucherstoff, ein wichtiger und sehr geschätzter Bestandteil antiker Räuchermischungen. Er wurde, wie Quellen aus dieser Zeit berichten, bei Festlichkeiten verschwenderisch im Palast des Königs verräuchert. Auch im »Papyrus Ebers«, einem altägyptischen Papyrus aus dem 16. Jahrhundert vor unserer Zeitrechnung, wird ein ganz ähnlicher Duftstoff, das Harz des Styraxbaumes, genannt und als Festduft bezeichnet. Noch heute werden das Harz und die pulverisierte Rinde der Amberbäume in Räuchermischungen sehr geschätzt, ebenso das aus dem Harz gewonnene ätherische Öl.[22] Sie werden als Aroma und Fixativ zur Herstellung von Naturparfüms, zur Beduftung von Seifen und Tabakmischungen sowie in Potpourri-Mischungen verwendet. Auch die Ureinwohner Nordamerikas schätzten das Harz des dort heimischen Amberbaums. Der Stamm sondert bei Verletzungen der Rinde einen duftenden, dickflüssigen Saft ab, der zu einem weichen Harz aushärtet. Dieses enthält antiseptisch wirksame Inhaltsstoffe und wurde für wundheilende Salben verwendet.

Das ätherische Öl aus dem Harz von *Liquidambar orientalis* wird in der heutigen Aromatherapie zur Behandlung von Husten, Verletzungen, Wunden, Abszessen und Akne empfohlen. Der warme, süßliche und gleichzeitig frische,

Beschreibung
Mittelgroßer, bis 30 m hoher Laubbaum mit langem aufrechtem Stamm, in den USA an Naturstandorten bis 45 m Höhe. In der Jugend kegelförmige Krone, später mehr rundlich und ausladend, zuerst langsam wachsend. Bildet auf tiefgründigem Boden Pfahlwurzel, auf steinigem Boden herzförmige Wurzel, weitreichend, braucht viel Platz. Kann bis 100 Jahre alt werden.

Blätter | Sommergrün, Laubblätter ahornähnlich, meist fünflappig, wechselständig, 12 bis 15 cm breit, hellgrün mit glatter Oberfläche, die Adernwinkel bärtig behaart, spektakuläre Herbstfärbung. Blätter duften beim Zerreiben.

Blüten | März bis Mai, zierlich, einhäusig, weißlich-grünlich, weibliche Blüten langgestielt in kugeligen Köpfen, männliche Blüten endständige, aufrechte, 5 bis 7 cm lange Ähren bildend, unscheinbar.

Früchte | Kugelig, bestehend aus vielen verholzten Kapseln an langen Stielen, ähnlich wie die Platanenfrucht, bis 3 cm dick, bleiben bis in den Winter hinein an den Ästen.

Rinde | Junge Triebe rotbraun, später graubraun mit luftgefüllten Korkleisten besetzt.

Holz | Hochwertiges Holz mit weißem Splint und rötlich gebändertem Kern, Stämme lang und astfrei, leicht zu bearbeiten, geradfaserig. Geschätzt als Bauholz, Möbelholz, für Verkleidungen und Furniere, schöne Holzmaserung, dient auch zur Herstellung von Papier.

Vorsicht
Das Harz des Amberbaums sowie die zerriebenen Blätter können bei empfindlichen Menschen Hautreizungen verursachen. Vor Gebrauch in der Armbeuge testen. Auch bei Haustieren und Weidetieren können Teile des Baumes Reizungen verursachen. Deshalb nicht an Standorten pflanzen, wo Weidetiere Zugang haben.

Ökologie
Der Baum bietet vielen Vogelarten wie auch zahlreichen Kleinsäugern nahrhafte Samen.

grasartige Duft des ätherischen Styraxöls hilft in Massagemischungen, in der Duftlampe oder in Bädern bei der Behandlung von Angstsymptomen und Stressbelastungen. Es wirkt allgemein tief entspannend. In der Herstellung von Naturparfüms kann Styraxöl als Fixativ den Duft leichtflüchtiger Blütendüfte länger auf der Haut halten.

Das Harz der Amberbäume diente den Ureinwohnern Nordamerikas als Kaugummi. Es wird dort noch heute für die Kaugummiproduktion verwendet, und eigens dafür angelegte Amberbaum-Plantagen liefern den nötigen Rohstoff. Auch das Holz der Bäume duftet leicht nach Kaugummi. Daher trägt der Amberbaum in Nordamerika den Namen »Sweetgum«.

Klimabaum

Gutes Klimawandelgehölz für Alleen, Straßenränder und Parks, Teichränder, Gärten, auch als Forstpflanze für Waldrand oder offene Lichtungen; in Nordamerika beliebter Straßenbaum. Hohe Anpassungsfähigkeit an verschiedene Standorte, wärmeliebend, verträgt Trockenheit, Hitze und lang anhaltende Wärme, frost- und winterhart, industriefest, tolerant gegenüber Abgasen, sturmfest, braucht einen großen Wurzelraum auf tiefgründigem Boden, sollte immer frei und sonnig stehen. Erträgt Überflutungen bis zu 20 Tage lang problemlos, relativ resistent gegen Insektenfraß und Pilzkrankheiten an den Blättern. Im Freistand vor Wildverbiss schützen. In strengen Wintern können Triebe durch Frost Schaden nehmen. In der Jugend (bis 5 Jahre) insgesamt frostempfindlich, deshalb nur im Frühjahr pflanzen. Windbruch- und schneelastgefährdet, nicht geeignet für Pflanzungen in Hochlagen, meidet verdichtete, kiesige und kalkhaltige Böden.

BAUM HASEL

BESCHEIDENE ZURÜCKHALTUNG

Kennen Sie die Baumhasel? Ich befürchte fast, Sie werden mit Nein antworten. Dann vertraue ich auf die »Magie des Lesens«, wie sie Annemarie Stoltenberg[23] in ihrem gleichnamigen Buch beschworen hat, und hoffe, dass Sie nach der Lektüre dieses Textes in der freien Natur oder in Ihrer Stadt auf die Suche nach der Baumhasel gehen.

Dieser Baum steht im Abseits, man kann leicht an ihm vorübergehen, ohne ihn wahrzunehmen. Dabei ist die Baumhasel ein stattlicher und schöner Baum mit vornehmem, schlankem Wuchs. Im zeitigen Frühjahr baumeln an ihren Ästen bis zu zwölf Zentimeter lange anmutige Blütenkätzchen. Sie sind eine frühe Bienenweide und auch für andere Insekten eine Nahrungsquelle zu einer Jahreszeit, in der andere Blüten noch lange auf sich warten lassen und oft sogar noch Schnee liegt.

Im Herbst färbt sich das Blattkleid der Baumhasel in einem warmen Gelb. Sie trägt nun Fruchtstände von zauberhafter Schönheit. Ihre Nüsse, den Haselnüssen sehr ähnlich, verbirgt sie in anmutigen kugeligen Gebilden. Es sind diese tief geschlitzten, zuerst grün, dann braun gefärbten Hüllen, die sich kunstvoll ineinander verschlingen und barocken Artefakten gleich an den Zweigen der Baumhasel hängen. Dieser sonst so wenig beachtete Baum sieht nun ganz feierlich aus und wie verwunschen, als solle man seine Geheimnisse nicht gleich erkennen.

Die Baumhasel, die sich in der Natur durch die herabfallenden Nüsse vermehrt, wird am Fuß ihres Stammes genügend dieser schönen Gebilde bereithalten. Zur Freude verschiedener Tierarten wie Eichhörnchen und anderer einheimischer Wildtiere, denen die nahrhaften Nüsse als wertvolles Winterfutter dienen. Jetzt ist es auch für mich Zeit, die Baumhasel zu besuchen.

Baumhasel
Türkische Baumhasel, Waldhasel, Byzantinische Hasel
Corylus colurna
Familie der Birkengewächse, Betulaceae

Verbreitung und Standort
Ursprüngliche Heimat: Balkan, nördliche Türkei, Südosteuropa über Kleinasien, Kaukasus bis Afghanistan. Kommt in ihrer ursprünglichen Heimat kaum noch vor. Mischbaumart. Sonniger bis halbschattiger Standort mit tiefgründigem, kalkhaltigem Boden, auch nährstoffarme Böden und Silikatstandorte, wenig Ansprüche an den Boden, gedeiht auch an trockenen, schwach sauren Standorten.

Arten
Corylus colurna 'Te-Terra Red': 15 m hoher Baum oder Hochstamm, breite offene Krone; im Sommer purpurgrüne Blätter, die an purpurfarbenen jungen Zweigen hängen; essbare Nüsse in bizarr geformten roten Fruchthülsen.
Corylus colurna 'Granat': 8 bis 10 m hoher Baum oder Hochstamm, breite offene Krone, braunrote Blätter, im Austrieb leuchtend rot; rote essbare Früchte mit dünner Schale und großem Kern.
Corylus x colurnoides: Kreuzung zwischen Haselnuss und Baum-Hasel, Trazel genannt. Wächst als Baum und trägt reichlich Früchte.

Vorsichtig hebe ich eine der Nüsse in ihrer filigranen Umhüllung vom Boden auf, halte sie gegen das Licht und staune über ihre perfekte Schönheit. Hier unter dem Baum kommt mir der wunderschöne Text von Walt Whitman in den Sinn, der in seinem 1855 erschienenen Werk *Grashalme* die Schönheit dieses Gewächses mit den Sternen vergleicht: »Ich glaube, ein Grashalm ist nicht geringer als das Tagwerk der Sterne.« [24]

Noch lange nach der Fruchtreife liegen die Nüsse und Fruchtstände um den Stamm der Baumhasel. Die Nüsse sind essbar und können wie die einheimischen Haselnüsse auch zum Backen verwendet werden. Im Vergleich zur Haselnuss sind sie jedoch etwas kleiner. Steht der Baum nicht direkt an einer Straße, sammle ich gern einige der Fruchtstände auf oder ernte die Nüsse direkt vom Baum, um sie in der Küche zu verwerten. Manchmal dienen sie mir mit ihrer dekorativen Schönheit – leicht mit Goldfarbe gefärbt – als Schmuck für den Adventskranz.

Wenn Sie die Blätter der Baumhasel näher betrachten, werden Sie wahrscheinlich an den heimischen Haselnussstrauch erinnert, den die meisten von uns kennen. Beide ähneln sich sehr. Die Haselnuss »verpackt« ihre Nüsse

jedoch nicht so spektakulär wie die Baumhasel. Sie ist die kleine Schwester der großen Baumhasel, beide sind der Familie der Birkengewächse zugeordnet. Die Gattung Corylus besteht nur aus diesen beiden »Haselschwestern«, der Haselnuss, die als Strauch wächst, und der Baumhasel, die sich zu einem Baum entwickelt und bis zu zwanzig Meter hoch aufragen kann. In der Türkei, wo große Gebiete dem Haselnussanbau gewidmet sind, kultiviert man auf Plantagen auch kleine Baumhaseln. Nicht um sie zu Bäumen heranwachsen zu lassen, sondern um sie als Veredlungsgrundlage für Haselnusssträucher zu verwenden. Die Baumhaseln werden als Massenträger bezeichnet. Sie lassen viele Nüsse reifen, die jedoch von Baum zu Baum ganz unterschiedliche Qualitäten besitzen: kleine oder große Nüsse, dünnschalig oder dickschalig, mit großem oder kleinem Kern. Haben Sie einen idealen Mutterbaum mit passenden Nüssen gefunden, können Sie daraus Ihre eigene Baumhasel ziehen. Dies geht meist problemlos.[25]

Die Nüsse werden zunächst in gute, feuchte Erde gesteckt. Falls Sie nicht die Möglichkeit haben, den Sämling oder Baum auf dem eigenen Grundstück zu pflanzen, finden Sie sicher eine geeignete Stelle: in einem Agroforstgarten, einem urbanen Garten, auf einem Grundstück von Freunden. Fragen Sie ruhig einmal herum, Sie werden dabei eventuell mit weiteren Baumliebhabern in Kontakt kommen.

»Für einen guten Ertrag benötigen Baumhaseln eine pollenspendende zweite Sorte in der Nachbarschaft. Diese kann – um Platz zu sparen – auch auf den Baum aufgepfropft werden«, empfiehlt der erfahrene Permakultur-Pionier Siegfried Tatschl in seinem Buch *555 Obstsorten für den Permakulturgarten und -balkon.*[26]

Die Baumhasel wurde wie die Rosskastanie in der Mitte des 16. Jahrhunderts in Mitteleuropa eingeführt. Wahrscheinlich von der Türkei aus, denn sie wird auch als Türkische Hasel bezeichnet. Anders als die Rosskastanie, die nach ihrer »Einbürgerung« in Mitteleuropa als schattenspendender Baum in Biergärten schnell Fuß fasste, führte die Baumhasel als Garten- und Parkbaum eher ein Schattendasein. Auch in ihren Herkunftsländern, wo sie in kleineren Gruppen zusammen mit anderen Laubbaumarten wächst, ist sie wenig verbreitet. Der Grund dafür ist ihr wertvolles Holz, das große Begehrlichkeiten weckte und zu einer verheerenden Übernutzung führte. Die Bestände dieses Baumes wurden besonders im Balkan schonungslos geplündert. Das Holz der Baumhasel besitzt eine schöne Maserung: Es besteht aus einem gelblich-braunen Splint und einem rötlich gefärbten Kern und eignet sich gut für Schnitzarbeiten. Besonders begehrt war es zum Verbau unter Wasser, da es relativ wasserresistent ist und kaum fault.

Die Baumhasel wird in kleinerem Umfang schon seit über hundert Jahren in mitteleuropäischen Städten angepflanzt. Daher findet man hier auch

Beschreibung
Imposanter, mittelgroßer bis 20 m hoher Laubbaum mit pyramidaler Krone, gerader, bis zum Wipfel durchgehender Stamm, waagerechte Seitenäste, seltener als Strauch, lichtbedürftig. Bildet 3 bis 40 m tief reichende Pfahlwurzeln aus, die sich später zu einem Herzwurzelsystem weiterentwickeln können. Kann bis 350 Jahre alt werden.

Blätter | Sommergrün, wechselständig, 8 bis 120 cm lang, doppelt gesägt, breit eiförmig, dunkelgrün, goldgelbe Herbstfärbung.

Blüten | Februar bis April, einhäusig und getrenntgeschlechtlich, männliche Blütenkätzchen gelblich, bis 120 cm lang, zu mehreren büschelweise; weibliche Blüten rötlich und unscheinbar.

Früchte | Ende September bis Anfang Oktober. 5 bis 8 Nüsse in kugeligen Büscheln in einer tief zerschlitzten, drüsigen Hülle. Nüsse fallen einzeln oder in den Kugeln zu Boden, essbar. Bei Wildformen sind die Nüsse fest mit der Hülle verwachsen. Bei kultivierten Bäumen fallen die Nüsse meist aus der Hülle.

Rinde | An den Trieben grau bis gelblichgrau, alte Borke hellgrau bis bräunlich, längsrissig und korkig, mit zunehmendem Alter rauer und rissiger, ähnelt der Borke der Eiche.

Holz | Hochwertiges, hartes Holz, sehr widerstandsfähig, elastisch, ähnlich dem der Hainbuche, leichte rötliche Färbung. Für Möbel, Drechslerarbeiten (Holz wird Türkisch Nuss oder Rosenholz genannt), Furniere, Parkett, Schnitzholz. Leicht zu bearbeiten, Schwundrisse bei zu schneller Trocknung, für Wasserbau geeignet.

Ökologie
Bodenverbessernd und humusbildend. Blattstreu gut zersetzbar, baut die Bodenqualität auf, besonders in Mischung mit anderen Bäumen. Guter Erosionsschutz dank des weitreichenden Wurzelsystems, gute Wurzelsymbiose mit Pilzen und Bakterien, kann zu Vielfalt und Biodiversität und zur Stabilisierung von Waldbeständen beitragen. Geeignet für Trüffelzucht, Nahrungsquelle für Nager und Vögel.

ältere, sehr charakteristische Bäume. Obwohl die Baumhasel nun vermehrt in den Städten anzutreffen ist, ist sie dennoch relativ unbekannt. Vielleicht gehen Sie täglich an einem dieser Bäume vorbei, ohne ihn bis jetzt bemerkt zu haben. So steht die Baumhasel immer noch im Abseits. Es ist, als warte sie auf ihre Zukunft – und die wird sicher kommen. Durch die Klimakrise wird der Baum die ihm zustehende Wertschätzung erhalten, denn er besitzt Eigenschaften, die ihn zu einem idealen Baum zukunftsfähiger Städte und wahrscheinlich auch Wälder machen.

Die Baumhasel ist ein sehr robuster und stadtklimafester Baum mit geringen Ansprüchen an den Boden. Sie kann deshalb an vielen unterschiedlichen Standorten gepflanzt werden. Dank ihres schlanken Wuchses ist sie auch mitten in der Stadt unproblematisch. Längere Dürreperioden übersteht sie gut. Ihre Strategie bei extremer Trockenheit ist einleuchtend: Sie wirft ihr Laub vorzeitig ab und kann so den Wasserverbrauch enorm senken.

Die Geschichte der Baumhasel, besonders ihre gnadenlose Ausrottung in manchen Gegenden, zeigt deutlich, wie wichtig es in der Zukunft sein wird, Bäume verantwortungsvoll zu behandeln und wertzuschätzen.

Klimabaum

Als Straßen- und Parkbaum, für Alleen, auch für Innenhöfe und große Gärten geeignet (Vorsicht bei Haselnuss-Pollenallergie). Der wärmeliebende, genügsame Baum ist sehr tolerant gegenüber Hitze und Trockenheit, immissionsverträglich, winter- und spätfrostresistent, frosthart bis minus 25 Grad, relativ frei von Krankheiten und Insektenbefall, hohe Standfestigkeit. Kann als Einzelbaum oder bestandsbildend in Wäldern gepflanzt werden, besonders gut geeignet zur Mischung mit Buche, Hainbuche, Traubeneiche, Spitzahorn, Elsbeere, Linde, Edelkastanie und Eiche. Kann Laubholzanteil in Kiefernbeständen erhöhen, Benötigt als junger Baum Schutz gegen Verbiss von Mäusen, Rehen und jungen Rindern sowie Wühlmausschutz.

Sammeln Sie Baumhasel-Nüsse von Bäumen, die an einem sonnigen Standort gedeihen. Diese Nüsse sind schmackhafter als die von Bäumen an schattigen Plätzen. Unreife Nüsse sollte man nicht nutzen, die Fruchthülle sollte nicht grün, sondern bräunlich gefärbt sein. Schwarze Fruchtkugeln enthalten meist vertrocknete, nicht mehr genießbare Früchte.

BAUMHASEL-KEKSE

Backspaß am Feuer

Baumhasel-Nüsse sammeln, ein Feuer oder den Grill entzünden und Kekse backen – ein Spaß für Klein und Groß. Eine Prise Abenteuer und eine gute Art, die Baumhasel kennenzulernen.

2 Eier
2 EL flüssiger Honig
(z. B. Robinien- oder Lindenblütenhonig)
2 Tassen gemahlene Baumhasel-Nüsse
½ EL Zimtpulver
12–14 mittelgroße Blätter der Baumhasel
oder der Haselnuss

Eier und Honig schaumig rühren. Die gemahlenen Nüsse und das Zimtpulver unterheben und zu einem geschmeidigen, nicht zu festen Teig mischen. Jeweils einen Teelöffel Teig auf ein Baumblatt geben. Die Seitenränder des Blattes zur Mitte falten, dann die Blattspitze nach innen, zur Mitte klappen und den Stiel von unten durch die gegenüberliegende Blattseite stecken.

An der Feuerstelle auf die Glut oder auf dem Grill auf eine Tonplatte oder einen flachen Stein legen und einen Topf wie eine Backhaube darüberstülpen. 10 bis 20 Minuten backen.

BLASEN ESCHE

DER GOLDENE REGENBAUM

Dieser mittelgroße Baum, der zu den neuen Klimabäumen in unseren Städten zählt und aus diesem Grund dort vermehrt gepflanzt wird, trägt einen seltsam anmutenden botanischen Namen: *Koelreuteria.* Als ich diesen Gattungsnamen zum ersten Mal hörte, vermutete ich dahinter das Wirken eines Botanikers, die sich ja oft und gerne im Namen einer von ihnen entdeckten Pflanze verewigen oder manchmal auch einen anderen, von ihnen verehrten Gelehrten ihrer Zunft mit entsprechender Namensgebung würdigen. Und so war es auch bei der Blasenesche. Sie wurde mit ihrem Gattungsnamen nach dem deutschen Naturwissenschaftler J. G. Kölreuter (1733–1806) benannt. Der Direktor der Markgräflichen Gärten in Karlsruhe leitete Untersuchungen zum Bestäubungsvorgang bei Pflanzen und lieferte definitive Beweise für deren Sexualität – zu seiner Zeit ein revolutionärer Befund.

Zur Geschichte der Blasenesche gehört ein weiterer botanikbegeisterter Forscher. Neben dem Perlschnurbaum wurden nämlich auch die ersten Exemplare der Blasenesche von dem französischen Missionar, Jesuiten und Forscher in China Pierre d'Incarville nach Europa gesandt. Dort kamen die Samen 1747 an – wahrscheinlich im Jardin des Plantes in Paris. Dieser botanische Garten, für den d'Incarville als Pflanzensammler arbeitete, wurde bereits 1626 als »Königlicher Heilkräutergarten« angelegt, von den Leibärzten des Königs betreut und 1635 als »Garten des Königs« der Öffentlichkeit zugänglich gemacht. Er ist noch heute der bedeutendste botanische Garten in Frankreich.

Die Samen der Blasenesche, die d'Incarville mit einer russischen Karawane über die legendäre Seidenstraße auf den Weg schickte, stammten wohl aus den kaiserlichen chinesischen Gärten. Die Blasenesche war in China, Japan und Korea, ihrem ursprünglichen Verbreitungsgebiet, ein geschätzter Baum. Sie wurde an heiligen Stätten, an Begräbnisplätzen und energetisch besonderen Orten in der Natur gepflanzt.

Der Name Blasenesche weist auf ein besonderes Merkmal dieses Baumes hin. Daran werden Sie dieses Gehölz auch leicht erkennen, wenn Sie ihm zum Beispiel in einem Stadtpark begegnen. Im späten Herbst hängen an den Zweigen dieses Baumes kleine, grüne, blasenähnliche Gebilde. Sie baumeln wie winzige chinesische Laternen an den Ästen. Zunächst sind sie grün, doch dann verleihen ihnen der späte Herbst und der Winter einen geheimnisvollen Glanz: Die vier bis sechs Zentimeter großen Gebilde erscheinen nun wie aus uraltem, braunem Pergamentpapier geformt – wie Zeitkapseln aus einer fernen chinesischen Vergangenheit. Bis tief in den Winter hinein hängen sie an den Ästen. Als ich sie zum ersten Mal sah, blieb ich unwillkürlich unter dem Baum stehen und fragte mich, was da wohl für kleine Kunstwerke an den Zweigen hängen. Diese blasenartigen Kapseln haben dem Baum den Namen Blasenesche gegeben, wobei er botanisch nicht mit der Esche verwandt ist. Sie eignen sich hervorragend für aparte Blumengestecke und andere Naturdekorationen. Die lampionartigen papierdünnen Pflanzenkapseln enthalten runde, schwarze, harte Samen, die jeweils zu dreien in einer Kapsel sitzen. In Japan werden daraus rosenkranzähnliche Ketten hergestellt.

Wenn Sie vor einer Blasenesche stehen, werden Sie erkennen, dass sie nicht zu den großen, stattlichen Bäumen gehört, sie bleibt im mittleren Maß und ist trotzdem ein beeindruckender Baum mit besonderem Charme und ungewöhnlicher Schönheit. Besuchen Sie die Blasenesche im späten Herbst, wenn der Baum schon seine Blätter verloren hat. Die braunen, trockenen Kapselfrüchte, die jetzt noch am Baum hängen, flüstern und rascheln geheimnisvoll im Herbstwind.

Dieser ausladende Baum mit seinen feinen Blättern besitzt eine runde Krone, ist manchmal so hoch wie breit und zeigt besonders als Solitärbaum einen eigenen und beeindruckenden Charakter. Gehen Sie etwas näher heran, und bestaunen Sie seine besonders geformten Blätter: Sie sind aus vielen einzelnen Blättchen zusammengesetzt, und ihre Form erinnert an kleine Farnblätter.

Damit kommen wir zu dem meiner Meinung nach wohlklingendsten der vielen Namen dieses Baumes: Im Englischen wird er Golden Rain Tree genannt – »Baum des Goldenen Regens«. Das klingt wie aus einem Märchen. Und tatsächlich passen die goldgelb gefärbten Blütenkaskaden, die den Baum von Juli bis Ende August schmücken, gut zu dieser Bezeichnung. Es sind aufrechte, locker aufgebaute Blütenrispen aus sternförmigen Blüten, die bis zu fünfunddreißig Zentimeter lang werden können und schon von Weitem gelb leuchten. Wenn sie am Ende ihrer Blütezeit sanft zu Boden segeln, sieht es aus, als falle ein goldener Regen. Die Blasenesche umgibt dann eine zauber-

Blasenesche, Chinesischer Laternenbaum
Koelreuteria paniculata
Familie der Seifenbaumgewächse, Sapindaceae

Verbreitung und Standort
Ursprüngliche Heimat: Nordchina, Korea, Japan, in Mitteleuropa eingebürgert. Liebt warme, sonnige, geschützte Standorte, durchlässige steinige Böden, verträgt auch karge Böden. Flachwurzler mit fleischigen, flach ausgebreiteten Wurzeln, empfindlich gegenüber Oberflächenverdichtung.

Arten
Die Gattung besteht aus drei Arten, die als Bäume und Großsträucher vorkommen. *Koelreuteria paniculata* 'Fastigiata', Säulen-Blasenesche, eine 1888 durch Veredlung entstandene Zuchtform, eine geschlossene Baumsäule für ganz kleine Gärten.

hafte Eleganz. Kaum ein anderer Baum in unseren Breiten trägt so auffallend intensiv gelbe Blüten von so großer Schönheit. Dank ihnen ist die Blasenesche auch ein wichtiger Bienenbaum. Sie liefert Nektar und Pollen, wenn es sonst kaum mehr Nahrung für die Bienen gibt. Die fein duftenden Blüten locken diese Insekten in Scharen an. Im Herbst schmückt sich der Baum erneut. Diesmal färbt er seine Blätter in einem spektakulären Gelb mit Orange und Orangerot. Wieder ist er, nun zum Jahresausklang, ein Schmuckstück.

Ein weiterer Name, den der Baum im englischsprachigen Raum trägt, ist Soap Tree, der »Seifenbaum«. Die Blasenesche gehört zur Familie der Seifenbaumgewächse, deren Mitglieder Saponine, also natürliche Seifenstoffe, enthalten. Besonders die Rinde und die Früchte des Baumes sind reich an diesen Substanzen. In China wurde die Blasenesche deshalb zur Herstellung von Seife verwendet. D'Incarville sandte den Baum auch als einen möglichen Seifenlieferanten nach Europa, da er in China diese Verwendung beobachtet hatte. Die Früchte eines anderen Baumes der gleichen Familie, des Seifenbaums, *Sapindus saponarii,* werden heute als Waschnüsse zum Waschen verwendet. Auch der Litschibaum gehört zur Familie der Seifenbaumgewächse.

In ihren Ursprungsländern ist die Blasenesche Teil der traditionellen Pflanzenheilkunde. In Asien wird ein aus ihr gebrauter Tee zur Behandlung von Augenentzündungen empfohlen. Wie beim Perlschnurbaum ist bei der Blasenesche jedoch eine Selbstmedikation nicht empfehlenswert, da sie, falsch angewendet, auch giftig wirken kann.

Nun ist die Blasenesche auf ihrem langen Weg durch die Jahrhunderte und über die Kontinente vom fernen China in unseren modernen Städten angekommen. Hier nimmt sie ihre neue Aufgabe als Klimabaum wahr. Aus ihrem natürlichen Verbreitungsgebiet ist sie es gewohnt, mit einem extremen kontinentalen Klima zurechtzukommen: lange, trockene Sommer, Winter mit Frost. Dieser anmutige, charmante, kleine Baum ist deshalb robust und hart im Nehmen. Er ist sehr genügsam, erträgt das raue, für Bäume anstrengende Klima in den überhitzten Städten, hält lange Hitzeperioden aus, toleriert Luftverschmutzung, gibt sich mit verschiedenen Bodengegebenheiten zufrieden und braucht wenig Pflege.

Schön, dass dieser Baum nun hier bei uns ist.

Beschreibung
Mittelgroßer, bis 15 m hoher Laubbaum, Krone in der Jugend rundlich, später schirmförmig, breit, dicht, flach. Kann 50, selten bis 100 Jahre alt werden.

Blätter | Sommergrün, wechselständig, unpaarig gefiedert, bis 35 cm lang, aus 7 bis 15 Blättchen zusammengesetzt, eschenähnlich, eiförmig, länglich, gesägt bis eingeschnitten gelappt, dunkelgrün, neue Blätter bronzefarben, später grün, Herbstfärbung gelb, orange und orangerot.

Blüten | Juli bis Ende August, manchmal noch September, eingeschlechtlich, fünfzählig, in bis 35 cm langen, strahlend gelben, aufrechten, locker aufgebauten Blütenrispen.

Früchte | Aufgeblasene, lampionartige, papierdünne Kapseln, grünlich, später rötlichbraun, bleiben lange am Baum. Kugelige, schwarze, erbsengroße Samen, jeweils zu dreien in einer Kapsel.

Rinde | Hell graubräunlich, im Alter runzelig.

Holz | Wertvoll, fein gemasert, für Kunst- und Möbeltischlerei geeignet.

Vorsicht
Die ganze Pflanze gilt als leicht giftig.

Ökologie

Die Blasenesche ist ein bedeutender Bienenbaum mit hohem Trachtwert, wertvolles, da spätes Nahrungsangebot für Bienen, teilweise bis in den September hinein. Das dichte Blattwerk bietet Vögeln guten Unterschlupf.

Klimabaum

Gut geeignet zur Begrünung im urbanen Raum, in Asien und Südeuropa beliebter und erprobter Straßenbaum, auch für Parks, Gärten und Mittelstreifen geeignet, zum Befestigen von Hängen, auch für trockene Standorte. Stadtklimafest, guter Feinstaubfilter, anspruchslos. Dichte Krone dient als Sichtschutz, solitär oder in Gruppen pflanzbar, kann leicht verpflanzt werden. Resistent gegen Krankheiten, verträgt Hitzestress, braucht wenig Pflege. In der Jugend etwas frostempfindlich, deshalb in den ersten 2 Jahren Vliesschutz empfehlenswert, später frosthart bis minus 20 Grad.

BLAU GLOCKEN BAUM

HEIMAT DES VOGELS PHÖNIX

In einem kleinen Wald am Rande Wiesbadens, zwischen Eichen, Buchen und Haselnusssträuchern, ist eine kleine Lichtung entstanden. Ein alter Baum war umgefallen. Dort, im Glanz des einfallenden Lichtes entdeckte ich den auffallend fremdartigen kleinen Baum. Es wirkte so, als sei er vom Himmel gefallen. Er besitzt riesige Blätter. Zwischen meine Handflächen gelegt, fühlen sie sich wie herzförmige Samtkissen an. Sie sind behaart, weich, fast anschmiegsam. Das kann nur der Blauglockenbaum sein, denke ich, dessen zarte Samen der Wind hierhergetragen hat. Wie das Geschrei der exotischen, inzwischen aber hier heimischen Halsbandsittiche über mir in den Baumkronen zeigt er an, dass nichts mehr ist, wie es einst war. Es ist wärmer geworden, der Klimawandel schreitet voran.

Mir scheint, der Blauglockenbaum eilt der Erderwärmung ein Stück voraus und nimmt eilig jede Gelegenheit wahr, um vor ihr anzukommen. Wenn Sie diesem Baum in der Stadt begegnen, schauen Sie sich in seiner Nähe um: In Mauerritzen, in Belagsfugen, am Straßenrand, auf dem Grünstreifen werden sicher schon weitere kleine Blauglockenbäume gekeimt sein. Seine winzigen flugfähigen Samen finden auch im kleinsten Spalt eine Lebensgrundlage. Wenn Sie einige Zeit später wieder vorbeikommen, sind die kleinen Sämlinge schon enorm gewachsen. Man könnte dieses Gehölz deshalb auch als »Expressbaum« bezeichnen. Kaum hat er ausgesamt, steht schon – wie von Zauberhand – ein kleines Bäumchen da. Er wächst zehn Mal so schnell wie unsere heimische Eiche. Der Blauglockenbaum besitzt eine unglaubliche Überlebenskraft. Dabei stellt er wenig Ansprüche an seinen Standort und kann pro Jahr drei bis vier Meter Zuwachs erreichen, unter sehr guten Bedingungen sogar sechs Meter. Seine Blätter werden bis zu fünfzig Zentimeter, manchmal

Blauglockenbaum, Kiribaum, Phönixbaum, Kaiserbaum
Paulownia tomentosa
Familie der Blauglockenbaumgewächse, Paulowniaceae

Verbreitung und Standort
Ursprüngliche Heimat: China und Ostasien, wird in Europa, Asien und Nordamerika kultiviert. Anspruchslos, was den Boden anbetrifft, liebt vollsonnige, warme, windgeschützte Standorte, kalkliebend; nährstoffreicher, durchlässiger Boden begünstigt sein Wachstum.

Arten
Es gibt etwa sieben Blauglockenbaum-Arten, die alle ursprünglich in Ostasien verbreitet sind. Im tropischen Klima sind die Bäume immergrün. *Paulownia elongata* und *Paulownia fortunei* werden neben *Paulownia tomentosa* plantagenmäßig in Deutschland angebaut.

Beschreibung
10 bis 15 m hoher Laubbaum. Lockere, breit gewölbte Krone mit weit ausladenden Ästen, in tropischen Gefilden bis 30 m hoch. Zweige flaumbedeckt, gerader Stamm. Kräftige Jungpflanzen erreichen einen jährlichen Zuwachs von etwa 4 m. Tiefwurzler, tiefgründiges, ausladendes Wurzelwerk mit empfindlichen Wurzeln. Kann 60 bis 70 Jahre alt werden.

sogar doppelt so groß. Der Blauglockenbaum und der Götterbaum, beides Pionierbaumarten mit ungeheuer großer Lebenskraft, gelten als die »neuen Wilden«. Sie erobern und besiedeln – ungeachtet kontroverser Diskussionen zum Thema Neophyten – die Städte und auch schon vereinzelt die Wälder.

Eine Pflanze, die nicht einheimisch ist und so schnell wächst, gilt als verdächtig. Sie könnte sich nämlich invasiv verhalten. Sie wird skeptisch beobachtet. Das Bundesamt für Naturschutz führt den Blauglockenbaum derzeit auf der Beobachtungsliste und schätzt ihn als potenziell invasiv ein. Lassen Sie uns diesen Baum auch »beobachten« – genießen wir seine Schönheit, denn er zählt zu den wirklich prachtvollen Klimabäumen. Sein verheißungsvoller Name verspricht einen Baum, in dem blaue Glocken hängen. Und er enttäuscht nicht. Im dritten Jahr schmückt sich der Blauglockenbaum im April und Mai, noch bevor die Blätter erscheinen, mit glockenförmigen Blüten in Lila, Blau, Blaurosa und Weiß. Sie hängen in zwanzig bis dreißig Zentimeter langen Blütenrispen herab und blühen sechs Wochen lang. Die einzelnen Blüten ähneln jenen des Fingerhuts. Deshalb wird der Baum in den USA »Fingerhutbaum« genannt.

Die Blüten sind sein Alleinstellungsmerkmal: Er ist der einzige blaublühende Baum in unseren Gärten und Parks. Die Knospen setzt er bereits im Spätsommer des Vorjahres an. Steht er dann in voller Blüte, lockt ihr lieblicher, vanilleartiger Duft Bienen an, die daraus einen köstlichen Honig erzeugen. Auch Hummeln besuchen die Blüten gern. Für Menschen sind sie ebenfalls verlockend: Sie sind nicht nur schön anzusehen, sondern auch essbar, schmecken nach Vanille und eignen sich zur Verzierung von Kuchen, Süßspeisen, Eis oder auch zur Zubereitung eines exotischen Omeletts, wofür die frischen Blüten in den Teig gegeben und mitgebacken werden.

Im späten Frühjahr erscheinen nach den Blüten die Blätter. Sie zeigen sich zunächst in einem eleganten Bronzeton, der sich schnell in ein helles Grün verwandelt. Der Artname *tomentosa,* »haarig«, »filzig«, bezieht sich auf die vielen feinen Härchen, die die Blattoberfläche bedecken. Die Blätter gelten im Ursprungsland des Baumes, in China (wie auch in Japan), als Köstlichkeit und werden als Salat zubereitet. Auch in Korea verwendet man die großen Blätter gern für verschiedene Gerichte. Die Blätter sind ungiftig und schmecken, frisch vom Baum gepflückt, wie Spinat oder Gurke; sie sind auch ein nahrhaftes Futter für Nutztiere.

Wenn man im Hochsommer im Schatten eines Blauglockenbaums verweilt und nach oben blickt, schaukeln die etagenweise übereinander angeordneten Blätter sanft und schenken erholsamen, lichten Schatten. Es ist fast so, als wollten sie Schattensuchende sanft einlullen. Ein Glück, an einem brütend heißen Tag in der Stadt einen Blauglockenbaum als Schattenspender zu finden!

Mit seinen großen Blättern kümmert sich der Baum auch um den Bodenaufbau unter seinem Stamm. Sie bilden, wenn sie sich zersetzen, die Grundlage für einen humusreichen Boden. Die großen Blätter besitzen außerdem eine beachtliche Kühlleistung. Der schöne Baum gilt als industrie- und stadtklimafest und dient in der Stadt in Parks und Gärten nicht nur als optische Bereicherung, sondern auch als willkommener Schattenspender und Luftbefeuchter.

Das Holz des Baumes ist wertvoll. Es ist ultraleicht und wird deshalb als das »Aluminium« unter den Hölzern bezeichnet. Dennoch ist es stabil und einfach zu verarbeiten. Es dient zum Möbelbau, Instrumentenbau und Bootsbau, für Surfbretter, Furniere und Skier. Da sich das Holz für die Verwendung im Außenbereich eignet und zudem wärmeisolierend wirkt, ist es auch für den Bau von Wohncontainern und Tiny Houses beliebt.

Der Blauglockenbaum stammt ursprünglich aus Zentral- und Westchina, wo der nützliche Baum sehr verehrt wird. Ein Mythos erzählt vom legendären Vogel Phönix, der in seiner Krone lebt und Segen, Glück und Wohlstand spendet. Der Vogel Phönix steht symbolisch für die Wiedergeburt der Seele. Es heißt, wer einen Kiribaum – so wird dort der Blauglockenbaum

Blätter | Sommergrün, gegenständig, schwach gelappt, herzförmig, breit, hellgrün bis mittelgrün, 50 cm lang, mit langem Blattstiel, Blattunterseite mit grauem Filz. Keine Herbstfärbung, später Laubfall.

Blüten | April und Mai, noch vor den Blättern, 20 bis 30 cm lange, aufrechte Blütenrispen, zusammengesetzt aus fingerhutähnlichen Einzelblüten, blau, rosa, blauviolett, purpurn, weiß, mit gelbem Schlund, blumiger, vanilleartiger Duft, Einzelblüten zwittrig aufgebaut. Die Kronblätter sind trichter- oder röhrenförmig miteinander verwachsen. Essbar.

Früchte | Eiförmige, braune bis graue, verholzte Kapselfrüchte mit circa 600 kleinen geflügelten Samen, die von Wind und Wasser verbreitet werden. Ungenießbar, leicht giftig. Die Hülle der etwa walnussgroßen Früchte bleibt bis zum Frühjahr am Baum.

Rinde | Junge Triebe glatt, mit klebrigen Drüsenhaaren, später graubraun, rissig.

Holz | Wertvoll, leicht und trotzdem stabil, schwer entflammbar, geruchlos, gut isolierend, tragfähig, robust, astfrei, mit ansprechender Maserung, harzlos, hoher Flammpunkt, resistent gegen Feuchtigkeit, widerstandsfähig gegenüber Pilzbefall und Fäulnis. Eignet sich für Möbelbau, Bootsbau, Skier, Surfbretter, Furniere, Innenausbau, Außenbereich und aufgrund seiner besonderen akustischen Qualität auch zum Instrumentenbau. Blauglockenbäume verschiedener Arten werden in Deutschland seit 2012 in Plantagen zur Nutzholzgewinnung angebaut.

Vorsicht
Die Früchte des Baumes gelten als leicht giftig.

Ökologie
Der Baum ist bienenfreundlich, hummelfreundlich und humusbildend, scheidet über Ausscheidungsdrüsen Schleimstoffe aus, um Insekten, besonders Ameisen, anzulocken, die den Baum vor Pflanzenfraß schützen. Blätter können fünf Mal so viel CO_2 binden wie einheimische Bäume. Leicht aus Samen oder Steckholz zu ziehen. Gehört zu den am schnellsten wachsenden Bäumen der Welt und bietet damit einen schnell nachwachsenden Rohstoff. Dank lockerer Krone ausreichend Licht auf der Baumscheibe unter dem Baum und deshalb für Bepflanzung geeignet. In Asien Verwendung als nahrhaftes, proteinreiches Tierfutter; liefert ergiebige Honigernte. Besiedelt spontan Ruderalflächen, Bahngelände, Gewerbebrachen; für Agroforstpflanzungen geeignet.

genannt – pflanzt, lockt den glücksbringenden Phönix an. In China und Japan gilt der Blauglockenbaum zudem als heilkräftig; aus all seinen Teilen werden Arzneimittel hergestellt. Auch in Japan wird der Baum verehrt: Das japanische Kaiserhaus führte drei kleeförmig angeordnete Blauglockenbaum-Blätter in seinem Wappen.

Nach alter chinesischer und japanischer Tradition pflanzte man zur Geburt einer Tochter einen Blauglockenbaum. Zur Heirat wurde der Baum gefällt und aus dem Holz als Mitgift wertvolle Gegenstände wie Truhen gefertigt. Das Holz ist hitzebeständig und resistent gegen Fäulnisbefall und Würmer. Deshalb galten die Truhen als sicherer Aufbewahrungsort von Wertgegenständen.

Der Superbaum aus China kam erst im 19. Jahrhundert nach Europa. Es heißt, er folgte dabei den Handelswegen des Porzellans. In den Kisten, in dem das Porzellan transportiert wurde, dienten seine weichen geflügelten Samen als Füllmaterial. Die Ankunft des Baumes in Europa wird mit der Biografie verschiedener Persönlichkeiten verbunden. Sein Gattungsname *Paulownia* geht zurück auf die niederländische Kronprinzessin Anna: Philipp Franz von Siebold, ein bayrischer Arzt, Botaniker und Japanforscher, soll den Baum 1834 als Erster nach Europa gebracht haben. Er benannte ihn nach der Prinzessin und Tochter des russischen Zaren Paul I., der späteren Königin der Niederlande, Anna Pawlowna (1795–1865). Der Blauglockenbaum wird auch Kaiserbaum genannt, da er der Lieblingsbaum von Kaiser Franz Joseph I. war. Er ließ ihn als Parkbaum häufig anpflanzen.

Der Blauglockenbaum braucht, um seine Verbreitung im Zaum zu halten, ein wachsames Auge. Wenn keine weiteren Bäume erwünscht sind, sollten seine zahlreichen Nachkommen, die in seinem Umfeld gedeihen, rasch noch jung entfernt werden. Denn ein älterer Baum kann weder durch Fällen noch durch Abbrennen zerstört werden, da er sich durch Wurzel- und Stockausschläge innerhalb kurzer Zeit regeneriert. Er kehrt zurück »wie Phönix aus der Asche«. Durch seine unglaubliche Verbreitungskraft, seine Schnellwüchsigkeit und die vielfältigen Verwendungsmöglichkeiten wird dieser Turbobaum jedoch sicher auch in unseren Breitengraden in der industriellen Holznutzung seinen Platz finden. Die ersten Startups in Verbindung mit dem Blauglockenbaum haben sich schon etabliert. Dieser Baum könnte leicht eigene Blauglocken-Wälder schaffen. In meiner Fantasie steigt das Bild einer Großstadt in Form eines Blauglockenwaldes auf. Zur Zeit der Blüte gibt es Blauglockenfeste auf Plätzen und in Parks. Träumen Sie mit mir von der bewaldeten Stadt.

Klimabaum

In wintermilden Gegenden Mitteleuropas (wie Weinbaugebieten) guter Garten- und Parkbaum für die Stadt, für Einzelstellung geeignet. Bereits kurz nach der Pflanzung guter Schattenspender, resistent gegen Hitze, Trockenheit und Wind, relativ unempfindlich gegen Krankheiten, in regenreichen Sommermonaten jedoch anfällig auf Pilzbefall; erosionshemmend durch kräftiges Wurzelwerk. Rückschnitt im Mai und Juni, Kronenauslichtung und Ausastung erforderlich, um Schneebruch zu vermeiden. Hält Temperaturen bis minus 20 Grad aus. Gilt als invasiver Neophyt.

BLAUGLOCKENBAUM

BLUMEN ESCHE

DER BAUM, IN DEM DIE NYMPHEN WOHNEN

Im Mai entfaltet ein Baum seine großen cremeweißen Blütenstände. Wie Schmuck für eine besondere Feierlichkeit stehen sie in Büscheln, kleinen, duftenden Blumensträußen gleich, im Laub am Ende der Zweigspitzen. Es ist die Blumenesche, deren verheißungsvoller Name zu Recht auf ihre schönen Blüten verweist. Mit ihnen feiert sie den Frühling und lädt zu diesem Anlass viele Gäste ein: Ihre nektarreichen Blüten ziehen Bienen, Hummeln, Schmetterlinge an. Als wertvoller Bienenbaum ist sie denn auch als Pflanze für imkerische Zwecke begehrt. Der bezaubernden Schönheit ihrer Blüten, die einen lieblichen Honigduft verströmen, verdankt der Baum einen weiteren Namen: Schmuckesche. Zur Blütezeit ist sie wirklich ein Schmuckstück.

Durch diese auffälligen Blüten unterscheidet sich die Blumenesche auch von der Gemeinen Esche. Sie ist nicht wie diese ein Windbestäuber, sondern lockt bestäubende Insekten mit Duft, Farbe und Form an.

Die in unseren Breiten bekannte heimische Eschenart, *Fraxinus excelsior,* ist derzeit massiv vom Eschentriebsterben, auch Eschenwelke genannt, bedroht. Diese Baumkrankheit wird durch einen aus Ostasien eingeschleppten Pilz verursacht, der die Baumart absterben lässt. Bis heute sind keine wirkungsvollen Gegenmaßnahmen bekannt, weshalb die Eschen in ihrer Existenz bedroht sind. Die Blumenesche jedoch scheint dagegen weitgehend resistent zu sein.

Die ursprüngliche Heimat der Blumenesche ist Südeuropa. Hier gedeiht sie als Kleinbaum und siedelt besonders gern in lichten Mischwäldern. Sie liebt sonnige Standorte und verträgt Hitze und Trockenheit gut. Im Mittelmeergebiet wird sie oft als Zier- und Straßenbaum angepflanzt. In Italien und Griechenland bin ich der Blumenesche in Wäldern wie auch in Städten

MBAR
CERVECEROS INDEPENDIENTES

USO
EXCLUSIVO
BOMBEROS

Blumenesche, Mannaesche
Fraxinus ornus
Familie der Ölbaumgewächse, Oleaceae

Verbreitung und Standort
Heimat: Östliches Mittelmeergebiet, Südeuropa, Kleinasien. In Mitteleuropa durch Forstkultur teilweise eingebürgert. Sonnige, warme Standorte; liebt trockenes, felsiges, sandiges Gelände und trockene, kalkhaltige Böden; meidet verdichtete oder schwere Böden; verträgt keinen Schatten und keine dichte Konkurrenz von anderen Bäumen.

Arten
Die Sorte *Fraxinus ornus* 'Mecsek' bildet eine kugelförmige Krone. Sie stammt aus dem Mecsek-Gebirge in Ungarn.
Fraxinus ornus 'Obelisk' ist ein kleiner, langsamwüchsiger Baum mit säulenförmigem, straff aufrechtem Wuchs.

Beschreibung
Kleiner, 10 bis maximal 20 m hoher Baum mit geradem Stamm, lichter, rundlich gewölbter Krone und strahlenförmig vom Stamm ausgehenden Ästen. Als Baum (im Flachland) oder mehrstämmiger Großstrauch (im Gebirge) vorkommend. Herzwurzler mit dichtem Faserwurzelsystem und weitreichender Bewurzelung. Kann bis zu 250 Jahre alt werden.

oft begegnet. Ich habe sie auf steinigen, kalkhaltigen, trockenen Hängen gedeihen sehen und mich gefragt, wie ihr diese bemerkenswerte Leistung gelingt. Sie ist eine Pionierin, wagt sich in schwieriges Terrain und bereitet dabei den Raum für weitere Baumarten vor. Mit einem weitverzweigten Wurzelsystem krallt sie sich auch in extremen Hanglagen regelrecht fest. So kann sie beispielsweise in Waldrandlagen andere, hinter ihr stehende Bäume, die anfälliger für Sturmschäden sind, schützen.

Als Straßenbaum oder in Parks ist die Blumenesche im Mittelmeergebiet nicht nur wegen ihrer Blütenpracht beliebt, sondern auch wegen ihres üppigen Laubkleids aus matt glänzenden Blättern, die der kugelförmigen Krone

Blätter | 15 bis 20 cm lang, lanzettlich, variabel in Größe und Form, mit 5 bis 9 gezähnten Fiederblättchen, schmal, 2,5 cm lang, kreuzgegenständig, unpaarig gefiedert, mit leicht gesägtem Rand, Blattadern bräunlich und weißlich behaart, gelbe Herbstfärbung.

Blüten | Mai bis Juni. Bis zu 20 cm große Rispen mit kleinen, cremeweißen Blüten. Duft: süß, honigartig, angenehm.

Früchte | 2 bis 4 cm lange, einsamige Nüsschen, dunkelbraun glänzend, einseitig geflügelt. Fruchtreife: September bis Oktober.

Rinde | Warzig, grau bis schwarz, glatt an den Ästen und am Stamm, im Unterschied zur Gewöhnlichen Esche kein Furchen- und Leistenmuster; Rinde der Zweige olivgrün, fein punktiert.

Holz | Wertvoll, fest, für Sportartikel, Werkzeuggriffe und Fässer geeignet.

des Baumes einen gefälligen Ausdruck verleihen. In der sengenden Sommerhitze der aufgeheizten Stadt schenkt uns die Blumenesche mit ihrem angenehmen lichten Schatten Zuflucht und sorgt in ihrem Umfeld für ein erträgliches Klima. Als Kleinbaum beansprucht sie nicht viel Platz und kann so auch in Nischen in der Stadt, im Park oder in Gärten gepflanzt werden.

Auch in wärmebegünstigten Lagen nördlich der Alpen ist die Blumenesche schon angekommen und gilt hier als eingebürgerter Neophyt – als Baum, der sich in einem Gebiet ansiedelt, indem er zuvor nicht heimisch war. Die Blumenesche hat etwa in ehemaligen Weinbergen, auf unbebauten sonnenbeschienenen Steilhängen pionierhaft ihren Platz eingenommen und nimmt die Aufgabe der Hangsicherung wahr.

In ihrer ursprünglichen Heimat Griechenland verband die Menschen einst eine mythologisch-seelische Beziehung mit der Blumenesche. Hesiod, der antike Dichter und Bauer, berichtet 700 v. Chr. von einem bekannten Mythos, demzufolge die ersten Menschen aus dem harten Holz der Blumenesche erschaffen wurden. Dass man ihr gar die Schöpfungsgeschichte der Menschheit anvertraut, zeugt von der großen Wertschätzung dieses Baumes. Aus seinem wertvollen, festen Holz wurden früher Lanzen und Speere gefertigt.

Ihr antiker Name »Melia« bringt die Blumenesche mit den melischen Nymphen, den Meliaden oder Meliai, den Eschennymphen, in Verbindung. In der griechischen Mythologie leben diese fürsorglichen und beschützenden weiblichen Baumwesen in den Blumeneschen. Sie stehen symbolisch für die feine Schönheit ihrer Blüten, aber auch für ihren Honigduft und ihre Beliebtheit bei den Bienen, die dann für einen reichen Honigertrag sorgen. »Melia« leitet sich ab von griechisch *méli,* »Honig«. So wie die Nymphen in der Mythologie fürsorglich zu Menschen und Göttern sind, galt auch die Blumenesche in früheren Zeiten als fürsorglich, denn sie schenkt süßes Manna. Wird die Rinde der Äste oder des Stammes eingeritzt, quillt ein süßer, dicker Saft aus den Einschnitten hervor, ein Harz, das an der Luft schnell zu weißlichen, stalaktitartigen Gebilden aushärtet, dem sogenannten Manna. Daher stammt ein weiterer Name des Baumes: Mannaesche. Dieses Manna hat jedoch nichts zu tun mit dem in der Bibel beschriebenen Manna, das der Herr für sein Volk bei der Wanderung durch die Wüste vom Himmel fallen ließ.

Das Manna der Blumenesche ist ein an Mannitzucker – daher der Name – reicher Saft, für dessen Gewinnung die Bäume in Südeuropa seit Jahrhunderten kultiviert und in Hainen oder Plantagen angebaut werden. Es wird kulinarisch und naturheilkundlich genutzt. Größere Anbaugebiete zur Mannagewinnung gibt es heute noch in Sizilien und Kalabrien.[27] Dort werden verschiedene Kulturformen der Blumenesche angebaut, die reichlich Manna enthalten. Zur Sommerzeit werden die acht bis zehn Jahre alten Bäume angeritzt und die ausgetretenen, erstarrten Harzteile, die »Cannoli«, gesammelt.

Zur Blütezeit sieht man in den Eschenhainen zahlreiche Bienenstöcke. Die fleißigen Tierchen tragen einen beliebten hellen, duftig-aromatischen Honig ein. In Pollina auf Sizilien gibt es ein dem Manna gewidmetes Museum.

Der früher aus dem Manna gewonnene Wirkstoff Mannitol wird seit den 1960er-Jahren synthetisch hergestellt. Die einst großen Anbauflächen in Sizilien sind auf etwa 250 Hektar geschrumpft; heute sind noch rund hundert landwirtschaftliche Betriebe übrig geblieben, die Manna erzeugen. Die Organisation Slow Food möchte den traditionellen Anbau und die Verarbeitung von Manna als europäisches Kulturerbe erhalten und unterstützt Mannabäuerinnen und -bauern.

Da es auch medizinisch wirksam ist, war Manna in früheren Zeiten ein begehrter Naturstoff. In der Volksmedizin Siziliens gilt es als gutes Magenmittel. Es wirkt leicht abführend, darmreinigend, entschlackend, harntreibend, entzündungshemmend und ist ein mildes Hustenmittel. Noch heute kennt man Manna in der europäischen Naturheilkunde als sanft wirksames, mildes Mittel bei Verstopfung – ganz ohne Nebenwirkungen. Auch in traditionellen Schwedenkräuter-Mischungen ist Manna enthalten. Der aus der Mannaesche gewonnene Saft wird außerdem dank seiner schleimlösenden und antiseptischen Wirkung zu einem wirkungsvollen Hustensaft verarbeitet. Manna ist auch in verschiedenen Fertigprodukten wie Manna-Feigen-Sirup oder Früchtewürfeln enthalten.

Ökologie

Bedeutender Bienenfutterbaum; die Blüten werden von Bienen, Hummeln, Schmetterlingen und vielen anderen bestäubenden Insekten besucht.

Klimabaum

Genügsamer idealer Straßenbaum für sonnige Standorte. Rauchhart, stadtklima-, abgas- und industriefest, hitze- und trockenverträglich; erträgt Frost bis minus 20 Grad und gleicht Austriebsschäden nach Spätfrösten schnell aus. Standsicher bei Sturm, auch an Hanglagen; schützt flachwurzelnde Nachbarbäume vor Sturmschäden.

Manna wurde als Heilmittel und auch in der Küche verwendet. Es hat einen leicht lebkuchenartigen Geschmack und dient zum Süßen und Aromatisieren von Grappa und Kräuterlikören sowie zum Backen von Kuchen und Kleingebäck. Manna ist pulverisiert oder in Stücken in der Apotheke oder im Kräuterhandel erhältlich. Mannastücke lassen sich im Mörser leicht pulverisieren. Das Pulver löst sich in Flüssigkeit schnell auf.

MANNASAFT

10 g Manna, pulverisiert
1 Tasse Wasser oder Milch

Das Pulver wird in die Flüssigkeit eingerührt, bis es sich ganz aufgelöst hat. Der Saft wirkt leicht abführend und sollte nicht über längere Zeit eingenommen werden.

PANE DOLCE

Sizilianisches Mannagebäck

100 g Manna, pulverisiert
50 ml Wasser
500 g Weizen- oder Dinkelmehl
1 Päckchen Trockenhefe
80 ml Milch
5 EL Olivenöl
1 Prise Salz
1 EL Rosinen
3 EL Walnüsse, gehackt
2 EL Orangeat
2 EL Mandelblättchen

Das Manna im Wasser auflösen. Mehl und Hefe in einer Schüssel mischen, das Mannawasser, Milch, Olivenöl und Salz zugeben. Zu einem geschmeidigen Teig kneten und zugedeckt auf das doppelte Volumen gehen lassen. Die restlichen Zutaten einkneten. Zu brötchengroßen, runden Küchlein oder zu einem flachen Brot formen. Auf einem gefetteten oder mit Backpapier belegten Blech bei 180 Grad 15 bis 20 Minuten backen.

GEWEIH BAUM

IN DER URZEIT ALLEIN GELASSEN

Das Amerikanische Mastodon (*Mammut americanum*) ist ein elefantenartiges, bis zu neun Tonnen schweres Rüsseltier aus der ausgestorbenen Mammut-Gattung. Es lebte fast fünf Millionen Jahre lang im Nacheiszeitalter, vom frühen Pliozän bis zum Beginn des Holozäns, in Nordamerika und gilt als Vorläufer unserer heutigen Elefanten. Zur Zeit seines Aussterbens am Ende der letzten Kaltzeit, vor rund fünfzehntausend Jahren, tauchten die ersten Menschen in Amerika auf. Funde deuten darauf hin, dass sie als Jäger an seiner Ausrottung und auch an der anderer Vertreter der damaligen Megafauna beteiligt gewesen sein könnten.[28] Aber auch andere Faktoren könnten dazu beigetragen haben. Die zur Jagd und zur Zerlegung der Beute nötigen Werkzeuge standen damals in Gestalt technisch brillanter Speerspitzen und Messerklingen aus Feuerstein zur Verfügung.[29] Riesige Originalskelette des ausgestorbenen Mastodons können heute in vielen Museen bewundert werden. Der bevorzugte Lebensraum dieses Urtiers war nachgewiesenermaßen die amerikanische Ostküste mit ihren damals bewaldeten Regionen.

Sicher fragen Sie sich jetzt, was das Mastodon in einem Buch über Klimabäume zu suchen hat. Nun, wir befinden uns beim Geweihbaum an einer Schnittstelle zwischen Tier und Baum, denn beide haben damals den gleichen Lebensraum geteilt und waren schicksalshaft miteinander verbunden. Der Geweihbaum hat sich in seiner Vermehrungsstrategie zu einem großen Teil auf das Mastodon verlassen. Die riesigen derben Früchte des Baumes, die sich kaum öffnen lassen und sehr harte Samen enthalten, wurden von diesem Tier als Nahrung ganz verschlungen. Seine Magensäfte erweichten die Schale, die Samen wurden so für ihre Keimung vorbereitet und mit den Ausscheidungen des Mastodons – Dünger gleich mitgeliefert – verbreitet. Wer heute einen Geweihbaum aus Samen ziehen möchte, muss diese ebenfalls für die Keimung vorbereiten, mit Sandpapier anschleifen, einweichen oder sogar, wie oft empfohlen, mit ätzender Schwefelsäure (den Mastodon-Magensäften entsprechend) behandeln.

Durch die enge Bindung und Abhängigkeit von diesem Megatier war der Geweihbaum ebenfalls vom Aussterben bedroht, denn als das Mastodon ausstarb, fehlte ihm der zuverlässige Helfer für seine Vermehrung. Es wird angenommen, dass dies der Grund für die heute noch spärliche Verbreitung des Geweihbaums ist; es existieren keine größeren Bestände mehr. Ich fragte Freunde und Freundinnen in verschiedenen Gegenden Nordamerikas nach diesem Baum und musste feststellen, dass er auch dort eine Seltenheit und relativ unbekannt ist. Niemand konnte mir von dem Baum wirklich viel berichten.

Die indigene Urbevölkerung Nordamerikas, die im ursprünglichen Verbreitungsgebiet des Baumes lebte, scheint ihn genutzt zu haben. Kleinere Geweihbaum-Haine weisen heute noch darauf hin. Das harte Holz diente zum Bau von Booten und als Pfähle für den Hausbau. Die ersten Siedlerinnen und Siedler aus dem Westen, die den amerikanischen Kontinent einnahmen und den Geweihbaum kennenlernten, rösteten die für den Menschen in rohem Zustand giftigen Samen des Baumes und stellten daraus einen Kaffee her. Das in den frischen Samen enthaltene Gift wird durch die Hitze zerstört. So erhielt der Geweihbaum seinen dortigen Namen: Kentucky Coffee Tree. Das Holz war ebenfalls beliebt, denn es ist hart und widerstandsfähig gegen Feuer – ideal zum Bau von Blockhütten und für Möbel. Die Samenhülsen und die Rinde des Geweihbaums enthalten schaumbildende und reinigende Saponine, Seifenstoffe, die sich zum Wäschewaschen anbieten und dafür auch von den Siedlern genutzt wurden.

In den USA und in Kanada kann der Baum an geeigneten Standorten bis zu dreißig Meter hoch werden. In Europa erreicht er nur eine Höhe von zwanzig Metern. In seiner ursprünglichen Heimat siedelt der Geweihbaum gerne in Flussauen und an Flussufern, wahrscheinlich um so seine reduzierte und langsame Vermehrung auszugleichen. Die harten Samen können von Pflanzenfressern nicht verwertet werden. So vertraut er sie dem Wasser an, das sie aufquellen lässt und für die Keimung vorbereitet. Fallen sie in fließendes Wasser, reiben kleinere Steine und Sand wie Sandpapier die Samen und bereiten sie so zur Keimung an einem entfernten Ufer vor. Eine intelligente Pflanzenstrategie.

Nun ist der Baum, der mit der Megafauna früherer Zeiten in Verbindung stand, in Europa angekommen. Auch hier ist er noch selten, rückt aber mehr und mehr als zukünftiger Klimabaum ins Blickfeld. Ich erinnere mich noch gut daran, wie ich den ersten großen Geweihbaum sah. Es war im

Geweihbaum, Kentucky Coffee Tree, Kentucky-Geweihbaum
Gymnocladus dioicus
Familie der Hülsenfrüchtler, Fabaceae

Verbreitung und Standort
Heimat: Kentucky, Ostküste Nordamerikas und Kanadas, dort ursprünglich in Flusstälern und Überschwemmungsgebieten, meist als Einzelbaum oder in Hartholzauwäldern. Sonnige, helle Lagen, feuchte, tiefgründige Böden, Täler, Flussauen. Anpassungsfähig an verschiedene Böden.

Beschreibung
Laubabwerfender, großer, 20 bis 30 m hoher Baum mit kurzem Stamm. Ovale Krone mit einem Durchmesser bis zu 18 m, im Alter weit ausladend. Geweihförmige Äste, knorrige Triebe, langsam wachsend. Kann bis 150 Jahre alt werden.

Wurzel | Pfahlwurzel, Herzwurzel, tief und weit reichend, kräftig. Freistehende Bäume verzweigen sich kurz über dem Boden.

Blätter | Sommergrün, Austrieb Anfang bis Mitte Juni, wechselständig, doppelt gefiedert, bis 90 cm lang, 60 cm breit, mit 3 bis 7 Fiederpaaren, eiförmige, spitz zulaufende Fiederblättchen, oberseits grün, unterseits graugrün behaart, im Austrieb rötlich, blaugrün im Sommer, kurze Laubphase, gelbe Herbstfärbung.

Blüten | Mai bis Juni mit dem Laubaustrieb, sternförmig, klein, weißlich grün, am einjährigen Holz, in endständigen, breit pyramidalen Büscheln, eingeschlechtlich, zweihäusig, männliche Blüten sind kleiner. Süß-würzig duftend.

Früchte | 10 bis 15 cm lange Hülsen, braun, bereift, fleischig, länglich, flach, von Oktober bis in den Winter hinein am Baum.

Rinde | Bis 10 cm dick, Triebe bräunlich grau, mit länglichen Lentizellen, vertieft liegende große, fünfhöckrige Blattnarben, Borke stark gefurcht, rau, grau, graubraun, längsrissig, blättert in schmalen Streifen ab.

Holz | Schwer, dauerhaft, rötlich braun, Splint weißlich gelb, Faserverlauf attraktiv unregelmäßig; muss gut getrocknet werden, da es leicht reißt. Geeignet für Möbel, Messergriffe, Pfeffermühlen, im Außenbereich (Pfähle für Hausbau, früher für Boote).

Vorsicht
Samen, Schoten und Blätter sind für den Menschen leicht giftig. Die darin enthaltene Substanz Cytisin kommt auch in Goldregen, Ginster und Schnurbaum vor.

Februar, und an den Ästen hingen auffällig große flache, etwa fünfundzwanzig Zentimeter lange seltsame Objekte – lederartige, dunkelbraune, längliche Hülsen, die jenen des Johannisbrotbaums ähneln. Ich fand heraus, dass es die Fruchthülsen des Geweihbaums sind. Sie bleiben bis in das Frühjahr am Baum hängen, öffnen sich nicht von selbst und liegen irgendwann am Boden um den Baum herum. Ich sammelte einige davon auf. Die Hülsen enthalten jeweils fünf bis neun sehr harte Samen, die in klebrig süßes Fruchtfleisch eingebettet sind (das dem Mastodon wahrscheinlich gut geschmeckt hat).

Um den ganzen Baum mitsamt seiner hoch gewölbten Krone wahrzunehmen, musste ich meinen Kopf weit in den Nacken legen. Er war groß und mächtig und musste ziemlich alt sein, denn Geweihbäume wachsen sehr langsam. Etwas kam mir an seinen kahlen, sehr langen Ästen seltsam vor. Sie wuchsen ungewohnt steif nach oben. Die jungen Äste waren sogar behaart und erinnerten mich in ihrem unbelaubten Zustand an Tiergeweihe. An den knorrigen, knotigen und wenig verzweigten Ästen befand sich kein Feinreisig, keine dünnen Ästchen waren an den relativ wenigen dicken Ästen zu sehen. Das Astwerk wirkte spärlich. Die bizarre, geweihartige Anordnung der Äste gab dem Baum offenbar seinen Namen. Sein wissenschaftlicher Gattungsname *Gymnocladus* deutet ebenfalls auf dieses eigenartige Erscheinungsbild des Baumes hin: Es leitet sich von den griechischen Wörtern *gymnos* für »nackt« und *cladus* für »Zweig« ab.

Als ich später im Jahr, im Juni, den Baum wiedersah, blieb mir der bizarre Anblick der kahlen Äste verborgen. Nun zeigte er seine exotische Blattschönheit in der malerisch gewachsenen Krone. Um Spätfrösten zu entgehen, treibt er als einer der letzten Bäume aus. Riesige, bis zu neunzig Zentimeter lange, paarig gefiederte Laubblätter verbergen dann die Hirschgeweihäste. Sie sind spektakulär groß, zu Beginn zartrosa und später blaugrau bereift. Trotz der übergroßen Blätter sorgt der Geweihbaum mit seiner breiten Krone für einen lichten Schatten. Später im Jahr nimmt das Blattwerk einen zarten Grünton an und glänzt schließlich im Herbst in leuchtendem Gelb. Wenn Sie den Baum im September besuchen, ist er schon dabei, sein Laub abzuwerfen.

Der urtümliche Baum besitzt sternförmige, duftende Blüten an langen Blattstielen. Die Blütenbüschel sind aus mehreren kelchförmigen Blüten zusammengesetzt und hängen in bis zu zwanzig Zentimeter langen »Blumensträußen« in der Krone. Die langen Blütenhüllblätter öffnen sich und zeigen gelbe Staubgefäße. Die Blüten sind zweihäusig, das heißt männliche und weibliche Blüten sitzen auf verschiedenen Bäumen. Dies bringt auch der wissenschaftliche Artname des Baumes, *dioicus* für »zweihäusig«, zum Ausdruck. Der urtümliche Geweihbaum sorgt mit seinem Nektarreichtum für Bienen und andere Insekten. Er soll ähnlich viel Nektar besitzen wie die Robinie und zählt deshalb zu den wichtigsten neuen Bienenbäumen.

Der kräftige Geweihbaum wird in den USA und in Kanada bereits im Forst und als Straßenbaum angepflanzt. Obwohl er feuchte Gebiete liebt und mit periodischen Überschwemmungen gut umgehen kann, kommt er auch mit langen Trockenperioden und Hitze zurecht. Er ist frosthart und steht fest an seinem Standort – eine tief hinabreichende Pfahlwurzel macht ihn sturmsicher. Er unterstützt damit Baumbestände in ihrer Stabilität. Sicher werden wir vom Geweihbaum als Klimagehölz in nächster Zeit noch mehr hören und ihn auch in den Städten vermehrt antreffen.

Ökologie
Gute Bienenweide und Vogelnahrung durch die in der stark gefurchten Rinde beherbergten Insekten und Larven.

Klimabaum
Der anspruchslose Baum ist stadtklimafest, hitze- und trockenheitsverträglich, auch bei langen Trockenphasen wie längerer Sommertrockenheit, erträgt Streusalz und andere Belastungen im urbanen Bereich, wächst auch an trockenen Standorten, sturmsicher, frosthart bis minus 35 Grad. Als Windschutz für Baumbestände oder Gebäude geeignet. Repräsentativer Solitärbaum in Parks, Grünanlagen oder als Straßenbaum auf breiten Streifen und Plätzen, aber auch in Gemeinschaft mit Laub- und Nadelgehölzen. Blickfang in der Stadt durch leuchtend gelbe Herbstfärbung und ungewöhnliche Fruchtstände. Braucht wenig Pflege, wird nicht von Krankheiten befallen.
Ausgewachsene Bäume bilden Ausläufer durch Wurzelbrut, die Gehweg- und Steinplatten anheben oder in Leitungen wachsen können; deshalb einen nach allen Seiten freien Standort wählen. Wegen der leichten Giftigkeit einzelner Baumbestandteile Nähe von Kinderspielplätzen meiden. In raueren Gegenden ist bei jungen Bäumen Frostschutz erforderlich.

GINKGO

BAUM DER HOFFNUNG

Es gibt ein Lebewesen, das schon seit dreihundert Millionen Jahren auf unserem Planeten zu Hause ist. Es erlebte die unendlich langsame Bewegung der Erdplatten, das Auseinanderdriften der Kontinente, die Auffaltung der Gebirgsketten aus den Ozeanen und unzählige Vulkanausbrüche. Zu Beginn seiner Geschichte war das Gebiet des heutigen Nord- und Mitteldeutschland von einem Urmeer überflutet. Ungerührt sah es dem Entstehen und dem Niedergang vieler Reptilien zu, gedieh, während Dinosaurier an seinem Stamm vorüberstreiften, war Zeuge des Zeitalters der mächtigen Mammuts und sah das Kommen und Gehen der übrigen Megafauna. Eiszeiten kamen und gingen, Wälder, Steppen, Meere entstanden und verschwanden in den sich wandelnden Erdzeiten. Es erlebte die Entwicklung der Vögel und das Verschwinden zahlreicher Tierarten. All das hat dieses ungewöhnliche Wesen überstanden, durchlebt und bezeugt. Selbst fast unverändert, verharrend in der immer gleichen Urform, war es über eine sehr lange Zeitspanne hinweg Teil des ewigen Kreislaufs des Lebens. Es hat sich seine eigene Zeit geschaffen – außerhalb der Gesetze der Evolution, die den ständigen Wandel fordern und vorantreiben. Dieses Wesen hat sich mit keiner anderen Art vermischt und ist heute für uns ein Fenster in die unglaublich lange Vergangenheit unserer Erde.

Die Rede ist vom Ginkgo, der ältesten noch lebenden Baumart der Welt. Mit großer Wahrscheinlichkeit findet sich dieses lebende Fossil auch in Ihrer Stadt – vielleicht nicht weit von Ihrem Lebensmittelpunkt entfernt.

In der langen Geschichte der Pflanzen nimmt der Ginkgo eine ungewöhnliche Sonderstellung ein. Vor vierhundert Millionen Jahren begannen die Pflanzen aus dem Meer heraus die nackten Kontinente zu besiedeln. Grünen Fingern gleich tasteten sie sich aus den seichten Wassern der Meeresufer und breiteten sich schließlich erfolgreich über die Kontinente hinweg aus. Viele Pflanzenarten waren Teil dieses großen Eroberungswerks, viele starben wieder aus. Der bemerkenswerte Ginkgobaum aber kann sich in dieser bewegten Geschichte seit dreihundert Millionen Jahren behaupten. Wahrscheinlich waren Ginkgos die ersten heute noch lebenden Bäume auf der Erde, die Blätter tragen, eigentlich sind es blattartige Nadeln.

Der Ginkgo gehört zur uralten Gruppe der nacktsamigen Pflanzen (Gymnospermen genannt). Den Nacktsamern ist gemeinsam, dass die Samenanlagen unbedeckt auf Samenschuppen liegen. Dies ist ein bedeutender Unterschied zu den entwicklungsgeschichtlich jüngeren Bedecktsamern (Angiospermen), die ihre Samenanlagen mit Fruchthüllen schützen. Auch zu den Nacktsamern gehören die Koniferen, die zu den Nadelbäumen gezählt werden. Wenn Sie in einem Baumschulkatalog nach dem Ginkgo suchen, werden Sie ihn dort, bei den Nadelgehölzen, finden.

Unter den Nacktsamern nimmt der Ginkgo wiederum eine Sonderstellung ein: Trotz seiner alten Verwandtschaft mit den Koniferen besitzt er weder Nadeln noch Zapfen. Seine Nadeln sind parallel- und gabelnervige Blätter, die wie ein langgestielter Fächer geformt und bis etwa zur Hälfte tief eingekerbt sind, sodass zwei Blattläppchen entstehen (*biloba* für »zwei Lappen«) – ganz anders, als wir es bei entwicklungsgeschichtlich jüngeren blühenden Pflanzen finden. Aufgrund dieser Form hat er in China den Namen »Entenfußbaum« erhalten. Die Ginkgoblätter besitzen einen ganz eigenen Zauber und haben nicht nur Goethe zu einem berühmten Gedicht inspiriert. Auch in China und Japan ließ man sich von ihrer Schönheit schon oft poetisch berühren. Im Spätherbst erstrahlt der Baum mit seinem Laub in einem leuchtenden, reinen Gelb, das die elegante Feinheit seiner Blätter besonders hervorhebt.

Die Blüten dieses uralten Baumes sind eher unscheinbar. Weibliche und männliche Blüten erscheinen an getrennten Bäumen zusammen mit den Blättern im Frühjahr. Die weiblichen zeigen sich als kleine grüne Blütenknoten an Stielen, die männlichen erscheinen in Kätzchenform. Aus den weiblichen Blüten entwickeln sich aprikosenähnliche Früchte, die mit der Reife einen sehr unangenehmen Geruch – wie Buttersäure – verströmen. Aus diesem Grund werden heute hauptsächlich männliche Bäume gepflanzt. In China und Japan sind die Kerne der Frucht allerdings sehr beliebt und gelten als Delikatesse. Die Hülle wird dazu entfernt, und die Samen werden zum Verzehr geröstet.

Der Ginkgo war, wie Blattfossilienfunde bezeugen, ursprünglich über die ganze Erde verbreitet. Als die ersten Menschen begannen, die Kontinente zu erobern und sie nach ihren Gesetzen umzugestalten, hatte sich der Baum, wahrscheinlich von Eiszeiten und Klimaveränderungen stark bedrängt, weise in ein kleines eisfreies Areal in die Bergwälder der Provinzen Tschekiang im äußersten Osten und Szetschuan im äußersten Westen Chinas zurück-

Ginkgo, Tempelbaum, Fächerblattbaum
Ginkgo biloba
Familie der Ginkgobaumgewächse, Ginkgoaceae

Verbreitung und Standort
Ursprüngliche Heimat: China. Bis zum Tertiär, vor 2,6 Millionen Jahren, auch in Europa heimisch. Überlebte in Bergwäldern im Südwesten Chinas. Sonnige bis halbschattige Standorte, liebt nährstoffreichen, tiefgründigen Boden.

Arten
Im Laufe seiner Existenz hat sich der Ginkgo mit keiner anderen Baumart vermischt und sich also nicht hybridisiert. Es existiert weltweit nur eine botanische Form: *Ginkgo biloba*, die eine eigene Familie bildet. Die von Baumschulen angebotenen Spezies sind keine eigenen Arten, sondern nur Sorten. Sie wurden als Stecklinge vermehrt.

Beschreibung
20 bis 30 m (manchmal sogar bis 50 m) hoher, stattlicher sommergrüner Baum, botanisch gesehen weder Laubbaum noch Nadelbaum, sondern letzter Vertreter einer eigenen Baumart. Krone sparrig, zunächst kegelförmig, im Alter breit. Die Äste setzen unregelmäßig am Stamm an und sind wenig verzweigt. Herzwurzler mit tiefer Hauptwurzel. Kann über 1000 Jahre alt werden.

Blätter | Sommergrün, fächerförmig, lang gestielt, eingeschnitten oder gelappt, ledrig glatt, hellgrün, leuchtend goldgelbe Herbstfärbung.

Blüten | April und Mai mit dem Laubaustrieb, unscheinbar, zweihäusig (Bäume entweder männlich oder weiblich). Beim weiblichen Baum einzelne Blüten langgestielt an kurzen Trieben, beim männlichen an Kurztrieben als Kätzchen, in Büscheln mit den jungen Blättern. Blüht erst im Alter von 20 bis 30 Jahren.

Früchte | Nur an weiblichen Bäumen, mirabellenähnlich, von Wachs überzogen, silbrig schimmernd, fleischig mit Steinkern; eigentlich keine Früchte, die äußere Schicht der Samenschale entwickelt sich zu einer fruchtähnlichen fleischigen Samenhülle; überreif mit unangenehmem Geruch nach Buttersäure. Beim Jungbaum ist meist nicht mit Sicherheit zu erkennen, ob es sich um einen männlichen oder weiblichen Baum handelt.

Rinde | Grau, längsrissig, im Alter stark gefurcht, graubraun.

Holz | Wertvoll, leicht, ohne Kern, feinkörnig, glatt, witterungsbeständig. Traditionell für Statuen, Schneidebretter, Küchengeräte, Teedosen, Teetabletts verwendet.

gezogen. Das heutige natürliche Vorkommen ist auf ein kleines Gebiet im Südwesten Chinas begrenzt. Der Baum gedeiht dort in Laub- und Nadelmischwäldern. Irgendwann hat man ihn aus seiner Enklave geholt, ihn mit der Kultur der Menschen verbunden und zum Tempelbaum gemacht. Er gilt in China als Symbol für ein langes Leben.

Von China wurde er, wie es heißt von Mönchen, nach Japan importiert, und auch dort erfährt er seither große Verehrung und Respekt. Der Ginkgo wird in Japan besonders bei Tempeln und an anderen heiligen Stätten angepflanzt. Und er erhielt dort eine weitere aktuelle Bedeutung: Er mahnt an die Schrecken des Krieges und wird gleichzeitig als Baum der Hoffnung tief verehrt. Der Ginkgo war nämlich die erste Pflanze, die nach der Atombombenkatastrophe in der japanischen Stadt Hiroshima spontan wieder austrieb. Die beiden US-amerikanischen Bombenabwürfe auf Hiroshima und Nagasaki am 6. und 9. August 1945 töteten auf der Stelle rund hunderttausend Menschen. Aus der verbrannten Erde, die bis zu sechstausend Grad Hitze ausgesetzt war, und aus einem versengten Baumstumpf wuchs und grünte neues Leben nur einige hundert Meter vom Epizentrum des Abwurfs entfernt. Der Ginkgobaum, der vor einem Tempel gestanden hatte und durch die ungeheure Hitze völlig abgebrannt war, zeigte wie durch ein Wunder im folgenden Frühjahr neue Triebe. Dieser bemerkenswerte Baum steht noch heute und kann am wieder errichteten Tempel von Housenbou besucht werden. An seinem Stamm befindet sich eine Tafel, auf der sinngemäß steht: »Nie wieder Hiroshima. Wir beten für den Frieden.«

Der Ginkgo gilt seither in Japan, aber auch auf der ganzen Welt, als Sinnbild für Hoffnung und für das Weiterbestehen des Lebens, selbst unter extremsten Bedingungen. Schicksalshafte Fäden verbinden uns nun mit der Botschaft dieses uralten Baumes.

In einem bewegenden Vortrag zeigte Jane Goodall, die bekannte britische Verhaltensforscherin und UN-Friedensbotschafterin, die sich unermüdlich für den Erhalt des Lebens und für den Frieden einsetzt, mehrere Gegenstände zum Thema Hoffnung, die sie in einem Beutel aufbewahrt und bei allen ihren Veranstaltungen bei sich trägt. Es fand sich darin unter anderem ein Stück Mauerputz, das ihr Nelson Mandela, der südafrikanische Aktivist und Politiker, bei einem Besuch in seiner Zelle während seiner siebenundzwanzigjährigen Haft geschenkt hatte, mit der Bitte, nie die Hoffnung zu verlieren. Und Jane Goodall holte auch das Blatt eines Ginkgobaums aus dem Beutel. Es stammte von dem Baum in Japan, der den Atombombenabwurf überlebt hatte. Dieses Blatt und der Baum selbst sind, wie Jane Goodall sagte, für sie wichtige Symbole, immer die Hoffnung zu bewahren und sich für das Leben einzusetzen, auch wenn die Zerstörungen der Natur durch den Menschen erdrückend wirken und uns hilflos machen. Dies war ihre zentrale Botschaft an diesem Abend, und ich verbinde sie seither mit dem Ginkgobaum.[30] Wie kaum ein anderer in diesem Buch über Bäume der Hoffnung steht er eindringlich für diese Botschaft. Auch in unserer Zeit zeigt er seinen unglaublichen Überlebenswillen, und es könnte sein, dass dieser Baum uns, wie so viele andere Arten von Erdenbewohnern, überleben wird.

1690 berichtete der Forschungsreisende, Abenteurer und Pflanzenjäger Engelbert Kaempfer (1651–1716) aus Lemgo anlässlich einer Japanreise zum ersten Mal vom Ginkgo. 1730 erreichten die ersten Exemplare Europa und wurden im botanischen Garten von Utrecht und in Leiden angepflanzt. Heute wird der Ginkgo weltweit kultiviert.

Ökologie
Von den fleischigen Samen profitieren Insekten und Vögel. Die stinkenden Früchte am Boden unter dem Baum halten Menschen davon ab, den Unterwuchs zu betreten. So werden Tiere wie beispielweise Igel nicht gestört.

Klimabaum
Anspruchsloser, stressresistenter, standorttoleranter Baum, stadtklimafest, sehr widerstandsfähig gegen Luftverschmutzung, gedeiht auf jedem kultivierten Boden, hitzeverträglich, kälteresistent, wärmeliebend, langsamwüchsig, windfest; Wurzeln können bis 10 m tief ins Erdreich eindringen. Frei von Krankheiten. Als Stadtbaum und in Parks besser nur männliche Bäume pflanzen – wegen Geruchsbelästigung und Rutschgefahr durch heruntergefallene Früchte der weiblichen Bäume. Ästhetische Bereicherung des urbanen Raums, besonders durch die auffallend gelbe Herbstfärbung.

kv business school
zürich
BEWEGEN
KONSTRUIEREN
LERNEN
PH ZÜRICH

In unserer Zeit hat er es vor allem als Heilpflanze zu großem Ruhm gebracht. Er gehört zu den besterforschten Pflanzen. Zahlreiche wissenschaftliche Studien befassen sich mit seinen Inhaltsstoffen und deren Wirkung auf den menschlichen Organismus. So gilt er als wirksames Mittel zur Vorbeugung von Altersdemenz und wird bei Gedächtnisstörungen, Venenerkrankungen, funktionellen Herzerkrankungen und Tinnitus eingesetzt. Er fördert die Durchblutung des Gehirns, wirkt gefäßerweiternd, entzündungshemmend und gilt als Antidepressivum.[31]

Der Ginkgo hat schon so viel überstanden, warum nicht auch das für Bäume manchmal mörderische Stadtklima? Und tatsächlich wird er als widerstandsfähiger und beliebter Stadtbaum gepflanzt und geschätzt. Krankheiten, Pilzbefall, Insektenfraß können ihm nichts anhaben. Offenbar hat er alle seine Feinde überlebt. Er steht in Europa zwar nicht – wie ursprünglich in China und Japan – an heiligen Stätten und wird verehrt, doch er erinnert uns in der heutigen Zeit an seinen neuen Standorten ebenso an die Einmaligkeit und Heiligkeit des Lebens und an dessen unbedingt notwendigen Schutz.

GLEDITSCHIE

MAN MUSS NICHT JEDEN BAUM UMARMEN

Wie hält man sich ein Riesenfaultier, ein Mammut oder ein anderes urzeitliches, hungriges Rüsseltier vom Leib? Die Gleditschie, auch Lederhülsenbaum genannt, hatte schon in der Eiszeit des Pleistozäns eine gute Strategie dafür. Um sich vor dem Verbiss der damaligen Megafauna zu schützen, »bewaffnete« sie sich mit langen, spitzen und harten Dornen, die furchterregend und wehrhaft wie Dolche in Büscheln von ihrem Stamm und von den Zweigen abstehen – ein in der Tat wirksamer Schutz! Heute wird sie nicht mehr von der Megafauna bedroht, dennoch käme beim Waldbaden niemand auf die Idee, solch einen gefährlich bewaffneten Baum zu umarmen.

Um ihre Rinde zu schonen, hielt sich die Gleditschie zwar Fressfeinde vom Leib, aber für die Verbreitung ihrer Samen zog sie Präriemammut, Riesenfaultier und andere Tiere gern zu Hilfe. Ihre Ausbreitungsstrategie, so wird vermutet, war die sogenannte Verdauungsausbreitung, die Endochorie: Die Tiere fressen die nahrhaften Früchte, denn sie lieben das in den Lederhülsen enthaltene süße Mark, und scheiden die unverdaulichen Samen mit dem Kot aus, der gleichzeitig Dünger für die Keimung ist. Die Samen bekommen so ein »Starterpaket« mitgeliefert. Die Megafauna ist ausgestorben, aber die Gleditschie hat überlebt und gehört heute zu den Klimabäumen. Nicht nur in ihrer Heimat Amerika. Vielleicht hat sie am Ende der Megafauna-Ära auf eine Besiedlung ihres Lebensraumes mit neuen Tieren gewartet, die ihre Samen verbreiten. Sie kamen aus Europa. Seit dem 16. Jahrhundert übernehmen in Amerika nun andere Tiere diesen Dienst: Es sind die aus Europa eingeführten Pferde und Hausrinder.

Die Gleditschie wiederum wurde um 1700 nach Europa eingeführt und hier vorwiegend als Parkbaum kultiviert. In Südosteuropa angebaut, dienten

Gleditschie, Lederhülsenbaum,
Amerikanische Gleditschie, Honigdorn, Falscher Christusdorn
Gleditsia triacanthos
Familie der Johannisbrotgewächse, Casesalpiniaceae

Verbreitung und Standort
Ursprüngliche Heimat: Östliches Nordamerika, gedeiht dort in Auwäldern, entlang von Flüssen oder auf Hügeln. In Afrika, Asien, Australien und Europa eingebürgert. Dornenlose Sorten werden heute gern im Mittleren Westen der USA angebaut, wo nur sehr wenige Baumarten gedeihen, ebenso im urbanen Raum in Mitteleuropa in Parks und an Straßen. Liebt nährstoffreiche, aber auch trockene, sandig-kiesige Böden; tiefes, weit ausgedehntes Wurzelsystem. Tritt regional teilweise invasiv auf.

Arten
Es existieren 12 bis 14 Arten. Dazu gehören:
Gleditsia triacanthos var. inermis: Stamm und Äste ohne Dornen, Stamm tief gefurcht, in Parks und als Straßenbaum.
Gleditsia triacanthos 'Skyline' Besonders aufrechter Wuchs.
Gleditsia triacanthos 'Shademaster': Schmalkronig, wird oft in Städten gepflanzt.
Gleditsia triacanthos 'Sunburst': In den USA entstandene Form mit goldgelbem bis leuchtend grünem Austrieb.

ihre Früchte als Viehfutter. Sie ist heute ein beliebter Stadtbaum, allerdings in dornenlosen Zuchtsorten wie *Gleditsia tricanthos* 'Skyline', um an ihren neuen, urbanen Standorten mit der Wehrhaftigkeit ihrer spitzen Dornen bei Passanten keine Verletzungen hervorzurufen. Auch Baumpflegearbeiten macht ihre Bewaffnung fast unmöglich. Dornenbewehrte Gleditschien kann man daher meist nur noch in Botanischen Gärten und Arboreten antreffen.

So erinnert nichts mehr an die eiszeitliche Geschichte dieses Baumes. Im Gegenteil, die dornenlose Gleditschie zeigt sich heute leicht und beschwingt und glänzt – ganz ungefährlich – je nach Jahreszeit in unterschiedlich anmutender Schönheit. Steht man im Frühsommer unter einer blühenden Gleditschie und blickt hinauf durch die lichte Krone, dann ist es, als würde man fliegen. Der Himmel hängt voller nach süßem Honig duftender Blüten. Diese sind umschwärmt von Bienen, die wie in Trance zwischen dem zierlichen Laub von einer Blütentraube zur anderen taumeln. Die Blätter dieses von den Bienen geliebten Baumes sind so fein geformt, dass sie an zarte Farnblätter erinnern und bei Sonnenschein ein hinreißend schönes, subtiles Lichtspiel am Boden zaubern. Man kann sich dort wie in ein impressionistisches Gemälde

7470 JYK

hineinstellen. Im Herbst färbt sich das Blattwerk der Gleditschie leuchtend gelb, zieht in der Stadt die Blicke auf sich und setzt beliebte Kontrastpunkte. Der Baum entwickelt im Alter eine malerische Schirmkrone und eignet sich als attraktiver Einzelbaum oder in Gruppen für Parks oder große Gärten.

Im Herbst zeigt die Gleditschie ihre charakteristischen Früchte. Sie wirken urtümlich: Es sind dunkle, lederfarbene, bis zu fünfzig Zentimeter lange, bogenförmig gedrehte Objekte, die von den Ästen baumeln. Diesen auffälligen Früchten verdankt die Gleditschie ihren seltsamen Zweitnamen: Lederhülsenbaum. Die Hülsen enthalten ein grünes Mark, das süß schmeckt und an Avocado erinnert.

Die indigenen Völker Nordamerikas schätzten diesen Baum und besonders das süße Mark der Lederhülsen. Auf seine Verwendung deutet heute noch der dort gebräuchliche Name für den Baum »Honey locust« hin. Verschiedene Teile des Baumes, wie Rinde, Blätter, Samen, wurden auch für medizinische Zwecke verarbeitet.

Ihr gebräuchlichster Name, Gleditschie, geht nicht leicht von der Zunge. Carl von Linné verlieh der Baumgattung diese Bezeichnung und wollte damit den deutschen Botaniker und Professor der Forstbotanik Johann Gottlieb Gleditsch (1714–1786) ehren, Direktor des Botanischen Gartens von Berlin, der wichtige Beiträge zur Sexualität der Pflanzen und der Forstbotanik verfasst hatte.

Die Gleditschie besitzt viele Eigenschaften, die sie als einen geeigneten Baum für unsere heutigen und künftigen Städte auszeichnen: Sie ist sehr anspruchslos. Ihr feines Laub, die reich gefiederten Blätter, bleiben nicht lange am Baum, sie fallen ab, werden am Boden schnell abgebaut, bilden dann eine gute Humusgrundlage und verhindern ein schnelles Austrocknen der Bodenoberfläche.

Besonders in der Permakultur schätzt man die Gleditschie zum Beispiel in Waldgärten, da sie in vielerlei Weise nützlich ist: Sie unterstützt den gewünschten Bodenaufbau durch Bindung von Stickstoff, wirft nicht viel Schatten und macht so den Anbau anderer Pflanzen in ihrem Wurzelbereich möglich. Ihre Fruchtstände ergeben ein nahrhaftes Viehfutter, und der Baum belebt die Biodiversität, indem viele verschiedene Wildtiere von ihm profitieren.

Beschreibung
Bis zu 30 m hoher Laubbaum. Gerader Stamm, lockere, lichte, trichterförmige bis breitflache Krone, im Alter Schirmkrone. Lichtbedürftig. Dornige Arten mit spitzen, rötlichen bis 16 cm langen Dornen an Stamm und Zweigen. Kann bis etwa 130 Jahre alt werden.

Blätter | Sommergrün, 20 bis 30 cm lang, wechselständig, paarig gefiedert mit zahlreichen 2,5 cm langen Blättchen, teils nochmals gefiedert; Blätter ohne Endfieder. Strahlend goldgelbe Färbung der Blätter im Herbst.

Blüten | Juni und Juli, hellgrün, in hängenden, bis 12 cm langen Trauben, die aus den Blattachseln sprießen. Süß duftend.

Früchte | Hülsenfrüchte, bis 40 cm lange, flach verdrehte, reif braunrote Fruchthülsen, mit lederähnlicher, derber Schale. Hängen im Herbst und Winter von den Bäumen, dunkelbraun und auffällig unregelmäßig bogenförmig verdreht. Enthalten etwa 25 hartschalige, bohnenförmige, linsengroße Samen, eingebettet in eine süße essbare Pulpe.

Rinde | Bei jungen Bäumen glatt, rotbraun, grünlich, später olivbraun und graubraun, im Alter mit tiefen Furchen, blättert dann in großen, schindelartigen Schuppen ab.

Holz | Wertvoll, haltbar, zur Herstellung von Möbeln und Zaunpfählen. Die jungen Dornen und das Holz dienten früher als Nägel im Schiffsbau.

Vorsicht

Blätter und Fruchthülsen gelten als leicht giftig. Samen und Pulpe hingegen sind essbar.

Ökologie

Guter Bienenbaum, wird von einer Vielzahl von Insekten besucht. Aufgrund lichter Krone gut für Unterpflanzungen geeignet. Dornentragende Gleditschien können als Vogelschutz dienen: Katzen, Eichhörnchen und anderen potenziellen Nesträubern wird durch die Dornen der Zugang verwehrt. Auch Eichelhäher, Raben und andere Vögel werden am Plündern der Nester gehindert. Der Baum dient dem Erosionsschutz.

Klimabaum

Guter Stadtbaum, geeignet für breite Straßen und Grünstreifen, Parks und Alleen sowie Windschutzpflanzungen. Schnell wachsend, deshalb geeignet, um in kurzer Frist Schatten zu bieten, weit ausladende Krone. Sehr anspruchslos, frosthart, trockenheitsresistent, überflutungstolerant, verträgt aber keine Staunässe, salz- und kalktolerant; erträgt große Hitze in der Stadt und ist sehr tolerant gegen Luftverschmutzung. Leicht verpflanzbar, unempfindliches Wurzelsystem, verträgt Einpflastern und Bodenverdichtung. Schöne Herbstfärbung. Anfällig gegen Windbruch.

CANALONPLUS

GÖTTER BAUM

DIE GHETTOPALME

Um einen Götterbaum zu finden, sollten Sie Ihren Blick dorthin wenden, wo Sie normalerweise nicht genau hinsehen: auf Brachflächen, neben Rangiergleise, in Verkehrskorridore, zu Mülltonnen, in vergessene Nischen der Stadt, auf Industriebrachen, in Dachtraufen und Rinnsteine, zwischen Mauerritzen und in Belagsfugen. Selbst durch kleine Lücken im Beton zwängt sich dieser Baum und beginnt an unerwarteten Orten sein rasantes Wachstum. Schauen Sie dort nach, wo steiniger, unfruchtbarer und trockener Boden ist und wo Sie kein üppiges pflanzliches Gedeihen erwarten. Dort, wo andere Bäume nicht wachsen können, werden Sie dem Götterbaum begegnen. Es sind Plätze, die von der Stadtverwaltung vorerst abgeschrieben wurden, die nicht in den Zuständigkeitsbereich der Stadtgärtnerei gehören und wo der Fachbereich Grünflächen nicht zuständig ist.

Diese postindustriellen Landschaften, die heruntergekommenen Plätze in einer Stadt, bilden die Nischen, die vom Götterbaum erfolgreich besetzt werden, denn er kann viel verkraften. In New York und entlang der Ostküste Nordamerikas wird dieser Baum deshalb treffend und manchmal sogar liebevoll »Ghettopalme« genannt. Als junger Baum mit aufrechtem Stamm und palmwedelähnlichen Blättern ähnelt der Götterbaum tatsächlich einer jungen Palme. Er gedeiht gehäuft in der Stadt, wo er sich schnell und mit einem unglaublichen Überlebenswillen ansiedelt. Die Bewohner ärmerer Stadtbezirke haben sich an den Baum gewöhnt und sehen in ihm ein Symbol für ihren Willen, sich nicht unterkriegen zu lassen. In ihrem Buch *Ein Baum wächst in Brooklyn* beschreibt Betty Smith schon 1943 den Götterbaum als Metapher für die Bewohner Brooklyns, die wie der Baum nach Freiraum für ihr Überleben in der harten urbanen Metropole ringen.

Die Ghettopalme ergreift an diesen vernachlässigten Plätzen jede Gelegenheit, Fuß zu fassen. Es gibt mehrere Blogs, in denen die Bewohnerinnen und Bewohner von Ghettos verschiedener amerikanischer Städte Fotos der unglaublichsten Standorte dieses Baumes in ihrem Revier dokumentieren.

Götterbaum
Ailanthus altissima
Familie der Bittereschengewächse, Simaroubaceae

Verbreitung und Standort
Ursprüngliche Heimat: China, Taiwan, Vietnam. Seit Mitte des 18. Jahrhunderts auch in anderen Teilen Asiens sowie in Europa, Amerika, später in Afrika und Australien angepflanzt; wildwachsend weltweit in allen Gebieten mit gemäßigtem oder Mittelmeerklima. Liebt sonnige, warme Lagen, absolut anspruchslos an Boden und Standort.

Arten
Es existieren bis zu zehn verschiedene Arten in Süd- und Ostasien sowie im nördlichen Australien.

Der Götterbaum stellt unsere Vorstellung von gepflegter Natur auf den Kopf. Viele Baumarten sind krank, Wälder sterben – und da kommt ein Baum, der einfach nur gedeihen will und es auch überall kann. Er gilt als einer der am schnellsten wachsenden Bäume Europas und ist einer der großen Gewinner der Klimakrise. Den Beginn seiner »Migrationsgeschichte« teilt er mit der Blasenesche und dem Perlschnurbaum: Er wurde Mitte des 18. Jahrhunderts von dem Jesuitenmissionar Pierre d'Incarville aus China nach Europa eingeführt. Zuerst schmückte er zusammen mit Palmen die großen aufwendigen Gewächshäuser und als Zierpflanze die Parks klimatisch wärmerer Städte. Er war hier quasi ein geladener Gast, exquisit, vornehm und zurückhaltend in seinem Benehmen. Seine Laufbahn im wahrsten Sinne des Wortes nahm in Europa nach dem Zweiten Weltkrieg Fahrt auf. Bis dahin hatte es in den Städten kaum freie, unbebaute Flächen gegeben. Nun, am Ende des Krieges, klafften viele Trümmerbrachen, steinig, trocken und unfruchtbar. Mit Eifer besiedelte der Götterbaum diese Flächen. Er machte sich breit, sodass andere Bäume kaum noch Fuß fassen konnten. Zudem pumpt er chemische Verbindungen in den Boden, welche die Keimung der Samen anderer Bäume verhindern sollen. Diese Strategie, Allelopathie genannt, wenden auch einige unserer einheimischen Bäume wie Buchen, Walnussbäume und Eichen erfolgreich an. Der Götterbaum verteidigte so seine neuen Reviere.

Auf sein schnelles Wachstum bezieht sich auch sein botanischer Name: *Ailanto* bedeutet in der Sprache der indonesischen Molukken »Baum des Himmels«: Er wächst so schnell und hoch, dass er den Himmel erreicht.

Der Götterbaum ist ein Pionierbaum: Er besetzt als erstes Gehölz neu entstandene freie Flächen. Dann ist seine Aufgabe erfüllt. Er wird denn auch höchstens hundert Jahre alt. Bis er abstirbt, hat er jedoch für genügend Nachkommen gesorgt. Mehr als dreihunderttausend Samen kann ein Baum in einer Saison produzieren. Der Götterbaum kann sich sowohl durch Samen wie durch Wurzelaustriebe verbreiten. Ließe man ihn gewähren, würde er wahrscheinlich im Rahmen der natürlichen Sukzession den Boden für spätere Baumarten vorbereiten, vielleicht für Kiefern und Eichen, und dann verschwinden, um an anderen Stellen Land zu besiedeln. Doch den zeitlichen Verlauf der natürlichen Sukzession gewähren wir dem Baum als invasiver Art bei uns in den meisten Fällen nicht. Er wird zuvor eliminiert.[32] In seinen Ursprungsländern gilt er nicht als Problembaum.

Der Götterbaum ist ein Inbegriff der Fruchtbarkeit und Regeneration. Sein Überlebenswille ist bemerkenswert: Es heißt, dass ein solcher Baum nur

dreihundert Meter vom Einschlagsort der Atombombe von Hiroshima überlebt hat. Eine Fähigkeit, die bisher sonst nur vom Ginkgobaum berichtet wurde.

Überall auf der Welt hält die Natur Einzug in die Städte. Tiere und Pflanzen flüchten vor den Agrarwüsten. Es wird wärmer, der Klimawandel schreitet voran. Unsere Städte sind zu Wärmeinseln geworden, sie heizen sich enorm auf. Es fehlt an feuchtigkeitsspendenden, schattenspendenden Bäumen und überhaupt an Grün. Diese Hitze ist ideal für den Götterbaum. Er schmiegt sich oft nah an Hauswände, um deren Wärmeabstrahlung zu nutzen. Eigentlich ist er ein kälteempfindliches Gehölz und genießt die Stadt wie ein Gewächshaus. Er ist extrem resistent gegen Luftverschmutzung und auch gegen Schwermetallbelastung des Bodens. So spendet er Schatten, filtert und befeuchtet die Luft und reduziert die Konzentration von Stickoxiden.[33] Am Geruch des Baumes scheiden sich die Geister: Eine leichte Berührung der Blätter lässt sie einen exotischen, würzigen Duft verströmen, der sich jedoch bei intensiverem Kontakt, etwa beim Zerreiben der Blätter, als unangenehm erweist. In seinen Ursprungsländern, etwa in China, liebt man den Geruch und verwendet Teile des Baumes als Räucherwerk.

Noch hat es der Götterbaum kaum gewagt, in die Landschaft rund um die Städte vorzudringen, denn dann müsste er ihr warmes, aufgeheiztes Klima verlassen. Der Klimawandel und damit der Anstieg der Temperaturen über das ganze Jahr hinweg kommen ihm jedoch entgegen.

Allerdings steht der Baum nun auf der »Todesliste«. Er gilt als extrem invasiv und wird bekämpft durch Ausreißen, Abbrennen und den Einsatz von Pestiziden wie Glyphosat. Die EU hat ein Handels- und Pflanzverbot für den Götterbaum ausgesprochen. Er steht auf der Liste der einhundert schlimmsten invasiven Arten Europas. (Nebenbei bemerkt, wurde diese Liste von der invasivsten Art der Welt zusammengestellt: vom Menschen.) Der Baum wird misstrauisch beäugt und dort, wo er wächst, sieht man einen gefährlichen Nährboden für Invasionen aller Art, für ein Sprießen von anrüchigen Ökosystemen. Der Götterbaum ist zum ungewollten Einwanderer in Europa und Amerika geworden.

Wohl kaum eine andere Pflanze hält uns so deutlich einen Spiegel vor wie der Götterbaum. Er findet seine Nischen im Anthropozän, dem vom Menschen geschaffenen Erdzeitalter, das geprägt ist von Luftverschmutzung, Artensterben, gestörten Bodensituationen, Waldsterben und so weiter. Er siedelt nach Landzerstörung, Kriegen und Atombombenabwürfen. Pflanzen wie der Götterbaum zeigen uns, dass Natur und Mensch nicht mehr in Balance sind, dass unser Umgang mit der Natur sehr unrühmlich ist. Und er berührt auch ein aktuelles Problem: Tolerieren wir Pflanzen, die sich wegen des Klimawandels an neuen Orten ausbreiten? Gelten sie immer als invasiv, als Neophythen, deren Ausbreitung zu unterbinden ist?

Beschreibung
Mittelgroßer, stattlicher, bis 25 m hoher, laubabwerfender Baum mit verzweigter, runder Krone, eschenähnlich, Kronenäste im Alter malerisch geschwungen. Kann im ersten Jahr 1 bis 2 m hoch werden, größter Höhenzuwachs im Alter von 5 bis 10 Jahren, besonders schnell wachsen die Wurzelsprösslinge. Kann bis 150 Jahre alt werden.

Wurzel | Fleischig, grobfaserig, wenig Feinwurzeln, flach, in der Jugend Bildung von Ausläufern.

Blätter | Sommergrün, wechselständig, sehr groß, bis 60 cm lang, unpaarig gefiedert, riechen unangenehm scharf.

Blüten | Juli, unscheinbare grüngelbliche Blüten in 10 bis 20 cm langen Rispen, stark und unangenehm duftend, zweihäusig, getrenntgeschlechtlich: Männliche und weibliche Blüten befinden sich auf getrennten Bäumen.

Früchte | Geflügelt, eschenähnlich, erscheinen in großer Menge, Fruchtstände zuerst grünlich, dann färben sich die Nüsschen mit den kleinen Flügeln hellbraun bis rot, trocknen und bleichen am Ende aus, bleiben bis in den Winter hinein am Baum.

Rinde | Junge Triebe rotbraun, samtig behaart, später grünlich-graubraun, längsrissig.

Holz | Gutes Brennholz und Bauholz. Für gerade Stämme Ausastung nötig.

Vorsicht
Verursacht Pollenallergien. Blätter und Blüten sind giftig.

Ökologie
Größere Bestände dienen als Bienenweide, die Bienen produzieren den würzigen Götterbaumhonig.

Klimabaum
Anspruchslos an Boden und Standort, sehr schnellwüchsig, verträgt extreme Trockenperioden, stadtklimafest, industriefest, salztolerant, wächst auch auf schwermetallbelasteten Böden, wird nicht vom Wild verbissen. Kann schnell geschützte Schattenräume schaffen, als Windschutz geeignet. Im Freiland wird empfohlen, die unkontrollierte Verbreitung des Baumes einzudämmen, da er bereits vorhandene Kulturen verdrängen kann.

Vielleicht bieten uns diese Pflanzen ja ihre Hilfe an, zeigen uns die Regenerationskraft der Natur, auf die wir vertrauen können, wollen uns zu einem heilsameren Naturverständnis anregen, in dem Mensch und Natur in Balance leben. Manche dieser neu eingewanderten Pflanzen erweisen sich als Heilmittel für unsere heutigen Zivilisationskrankheiten. Der Götterbaum wird in der Krebstherapie eingesetzt und besitzt eine herzstärkende Wirkung.

Der Wissenschaftsjournalist Fred Pearce bezeichnet in seinem Buch *Die neuen Wilden* die Orte, an denen der Götterbaum gedeiht, als »Recyclingplätze der Natur«. Hier, wo der Boden zerstört ist, mit Schwermetallen kontaminiert, wird Verbrauchtes mithilfe der »neuen Wilden«, der invasiven Pflanzen, wieder recycelt. Wächst der Götterbaum, schafft er Schatten, spendet Feuchtigkeit, filtert die Luft, reinigt den Boden. Dies sind die »wilden Landschaften der Zukunft«, hier wachsen die »Dynastien der Zukunft heran, wo aus vom Menschen Zerstörtem neues Leben entstehen kann«. Pearce nennt diese Pflanzen »Draufgänger, Abenteurer und Vagabunden der Natur«.[34]

Die New Yorker Bloggerin Christina Cobb, vor deren Wohnung Götterbäume gedeihen, schreibt in ihrem Blog: »Schauen Sie sich den Götterbaum an, er gilt als Unkraut, das zerstört und ausgerissen werden soll. Aber ich sehe den Baum mehr als einen Bewohner New Yorks: widerstandsfähig, resilient, fähig zu überleben in den unwirtlichsten Rissen und Rinnsalen der Stadt. Es scheint, als könne er aus dem Nichts heraus existieren. Wir sollten den Götterbaum in einem anderen Kontext sehen: Er wächst aus totem Asphalt heraus, er spendet Sauerstoff, nimmt Kohlenstoff und Stickoxide auf, hilft, die Gebäude zu kühlen, bietet Wohnraum für Tiere wie Eichhörnchen und Vögel. Er ist ein Opfer seines Erfolges.« Und wenn sie nachts aus ihrem Fenster sieht, ist sie »von seinem poetischen Schattenspiel, das durch die vom Mondlicht beschienenen Äste auf den Boden oder die Hauswand schimmert, verzaubert«.[35]

Diese Liebhaberin des Götterbaums beschreibt ihn mit anderen Augen als jene, die in ihm eine aggressive Art sehen. Wird er beachtet und gepflegt, könnte er sich einfügen und vielleicht ein Wirtschaftsbaum werden. In seinem Ursprungsland China schätzt man seine Blätter als Futter für die Götterbaumspinner (*Samia cynthia*), die Seide produzieren. Der Götterbaum ist in manchen Gegenden Chinas aber noch aus anderen Gründen ein wichtiger Nutzbaum: Aus seinem Holz werden Dämpfkörbchen für die chinesische Küche gefertigt; Rinde, Wurzeln und Blätter sind Bestandteil der Traditionellen Chinesischen Medizin.

Auch in der Permakultur, der nachhaltigen Landwirtschaft, die organische Kreisläufe unterstützt und schafft, sieht man den Götterbaum nicht nur als Problem, sondern als Lösung und als Anstoß, natürliche Zyklen einzubeziehen: Er wird hier eingesetzt, um die Folgen des Klimawandels abzupuffern und um Böden, die mit Schwermetall kontaminiert sind, zu entgiften. Ganz im Sinne eines der zwölf Permakultur-Prinzipien: »Nutze und schätze die Vielfalt.«

Der Götterbaum kann in Regionen mit mageren Böden helfen, Mutterboden aufzubauen, und damit sogar Einkommen sichern. Das Holz wie das Laub können als fruchtbarer Mulch sowie als Brennholz verwendet werden. In neuen Anpflanzungen wie Agroforsten dient der schnell wachsende Götterbaum gern als Windschutz. Dank seiner Hilfe kann auf bisher öden Plätzen, zum Beispiel an Orten, wo Müll abgeladen wurde oder der Boden kontaminiert ist, schnell ein neues Ökosystem für weniger resistente Pflanzen geschaffen werden.

HOPFENBUCHE

HOPFEN BUCHE

DIE COUSINE AUS DEM SÜDEN

Als ich dieses Kapitel schrieb, erinnerte ich mich an einen sonnigen Herbstnachmittag in den Bergen in Griechenland. Ich war von Freunden zu einem Ausritt eingeladen worden. Wir streiften durch lichte, sonnenbeschienene Wälder, und einige der Bäume hatten sich mit dem warmen Gelb ihres Blattkleides geschmückt. Im Vorbeireiten erkannte ich sie: Es waren Hopfenbuchen. Was ich nie vergessen werde, ist der feine herbstliche Duft, der diese Bäume umgab. Es roch wie in einer traditionellen Bäckerei, warm, weich, nach Holz und Holzofen. Vielleicht erinnerte mich dieser Duft auch an den Geruch, der abends im Dorf, in dem meine Freunde lebten, aufstieg, wenn die Öfen mit Hopfenbuchenholz befeuert wurden. Jedenfalls habe ich diese Bäume in einer angenehmen Duftaura aus Sonne, Herbst und Wärme in Erinnerung.

In meinem Buch *Blätter von Bäumen*[36] stellte ich einige unserer einheimischen Bäume vor. Der Hainbuche, die zur Familie der Birkengewächse gehört, ist darin ein eigenes Kapitel gewidmet. Sie ist schon lange bei uns heimisch, nachdem sie spät nach der letzten Eiszeit aus Südeuropa zurückkam, wohin sie sich wegen der dortigen Wärme zurückgezogen hatte. Nie bildete sie eigene Wälder, sondern war ein Begleitbaum der ausgedehnten Eichenwälder, die etwa siebentausend Jahre vor der Zeitenwende Zentraleuropa bedeckten. Viel später entdeckten die Menschen, dass sich die Hainbuche in beliebige Form zurechtschneiden lässt, auch als Hecke schnurgerade wachsen oder als gestaltetes Baumelement Gärten zieren kann. Sie wurde auch Eisenbaum genannt, denn hart, fest und schwer wie Eisen ist ihr Holz. Man fertigte daraus Mühlräder, Zahnräder, Holzschrauben, Werkzeugschäfte und Butterfässer.

In diesem Kapitel nun möchte ich Ihnen eine nahe Verwandte der Hainbuche vorstellen, die derzeit eingeladen wird, mit ihren besonderen Fähigkeiten unsere Städte zu bereichern. Sie stammt aus Südeuropa und Kleinasien und zählt mittlerweile zu den vielversprechendsten Zukunftsbäumen Mitteleuropas. Es ist die Hopfenbuche. Mit der Hainbuche teilt sie viele Merkmale, denn sie gehören beide zur Familie der Birkengewächse. Auch Birke, Haselnuss und Erle sind Angehörige dieser Pflanzenfamilie. Der Stamm und die Blätter sind bei Hain- und Hopfenbuche sehr ähnlich. Die Blätter sehen fast gleich aus, die der Hopfenbuche jedoch sind weicher. Nehmen Sie einmal von beiden Bäumen ein Blatt in die Hand und versuchen Sie, beide, ohne hinzusehen, nur vom Tasten her zu unterscheiden.

Die wärmeliebende Hopfenbuche kann zu einem fünfzehn Meter hohen Baum heranwachsen. Im Frühjahr baumeln lange gelbe Kätzchen von ihren Ästen. Der Baum besitzt gelbe männliche und grüne weibliche Blütenkätzchen. Die männlichen Blütenstände sind hängend und im Winter nackt wie beim Haselnussbaum. Die traubenförmigen weiblichen Blütenstände ähneln dem weiblichen Fruchtstand des Echten Hopfens, daher auch der Name des Baumes. Botanisch werden die Früchte als Nüsse bezeichnet; sie befinden sich in einer blasigen Hülle. Die kleinen, hell gefärbten Hopfenzapfen heben sich im Herbst malerisch vom gelben Herbstlaub ab.

Wie die Hainbuche steht die Hopfenbuche gerne nicht zu dicht gedrängt. Sie braucht Platz um sich herum, möchte am liebsten in Einzelstellung eine schöne Form entwickeln. In ihren Ursprungsländern findet man sie in angenehm lichten Mischwäldern, gern in Gemeinschaft mit Blumenesche, Flaumeiche, Schwarzkiefer und Feldahorn. Dort wächst die Hopfenbuche gern in sonnigen Lagen auf kalkreichen, felsigen Böden und kann bis auf tausendzweihundert Meter Höhe steigen. Durch ihr weitreichendes Herzwurzelsystem versorgt sie sich selbst in steinigem Boden und findet das benötigte Wasser.

Falls Sie eine Hopfenbuche pflanzen wollen, gönnen Sie diesem Baum eine Einzelstellung, damit er richtig zur Geltung kommen kann. Er wird dann seine eindrucksvolle Form entwickeln. Dankbar ist die Hopfenbuche auch für eine Mulchschicht, die zunächst die Feuchtigkeit im Boden hält. Junge Bäume benötigen einen Winterschutz, etwa ein wärmendes Vlies, das um den Stamm gewickelt Frostrisse verhindert. Der Baum wird maximal hundert Jahre alt. Seine Pollen jedoch bleiben lange erhalten. Sie fanden sich im Mageninhalt der Gletschermumie Ötzi und lieferten einen Anhaltspunkt dafür, dass der Mann der späten Jungsteinzeit im Frühjahr von der Alpensüdseite ins Hochgebirge aufgestiegen war. Solche prähistorischen Pollen tragen vermehrt zur Klärung archäologischer Fragen bei.[37]

Die Hopfenbuche wächst in der Jugend zu einem kegelförmigen, später rundlichen, etwa zehn Meter breiten Baum mit lockerer Krone heran. Manchmal zeigt sie sich in großen Strauchformen. Ihr Jahresaustrieb beträgt

Hopfenbuche,
Europäische Hopfenbuche
Ostrya carpinifolia
Familie der Birkengewächse, Betulaceae

Verbreitung und Standort
Natürliche Verbreitung in Mittel- und Südeuropa, gesamter Mittelmeerraum, Kleinasien, Kaukasus, Balkan, Westasien, inzwischen auch in Mitteleuropa, etwa Tirol, Italien, Frankreich. Halbschattenbaumart, ursprünglich in lockeren Wäldern, an sonnigen Waldrändern; liebt trockene sommerwarme Berghänge bis 1200 m Höhe, warme, geschützte Standorte, steinige, kalkreiche, mäßig nährstoffreiche Böden. Meidet Staunässe und besonders schwere Böden.

Arten
Die Hopfenbuche gehört zu einer Gattung mit zehn Arten, die in Europa, Asien, Nord- und Mittelamerika heimisch sind.

Beschreibung
10 bis 15 m hoher Laubbaum, kurzer Stamm mit tief angesetzter Krone, die zuerst kegelförmig, später rund und ausladend breit ist. Kann bis 100 Jahre alt werden.

Blätter | Sommergrün, wechselständig, zugespitzt, doppelt gezähnt, oberseits dunkelgrün, unterseits spärlich behaart.

Blüten | März bis Mai, einhäusig; aufrechte weibliche Kätzchen, in Ähren, unscheinbar, grün, überwintern als Knospe; bis 7 cm lange, hängende, gelbe männliche Kätzchen, bilden sich bereits im Herbst, am Ende von Langtrieben stehend, hellgrün.

Blätter | Wechselständig, bis 10 cm lang, doppelt gesägt, spitz eilänglich, mit grannenartigen Spitzen, oberseits dunkelgrün und glatt, unterseits heller, Nerven unterseits schwach behaart, gelbe Herbstfärbung.

Früchte | 4 bis 6 cm lang, wie Hopfenfruchtstände, Samenstände als weiße, hopfenartige Doldenfrucht, 0,5 cm lange Nuss, Windverbreitung.

Rinde | Junge Triebe olivgrün bis graubraun, mit hellen Korkwarzen, Rinde bleibt lange glatt, im Alter schwarzgrau, längs gefurcht, schuppig, mit zunehmendem Alter rauer und dunkler.

Holz | Schwer, sehr hart und zäh, dunkelbrauner Kern, schwindet im Trocknungsprozess, deshalb anfällig für Risse. Geeignet für Gegenstände, die Abnutzung und Druck ausgesetzt sind, zum Beispiel Werkzeugstiele; auch für Möbel, als Drechslerholz und Brennholz.

bis zu vierzig Zentimeter. Als junger Baum besitzt sie eine weißgraue Rinde, die sich jedoch im Alter immer dunkler färbt und dann von Längsfurchen durchzogen ist. Ein zusätzliches Merkmal sind ihre hellen Korkwarzen, die an den olivgrünen Trieben sitzen. Im Herbst färbt sich das Laub der Hainbuche in einem satten Gelb.

Als Cousine der Hainbuche besitzt auch die Hopfenbuche sehr hartes und schweres Holz. Deshalb wird es im englischen Raum auch *ironwood* (Eisenholz) genannt, ähnlich wie man die Hainbuche auch Eisenbaum nennt. Das Holz lässt sich gut bearbeiten und für Handhobel, Musikinstrumente, Möbel, Werkzeugteile, Zähne für Mühlräder, Werkbänke, Hackbretter, Walzen oder Webstuhlschiffchen verwenden. Da die Hopfenbuche ein hohes Ausschlagvermögen besitzt, wird der Baum in seinem ursprünglichen Verbreitungsgebiet auch zur Brennholzgewinnung genutzt.

Die Härte ihres Holzes hat auch zum Gattungsnamen der Hopfenbuche geführt: Das aus dem griechischen Wort *ostreon,* »Auster«, abgeleitete *Ostrya* bezieht sich auf die besondere Härte von Austernschalen.

Bald werden wir der Hopfenbuche in unseren Städten wahrscheinlich öfter begegnen. Von ihren Naturstandorten her ist sie besonders hitze- und trockenheitsverträglich. Deshalb wurde sie 2019 in Österreich zum »Baum des Jahres« im Sinne eines besonderen Zukunftsbaumes gewählt. Obwohl die Hopfenbuche Hitze gut vertragen kann, ist sie in unseren Breiten winterhart. Sie entspricht also genau den Anforderungen, die der Klimawandel mehr und mehr stellen wird. Im Stadtklima wird sie gut zurechtkommen. So eignet sich die schöne Hopfenbuche als Alleebaum für breite Straßen, für Parks und grüne Oasen inmitten der urbanen Gefilde. Sie macht sich aber auch gut als Gartenbaum.

Ökologie
Habitat für große Insektenvielfalt, guter Humusbildner durch reichlich Blattabbau, daher Bodenpfleger.

Klimabaum
Guter Stadtbaum für Parks, Alleen, geeignet für Extremstandorte, sehr hitzeresistent, hält längere Trockenperioden aus, bis minus 25 Grad frosthart, windfest, kann an steinigen Hängen und felsigen Lagen Schutzfunktion übernehmen; lässt sich gut beschneiden, Brennholzbaumart. Kann vom Eichensplintkäfer befallen werden, Vorbeugung durch gute Wasserversorgung. Empfindlich gegen Verbiss und Spätfrost, ebenso gegen pilzverursachte Krankheiten, deshalb nur an trockenen Tagen schneiden.

JAPANISCHE ZELKOVE

JAPANISCHE ZELKOVE

HALTUNG ZEIGEN

Manche Klimabäume trumpfen mit ihren fulminanten Blüten auf, andere zeigen elegante Kompositionen der Früchte oder beeindrucken mit riesengroßen Blättern. Das hat die Zelkove nicht nötig. Sie besitzt keine nennenswerten Blüten oder Früchte, sondern ist ein Baum, der stilsicher durch den Ausdruck seiner klaren inneren Haltung überzeugt.

Versuchen Sie sich einmal in eine ausgewachsene, reife Zelkove hineinzuversetzen. Spüren Sie, wie es ist, einen kompakten, kurzen, kräftigen Stamm zu besitzen. Gut und tief verwurzelt. Nichts, auch nicht der stärkste Sturm, kann Sie umwerfen. In einer großzügigen, einladenden, klaren Geste richten Sie Ihre kräftigen, aufrechten Äste gen Himmel. Ausdrucksstark, aber unaufgeregt. Sie lassen sich Zeit mit dem Wachsen, geben sich genussvoll dem langsamen Entfalten hin. Es reicht, wenn Sie dreißig Zentimeter pro Jahr wachsen. Erst nach abgeschlossener Entwicklung, nach vielen Jahren der Reife, ist Ihre Form, mit Bedacht gewählt, vollendet und zeigt Ihre noble innere Haltung. So stehen Sie da, wohlproportioniert, raumgreifend, von starker Präsenz und natürlicher Autorität, die ihr eindrucksvoller Wuchs verkörpert. Er vereint Anmut, Würde und Kraft. Sie wissen, dass Sie souverän ein Alter von tausend Jahren erreichen können, denn die »geistige Urmutter« der Zelkoven mit Namen Noma Keyaki steht am heiligen Noma-Schrein in der Nähe von Osaka in Japan. Die Repräsentantin und Hüterin der Noblesse dieser Baumart soll etwa eintausend Jahre alt sein.[38]

An den dünneren Ästen, die den kräftigen Astarmen entspringen, wehen malerisch die gezackten und im Herbst orangerot gefärbten Blättchen im Wind. Sie unterstreichen das gesamte Erscheinungsbild noch und ziehen die Blicke der vorübergehenden Menschen auf sich. Auch die Rinde ist unauf-

Japanische Zelkove,
Zelkove, Kaekibaum
Zelkova serrata
Familie der Ulmengewächse, Ulmaceae

Verbreitung und Standort
Ursprüngliche Verbreitung: Japan, China, Korea, Hochlagen Taiwans, heute auch Südwest- und Westasien. Sonnige bis halbsonnige Standorte, mäßig trockene, nährstoffreiche, frische Böden, keine Staunässe.

Arten
Kretische Zelkove, *Zelkova abeliacea, Zelkova cretica*
Kaukasische Zelkove, *Zelkova carpinifolia*
Zelkova schneideriana: Vorkommen in China
Zelkova sinica: Vorkommen in China
Zelkova sicula: Vorkommen in Sizilien

fällig schön. Sie blättert im Alter in Schuppen ab und hinterlässt verschiedenfarbige, kleine orange Farbkleckse. Über dem kräftigen Hauptstamm erheben sich die Äste und formen eine breite, beeindruckende Kuppelkrone.

Als ich zum ersten Mal bewusst einer Japanischen Zelkove begegnete, war es ein Baum im Kleinformat. Ich entdeckte ihn in einem berühmten Bonsaigarten in Italien. Dort war als einer der eindrucksvollsten Minibäume eine uralte Zelkove ausgestellt, nicht höher als dreißig Zentimeter. Doch selbst in dieser Größe zeigte der Baum seine noble innere Haltung. Zelkoven eignen sich als Bonsaibäume, da sie sehr schnittverträglich sind, langsam wachsen und – wie es in der Bonsaikunst heißt – selbst im kleinen Format Charakter zeigen. Aus diesem Grunde sind diese Gehölze in Japan, einem der Ursprungsländer der Japanischen Zelkoven, beliebte Bonsaibäume. Wie der Ginkgo sind sie dort hoch verehrt.

In Japan schätzt man die Zelkove auch wegen der besonderen Qualität ihres Holzes: Es besitzt einen harten und extrem widerstandsfähigen Kern und ist trotzdem äußerst elastisch. Daher kann es stark gebogen werden, ohne zu brechen. So eignet es sich hervorragend zur Herstellung der berühmten

JAPANISCHE ZELKOVE

japanischen Yumi-Bögen. Die Kunst des Bogenschießens und des traditionellen Bogenbaus sind eng mit diesem Baum verbunden.

Das Holz ist zudem sehr widerstandsfähig gegenüber Nässe. Es wurde zum Bau der traditionellen Tempelhäuser verwendet. Noch heute existieren Bauwerke aus Zelkovenholz, die ein Alter von tausend Jahren haben. In Japan stellt man aus dem Holz außerdem hochwertige Möbel und Gebrauchsgegenstände her. In Asien ist die Zelkove eine der wichtigsten Forstbaumarten. Das wertvolle, sehr feste, fein gemaserte Holz soll zu dem Namen Zelkove geführt haben. Der geht nämlich wahrscheinlich auf eine südkaukasische Bezeichnung zurück, die »Steinholz« bedeutet.

In Japan wird der Baum wegen der besonderen Qualität des Holzes forstwirtschaftlich genutzt. Es gibt dort nur noch geringe Bestände wildwachsender Zelkoven. In Europa gedeihen Bäume dieser Gattung nur auf Kreta und Sizilien. Sie sind so selten, dass sie auf der Roten Liste der vom Aussterben bedrohten Arten stehen.

Die Japanische Zelkove wurde 1830 von dem deutschen Arzt und Botaniker Philipp Franz von Siebold (1796–1866) in die Niederlande eingeführt. Er studierte die japanische Flora und Fauna und brachte dem Land die westliche Medizin. Seine Tochter Kusumoto Ine war die erste westliche Medizin praktizierende Ärztin in Japan. Bis ins 18. Jahrhundert war in Europa das Studium der Medizin Männern vorbehalten, und die Botanik galt als Teilgebiet der Medizin. Nur ganz wenige couragierte Frauen wagten sich als Forscherinnen und Botanikerinnen auf Reisen in andere Länder. Wenn ich in diesem Buch davon berichte, wie die beschriebenen Bäume von anderen Kontinenten nach Europa gelangten, erzählen diese Geschichten immer von Forschern und Botanikern. Wo aber, frage ich mich, sind die Botanikerinnen, die neu entdeckten Pflanzen und in unserem Fall Bäumen den Namen gaben? Unter den vielen Botanikern und »Pflanzenjägern« des 18. und 19. Jahrhunderts, die Pflanzen nach Europa brachten und sich oft in deren Namensgebung verewigten, sucht man fast vergeblich nach weiblichen Wesen. Die damalige gesellschaftliche Stellung der Frauen verunmöglichte dies. Kusumoto Ine kannte sich vermutlich gut in der Botanik Japans aus und stand unter dem Schutz ihres damals berühmten Vaters.

Auf meiner Suche nach den forschenden Botanikerinnen jener Zeiten stieß ich auf wenige außergewöhnliche Frauen – Pionierinnen, deren Namen und Arbeiten in diesem von Männern dominierten Wissenschaftszweig meist vergessen gingen und der Nachwelt selten erhalten blieben. Die Spuren dieser wenigen Frauen jedoch lassen sich manchmal durch die Jahrhunderte hindurch zurückverfolgen. Drei dieser besonderen Frauen, europäische Forscherinnen und Botanikerinnen, möchte ich hier mit der Zelkove und Kusumoto Ine verknüpfen:

Beschreibung
Mittelgroßer bis großer Laubbaum, 30 bis 40 m hoch, kurzer, breiter Stamm, weit ausladende runde Krone, schräg ansteigende, ausladende Hauptäste, Herzwurzler. Kann über 1000 Jahre alt werden.

Blätter | Sommergrün, wechselständig, charakteristisch scharf gesägter Rand, elliptisch bis eilänglich, oberseits dunkelgrün, weich behaart, glatt, unterseits kahl. Herbstfärbung braunrot, orange, gelb. Die Blätter ähneln jenen der Buche, sind aber länglicher und schmaler.

Blüten | April und Mai, unscheinbare, grünliche Blüten in den Blattachseln, männliche und weibliche in verschiedenen Bereichen der Zweige verteilt, einhäusig, getrenntgeschlechtlich. Die weiblichen Blüten befinden sich an der Spitze, die männlichen an der Basis der diesjährigen Zweige.

Früchte | Kleine, ovale, steinfruchtartige, kurz gestielte Früchte, 4 mm dick, fallen im dichten Laubwerk kaum auf, anfangs grün, später braun.

Rinde | Junge Bäume glatt, dünn, glänzend, purpurbraun, später schuppig. Blättert in verschiedenen Orangetönen ab.

Holz | Wertvoll, gelbe Farbe mit dunkelbrauner Maserung, ringporiges hartes Kernholz, dauerhaft, feuchtigkeitsbeständig, hart und biegsam.

Ökologie
Die Zelkoven gehören wie die Ulmen zu den Ulmengewächsen, die vom Ulmensplintkäfer befallen werden können; dies ist auch bei Zelkoven möglich, geschieht jedoch viel seltener als bei Ulmen. Das dichte Laubwerk spendet reichlich Unterschlupfmöglichkeit für Vögel.

Klimabaum
Geeignet als Straßenbaum, jedoch nur für breite Straßen, da der Baum recht ausladend wird, für Parkplätze, Parks, große Gärten, grüne Oasen in der Stadt. Die weit ausladende Krone spendet viel Schatten. Die Zelkove verträgt sich mit verschiedensten Baumarten, ist sturmsicher und kann andere Bäume in der Nähe vor Sturmschäden schützen. Stadtklima- und industriefest, verträgt Luftverschmutzung und Streusalz, übersteht gut Trockenphasen, ist winterhart, jedoch wärmeliebend, gedeiht auch auf armen Böden, braucht wenig Pflege.

Maria Sibylla Merian (1647–1717), Künstlerin und Naturwissenschaftlerin, unternahm mit ihrer Tochter eine zweijährige Reise nach Surinam und durchstreifte dort mit Eingeborenen die Urwälder. Sie zeichnete und sammelte Pflanzen und Tiere. Ihre fundierten Veröffentlichungen und wunderschönen Zeichnungen verliehen ihr, wieder zurück in Europa, hohes Ansehen.[39] Schauen Sie sich ihre bezaubernden Bilder von Pflanzen und Insekten in der Literatur oder im Netz an.

Amalie Dietrich (1821–1891) war eine leidenschaftliche Sammlerin und Naturwissenschaftlerin. Ein zehnjähriger Forschungsauftrag führte sie nach Australien, wo sie neben Pflanzen und Tieren speziell auch Bäume erforschte und sammelte. Auf ihrer Forschungsreise entdeckte sie sechshundertvierzig neue Pflanzenarten.

Jeanne Baret (etwa 1740–1807)[40] umrundete als erste Frau auf einer Expedition die Welt. Sie tat dies als Mann verkleidet, da auf Anordnung des Königs die Teilnahme von Frauen an Forschungsreisen untersagt war. Sie entdeckte auf dieser Reise bis dahin noch unbekannte Pflanzen. Bei ihr wurde ich fündig auf meiner Suche nach Pflanzen, die nach ihren Entdeckerinnen benannt wurden. Erst kürzlich wurde ihr zu Ehren eine neu entdeckte Pflanze *Solanum baretiae* genannt.[41]

Zurück zur Japanischen Zelkove: Sie ist eine botanische Ureinwohnerin auf dem europäischen Kontinent. Die Gattung *Zelkova* gedieh hier bereits im Tertiär. Dies erklärt, warum auf Sizilien und Kreta Zelkoven-Arten wachsen. Sie sind uralte Reliktvorkommen, Endemiten der einstigen Zelkovenwälder aus dem Tertiär, das vor sechsundsechzig Millionen Jahren begann und bis vor 2,6 Millionen Jahren andauerte.

Aus dieser langen Geschichte der Zelkoven springen wir in unsere Zeit des Klimawandels und prüfen nun diese Bäume auf ihre Fähigkeit, in Hitze, Trockenheit und unter weiteren schwierigen Umständen zu gedeihen. Die Japanische Zelkove wird heute tatsächlich zu den Klimabäumen gezählt, jenen, die unsere Städte, Parks und Gärten bereichern, die Biodiversität erhalten und helfen, die urbanen Gegenden bewohnbar zu erhalten. Zelkoven könnten dazu einen Beitrag leisten, denn sie sind winterhart, vertragen Luftverschmutzung sowie längere Trockenperioden und gedeihen auch auf ärmeren Böden. Mit ihrer würdevollen Ausstrahlung und Schönheit können sie auch eine ästhetische Bereicherung für unseren urbanen Lebensraum sein.

KOBUSHI-MAGNOLIE

KOBUSHI MAGNOLIE

EINE ZEITREISENDE

Flauschige Schneeflocken taumeln vom Himmel. Es ist Mitte April, und der Winter schickt noch einen unerwarteten letzten Gruß über den Marktplatz. Ich bleibe bei einem schlanken Baum stehen und blicke nach oben. Mein Herz macht einen Satz. Über mir schweben sternengleiche, schneeweiße Blüten von zarter Schönheit, umtanzt von Schneeflocken, umweht vom kalten Wind. Das Bild gleicht einer zarten japanischen Tuschezeichnung – nicht auf Papier gemalt, sondern an den Himmel gehaucht. So viel Schönheit in der Stadt und mitten im Schneegestöber! Warum bleiben nicht alle, die hier ihre Einkäufe erledigen, stehen, um dieses Schauspiel zu genießen?

Ich lege den Kopf in den Nacken und betrachte die Blüten des Baumes genauer. Von grünen Blättern fehlt noch jede Spur. Die kahlen Äste jedoch sind mit diesen großen weißen Sternblüten geschmückt, die zum Rand hin in ein pfirsichfarbenes, morgenrotschimmerndes Rosa getaucht sind. Geradezu überirdisch. Trotz der noch fühlbaren Kälte des Winters hat es dieser Baum gewagt, seine wundervolle Frühlingspracht zu entfalten.

Es ist die Kobushi-Magnolie, die in Kempten im Rahmen des Projekts »Stadtgrün 2021, Stadtbaumarten im Klimawandel« gepflanzt wurde. Dieser anmutige Baum, ursprünglich in den Gebirgsregionen von Japan und Korea beheimatet, verträgt Kälte, sogar bis minus achtundzwanzig Grad, ist trockenheitstolerant, hält großer Hitze stand und widersteht Autoabgasen.

In Japan gilt die Kobushi-Magnolie als Symbol der Reinheit und der Erneuerung, wird als freudespendende Frühjahrsbotin geschätzt und in Liedern besungen. Gern pflanzt man dort diese Magnolie an Hauseingängen oder in Gärten, um Gäste willkommen zu heißen. Dem Tee aus ihren Blüten spricht man in Japan eine harmonisierende Wirkung zu.

Die Kobushi-Magnolie ist eine wahre Bereicherung unserer Städte. Sie kann in den immer heißer werdenden Sommern, in der flirrenden Hitze der Straßenschluchten wohltuenden Schatten spenden und zudem ästhetische Akzente setzen. Die Stadt ist jedoch nicht ihre ursprüngliche Heimat, sie stammt aus den Wäldern, wo sie gern sonnige oder halbschattige Randlagen besiedelt. Deshalb trägt sie auch den Namen Waldmagnolie oder Baummagnolie, weil sie nicht nur strauchartig wie viele Magnolienarten wächst, sondern ebenso als Baum mit einem durchgehenden Stamm und breiter Krone. In Japan wird sie besonders wegen ihres wertvollen Holzes als Forstpflanze geschätzt.

Mit ihrem Gattungsnamen ehren die Magnolien den französischen Botaniker Pierre Magnol (1638–1715), nach dem sie benannt wurden. Er lehrte an der Universität in Montpellier, gilt als ein Vordenker der Ideen von Carl von Linné und entwickelte die Ordnungskategorie der Pflanzenfamilie, die bis heute ein wichtiger Begriff der biologischen Systematik ist.

Im Spätsommer und im Herbst besuche ich die Kemptener Kobushi-Magnolie wieder. Nun haben sich aus den Blüten leuchtend rote Früchte entwickelt, wulstige, eigenartige Gebilde, Balgfrüchte genannt. Den Vögeln scheinen sie zu gefallen, sie besuchen sie oft und haben es auf den nahrhaften Fruchtmantel abgesehen. Die schwarzen Samen im Inneren der Früchte sind für sie unverdaulich und werden ausgeschieden. So ist es von den Bäumen geplant: Auf diese Art werden auch in weiterer Umgebung Nachkommen gesät.

Magnolien bezaubern mit ihren wunderschönen, anmutigen Blüten und deren Fülle. Im zeitigen Frühjahr sind sie immer ein Blickfang. »Für Magnolien hat offenbar jeder eine Schwäche. Auffallen und gleichzeitig einen fragilen Eindruck machen, das ist offenbar ein gutes Rezept«, meint Hugh Johnson zu recht in seinem *Großen Buch der Bäume.* Ohne den farbenprächtigen und duftenden Rausch der Blütenpflanzen wäre die Natur um vieles ärmer und unheimlich still, denn es fehlte auch der vielfältige Gesang der Vögel und das Summen und Brummen der unzähligen Insekten. Seit vierhundertachtzig Millionen Jahren besiedeln Pflanzen die Kontinente. Doch erst vor etwas mehr als einhundert Millionen Jahren entwickelten sie Blütenorgane. Wahrscheinlich waren es Magnolien, die als Erste im Reich der Pflanzen ihre Blüten öffneten, den Siegeszug der Blütenpflanzen begannen und sich so zur ältesten Blütenpflanzen-Familie der Erde machten. Sie waren damit zweifellos sehr erfolgreich: Heute sind fast neunzig Prozent aller Gewächse dieser Erde Blütenpflanzen.

Die Magnolien, die uralten Ahninnen der Angiospermen, der Bedecktsamer, der höchstentwickelten Blütenpflanzen, zu denen Laubgehölze, Stauden und Gräser gehören, zeigen noch ihre Ursprünglichkeit mit einem primitiven Blütenaufbau mit zapfenförmigem Stempel und mit schraubig angeordneten Blütenblättern, die nicht miteinander verwachsen sind. Die heutigen Balg-

Kobushi-Magnolie, Baummagnolie, Kobus-Magnolie
Magnolia kobus, Magnolia borealis
Familie der Magnoliengewächse, Magnoliaceae

Verbreitung und Standort
Ursprüngliche Heimat: Alpine Bergwälder wie Flachland in Japan und Korea. Sonnige bis halbschattige, geschützte Lagen, bevorzugt tiefgründige, nährstoffreiche, frische bis feuchte, humusreiche Böden sowie sandige Lehmböden, verträgt auch schwach alkalische Lehmböden.

Arten
Die Gattung *Magnolia* umfasst circa 130 Arten, die aus Asien sowie aus Nordamerika stammen.

Beschreibung
Mittelgroßer, laubabwerfender Laubbaum oder Großstrauch, bis 12 m hoch, in der ursprünglichen Heimat bis 30 m, 4 bis 6 m breit, in der Jugend kegelförmig, im Alter breit und rund mit guter Kronenbildung, Hauptäste weit ausladend, fleischige Flachwurzel, empfindlich. Kann bis 200 Jahre alt werden.

Blätter | Sommergrün, Laubaustrieb ab Ende April, junge Triebe mit feinen graugrünen bis gelblichen Härchen bedeckt, wechselständig, verkehrt eiförmig bis verkehrt lanzettlich, Rand glatt, 10 bis 20 cm lang mit 2,5 cm langen Blattstielen, mittelgrün bis dunkelgrün, im Herbst fahlgelb.

Blüten | April bis Anfang Mai, vor dem Laubaustrieb, Kelchblüten, weiß bis cremefarbig, sternenförmig, azyklisch aufgebaut, die Blütenteile schraubig an einer Blütenachse angeordnet, Durchmesser circa 10 cm, einhäusig. Blütenknospen silbergrau behaart mit gelblichem Glanz, maximale Blütenfülle ab 10 bis 30 Jahren. Zart nach Pfirsich duftend.

Früchte | Walzenförmige Sammelbalgfrucht, zuerst grün, zum Herbst hin rotbraun, im September rosafarben.

Rinde | Rau, braun mit silbergrauem Glanz. Bei starker Hitze kann es zu Stammrissen kommen. An abgebrochenen Ästen oder Zweigen starker Duft.

Holz | Wertvolles, begehrtes Holz, hell bis cremefarben, mit gelblich grünem Schimmer, dicht und schwer, feine ebenmäßige Struktur, schöne Maserung, weich. In Asien beliebt für die Griffe der traditionellen Messer, Deba genannt. Lässt sich gut bearbeiten, eignet sich zum Schnitzen und für Drechslerarbeiten. Duftet beim Verarbeiten nach Zitrusblättern.

früchte der Magnolien ähneln noch etwas den Zapfen der ursprünglichen Nadelbäume.

Die Kobushi-Magnolie wird, wie andere Magnolien auch, von Käfern bestäubt, die die Erde seit Urzeiten bevölkern. Die ältesten Fossilien von Käfern, die bisher gefunden wurden, sind rund 265 Millionen Jahre alt. Die Krabbeltiere, denen die Bestäubung der schönen Magnolienblüten obliegt, haben es auf deren nahrhafte Pollen abgesehen.

Vor langer Zeit, vor den Eiszeiten, schmückten auch die hiesigen Wälder stattliche blühende Magnolien. Die eiszeitlichen Temperaturen und die vordringenden Gletscher ließen sie auf dem europäischen Kontinent aber aussterben. So ist die Kobushi-Magnolie eine Reisende durch Zeit und Raum. Sie erinnert uns an die Wanderschaft der Bäume zwischen den Kontinenten und durch die lange Zeitspanne, die sich die Evolution nimmt.

Sir Attenborough berichtet in seiner Dokumentation »The private Life of Plants, Time Traveller« [42] von Asada, der archäologischen Fundstätte einer kleinen, zweitausend Jahre alten japanischen Siedlung. Die dort wie in der Bronzezeit lebende Gemeinschaft gehörte zu den ersten, die in dieser Region sesshaft wurden und denen es gelang, Reis anzubauen. Die Ernte wurde, wie archäologische Funde zeigen, in Erdgruben gelagert. Die aufbewahrten Reiskörner sind nach zwei Jahrtausenden längst vergangen, doch man entdeckte in den Vorratsgruben intakte Magnoliensamen. Sie wurden in Erde gepflanzt, keimten, und es wuchsen daraus nach einem unendlich langen Schlaf Kobushi-Magnolien. Nur in einem unterschieden sie sich von den heutigen: Statt sechs Blütenblättern besitzen sie sieben oder acht. Wahrscheinlich haben sich schon die Menschen in Asada am Duft der Kobushi-Magnolien erfreut. Denn auch diese Freude ist zeitlos.

Vorsicht

Magnolien gelten als schwach giftig, nicht für Menschen, aber für kleine Tiere. Das Alkaloid Magnoflorin findet sich hauptsächlich in der Rinde und im Holz. Kaninchen und Katzen sollten nicht an der Rinde knabbern. Auch für Hunde kann die Rinde giftig sein. Empfindliche Menschen sollten bei Schneide- und Pflegearbeiten vorsichtshalber Handschuhe tragen, da es in seltenen Fällen zu Haut- und Schleimhautirritationen kommen kann. Daher nicht zur Herstellung von Löffeln oder Essschalen geeignet.

Ökologie

Die Blüten der Kobushi-Magnolie werden von Käfern bestäubt. Vögel fressen die Früchte gerne wegen ihres nahrhaften Fruchtmantels.

Klimabaum

Die als Ziergehölze beliebten Magnolien können als Klimabäume Schönheit und Anmut in die Städte bringen. Mit ihren großen, außergewöhnlichen Blüten sind sie ein Blickfang und eine Bereicherung der Baumvielfalt im urbanen Raum. Die Kobushi-Magnolie eignet sich als Solitärgehölz oder in Gruppen in Gärten und Vorgärten, in Parks, Innenhöfen, an Straßen und in Fußgängerzonen. Geeignet vor immergrünen Baumgruppen, da ursprünglich Waldrandgehölz. Sehr winterharter Baum mit hoher Frosthärte, kälteresistent bis minus 34 Grad, jedoch ist bei jungen Bäumen bei frostigen Temperaturen Winterschutz empfohlen. Hitzeresistent, industriefest und unempfindlich gegenüber Autoabgasen. Flachwurzler, deshalb im Wurzelbereich nicht tief graben. Sollte am endgültigen Standort gepflanzt werden, denn verträgt Verpflanzen nicht gut. Empfindlich bei Bodenverdichtung und Bodenarbeiten.

MAGNOLIENZAUBER

Eine zart nach Pfirsich duftende Teemischung nach einem traditionellen Rezept aus Japan. Entspannend und harmonisierend.

3 frische Kobushi-Magnolienblüten
1 l kochendes Wasser
1 TL Grüntee

Die Blüten im kochenden Wasser zugedeckt etwa 5 Minuten ziehen lassen. Dann den Grüntee im Teesieb ins Wasser hängen und den Aufguss noch weitere 2 Minuten ziehen lassen. Abseihen und genießen.

MAULBEERBAUM

MAULBEERBAUM

EIN GESCHENK DER FÜLLE

Den Maulbeerbaum umgibt die ehrwürdige Aura der ältesten Kulturpflanzen, denn er begleitet uns schon seit Jahrtausenden. Er spendet reichlich Früchte, liefert wertvolles Holz, und seine Blätter sind mit der uralten Kultur der Seidenherstellung verwoben. In China wird er seit über viertausend Jahren kultiviert. Die genaue Heimat des Baumes ist unbekannt, die Spuren seiner Geschichte verlieren sich im Dunkel der Zeit.

Auch in Europa genoss der Maulbeerbaum schon in der Antike hohes Ansehen. Nach der Überlieferung war er im alten Griechenland dem Naturgott Pan geweiht und galt als Symbol für Weisheit und Klugheit. Der römische Gelehrte Plinius (1. Jahrhundert) hielt den Maulbeerbaum für den weisesten aller Bäume. Als geschulter Naturbeobachter wusste er, dass dieser Baum als einer der letzten im Jahreslauf seine Blattknospen austreibt. So können Nachtfröste ihnen nichts mehr anhaben. Im Herbst legt der weise Maulbeerbaum in frostgefährdeten Regionen sein Laub sehr früh ab und entgeht so wiederum möglichem Schaden durch frühe Frostnächte. Auch wenn manchmal junge Triebe abfrieren, treibt der Baum im darauffolgenden Jahr wieder aus.

Ich sitze auf der Terrasse eines Restaurants in einem kleinen Dorf im Alentejo in Portugal und blicke auf den Dorfplatz. Mehrere Maulbeerbäume dienen hier als schattiger Treffpunkt. Es sind Baumpersönlichkeiten. Sie strahlen distinguierte Würde und Weisheit aus, nehmen sich räumlich sowie atmosphärisch Platz. Ihre behäbige und gedrungene Form vermittelt gelebte Zeit. Sie scheinen wie antike Zeugen einer längst vergangenen Ära, in der Bäume noch wie für die Ewigkeit gepflanzt wurden. Ich kann von der Terrasse aus erkennen, wie die untergehende Abendsonne ihre graubraune Rinde beleuchtet. Ihr kurzer, knorriger Stamm besteht aus knolligen, von rissiger

Rinde überzogenen Verdickungen, plastischen Ausstülpungen und klaffenden, längsförmigen Rissen. Die Bäume gleichen in der milden Abendsonne urtümlichen Dickhäutern, die hier Rast halten.

Es sind zähe Burschen mit viel Durchhaltevermögen. Sie wissen, wie man schwierige Umstände übersteht, und sind unempfindlich gegenüber Krankheiten. Der Maulbeerbaum besiedelt ein riesiges Verbreitungsgebiet und passt sich an viele Gegebenheiten an. In mediterranen Regionen kommt er mit äußerst trockenem Boden und heißem Klima klar, gedeiht aber ebenso gut in Rumänien, wo er schneereichen Wintern ausgesetzt ist. Er überlebt auch das harte Stadtleben: In vielen Städten Europas, die von mildem Klima begünstigt sind, schätzt man ihn als Straßenbaum. Gern auch in Parks und Gärten, denn er verträgt Formschnitte gut. So fügen sich Maulbeerbäume zu blickdichten Hecken oder streben an einer Hauswand als Spalierbaum empor. Sie können jedoch auch sehr in die Breite wachsen und laden dann dazu ein, in ihrem Schatten zu verweilen.

Maulbeerbäume in Parks oder größeren Gärten nehmen es sich in zunehmendem Alter gern heraus, eine »gemütliche« Stellung einzunehmen: Ihre ursprünglich ausgestreckten unteren Äste neigen sich dann bequem und senil entspannt dem Boden entgegen, so, als wollten die Bäume ihre schweren Arme aufstützen. Manchmal schlagen sie dort auch neue Wurzeln. Solch einen gemütlichen Maulbeerbaum kenne ich von der Insel Mainau im Bodensee. Er ist das Überbleibsel einer ganzen Maulbeerbaum-Allee. Deren Blätter sollten Seidenraupen als Futter dienen und das Rohmaterial für ein seidenes Hochzeitskleid für Prinzessin Viktoria liefern.[43]

Dass sie so leicht Wurzeln schlagen, zeigt die große Lebenskraft und Regenerationsfähigkeit der Maulbeerbäume. Sie sind unkompliziert im Anbau, besitzen eine rasche Wüchsigkeit. Ein im Juli oder August in die Erde gesteckter Steckling hat gute Chancen, zu einem Baum heranzuwachsen.

Es ist Anfang November, die Maulbeerbäume am Dorfplatz tragen noch immer ihr Laubkleid aus schönen, großen Blättern, die mich an Lindenblätter erinnern; sie haben schon eine leicht gelbe Herbstfärbung angenommen. Schade, dass ich nicht früher im Jahr hier war, denn im Frühsommer verschenken sich die Maulbeerbäume mit einer großzügigen Fülle an brombeerförmigen, schwarzroten Früchten – zu einer Zeit, in der es noch kaum anderes reifes Obst gibt. Die Früchte schmecken köstlich, süß und etwas säuerlich zugleich, halten jedoch maximal zwei Tage am Baum. Eine Lagerung ist kaum möglich, sie sind zu fragil, halten gekühlt nur wenige Tage und werden deshalb selten im Handel angeboten. Am besten ist es, die saftigen, weichen Beeren direkt vom Baum zu ernten und möglichst bald frisch zu verzehren. Die Maulbeerfrüchte reifen nicht alle zur gleichen Zeit, sie müssen nach und nach geerntet werden. So hält der Baum während der Fruchtreife

Arten

Die Maulbeere ist in Europa mit 10 bis 15 Arten vertreten. Drei davon werden als Obstbäume kultiviert: Schwarze, Weiße und Rote Maulbeere. Rote Maulbeere, *Morus rubra*, Heimat: Ostasien, Höhe: 4,5 m, Früchte frisch essbar oder als Trockenfrüchte. Papiermaulbeerbaum, *Broussonetia papyrifer*, Heimat: Ostasien. Aus Rinde und Bast werden besonders in Java und Thailand Papier und Textilien hergestellt, in Japan aus einer verwandten Art das kostbare Kodzo-Papier. Aus seiner Rinde wurde in China das erste Papier hergestellt.

Schwarzer Maulbeerbaum
Morus nigra
Familie der Maulbeergewächse, Moraceae

Verbreitung und Standort
Heimat: Orient, Vorderasien, Iran. In Kleinasien, Südeuropa und Amerika eingebürgert, ursprüngliches Verbreitungsgebiet nicht bekannt, gedeiht in Mitteleuropa gut in Weinbauklima. Benötigt wärmere Standorte als die Weiße Maulbeere, sonnig, warm, geschützt. Sandige, leichte, kalkhaltige Böden, anpassungsfähig.

Beschreibung
Kleiner bis mittelgroßer, 6 bis 20 m hoher Laubbaum, 15 m breit, Krone rundlich, dicht geschlossen, mit kurzen Zweigen, als Großstrauch oder Spalier, gedrungener Wuchs, langsam wachsend, frosthart bis circa minus 28 Grad. Fleischige Herzwurzel mit Tendenz zu Stockausschlag. Kann bis 500 Jahre alt werden.

Blätter | Sommergrün, 6 bis 20 cm lang, wechselständig, Rand grob gesägt, herzförmig bis breit eiförmig, glänzend dunkelgrün, oberseits sehr rau behaart, unterseits heller und behaart, goldgelbe Herbstfärbung. Die herzförmigen Blätter der Schwarzen Maulbeere sind gröber und viel rauer als die der Weißen Maulbeere.

seinen Freundeskreis bei der Stange. Dieser ist artenübergreifend: Die Beeren ziehen viele Tiere, besonders Vögel an. Die große Menge an Früchten kann manchmal nicht ganz abgeerntet oder verarbeitet werden. Mancherorts treibt man deshalb die Hühner unter die Maulbeerbäume, die dann freudig die Beeren aufpicken – für sie ein Festschmaus.

Der rote Farbstoff der Beeren färbt den Boden unter dem Baum und kann auch auf der Kleidung hartnäckige violette Flecken hinterlassen. Auch die Hände sind schnell rot eingefärbt, lassen sich aber mit Zitronensaft leicht wieder säubern. Maulbeererntezeit ist rot und süß. Es ist ein Geschenk der Fülle, das der Baum seit Jahrtausenden im Sommer freimütig spendet. Bäume

Blüten | Mai und Juni, gestielte, hängende Ähren, sehr unscheinbar, Windbestäubung.

Früchte | Mitte Juli bis Ende August, bis 3 cm lang, brombeerähnlich, purpurschwarz bis dunkelviolett, stark färbend, Geschmack süß und leicht sauer, essbar. Beliebt zur Herstellung von Maulbeerwein und Maulbeergelee.

Rinde | An jungen Trieben zunächst behaart, später kahl, olivgrün, graubraun. Stamm rissig, borkig, Rinde rauer und dicker als bei der Weißen Maulbeere.

Holz | Wertvoll, gelblich, zäh, elastisch. Für Sportgeräte, Werkzeugstiele, Möbelbau, Musikinstrumente (Baglama, Instrument aus der Türkei und dem Nahen Osten), Weinfässer.

Ökologie

Der Maulbeerbaum besitzt eine breite, ausladende Krone und ist damit ein seit Jahrhunderten bewährter Schattenspender für Tier und Mensch in trockenen Gebieten und nun auch in aufgeheizten Städten. Er wird in heißen Regionen angepflanzt, um eine weitere Austrocknung des Bodens und fortschreitende Versteppung zu stoppen. Die breite Krone schafft ein lebensförderndes Mikroklima für Insekten und andere Lebewesen, die großen Blätter liefern viel Biomasse für den Aufbau und die Regeneration des Bodens, die Beeren sind Nahrungsquelle für viele verschiedene Tierarten, besonders beliebt bei Sperlingen.

Klimabaum

Als Straßenbaum und Parkbaum, für große Gärten und Obstgärten, gut für Hecken geeignet. In warmen geschützten Lagen schneller Wuchs, guter Schattenspender, robust, stellt wenig Ansprüche an Boden, stadtklimafest, industriefest, verträgt Trockenheit gut, wenig krankheitsanfällig, windverträglich, geeignet, frosthart bis minus 34 Grad. Ästhetischer Blickfang im urbanen Raum durch Mittelmeer-Flair, knorrige Stammformen und schönes Blattwerk, für »Essbare Stadt«-Pflanzungen. Junge Pflanzen brauchen in rauem Klima Winterschutz, vertragen keine Beschattung.

sind großzügig. Sie ernähren unzählige Lebewesen, von den kleinsten im Erdboden über die riesige Vielfalt der Insekten, der kleinen und großen Säugetiere, der Vogelwelt. Uns Menschen schenken sie Nahrung, Medizin, Behausung, Kleidung, Wasser, Schatten, das Wetter und vor allem die Luft zum Atmen. Sie sind eine Grundlage des Lebens und unserer menschlichen Geschichte.

Ich habe öfter bei der Maulbeerernte geholfen. Als Belohnung gab es manchmal frische Maulbeeren mit einem Sahnehäubchen. Köstlich! Die vollreifen Beeren werden zu Saft, Marmelade, Gelee, Eiscreme, in Smoothies und als Kuchenbelag weiterverarbeitet. Sie können zu einem köstlichen Essig vergoren werden. Berühmt ist der Maulbeerwein, der früher besonders in Klöstern von den in ihren Gärten kultivierten Bäumen hergestellt wurde. Der rote Saft der Maulbeeren wurde auch in Wein gemischt, um dessen Farbe zu schönen.

Im *Capitulare de Villis,* der Landgüterverordnung Karls des Großen aus dem 8. Jahrhundert, wurden detailliert jene Kräuter und Bäume aufgelistet, die im Auftrag des Kaisers auf den Landgütern angepflanzt werden sollten. Dazu gehörte auch der Maulbeerbaum.

Im Mittelmeerraum kennt man die heilende Wirkung der Maulbeeren. Sie werden als hilfreicher Hustensaft eingenommen und zur Behandlung von Halsschmerzen empfohlen. Nördlich der Alpen sind die Beeren und ihre Heilkraft in Vergessenheit geraten. Bisher eher unbeachtet, erleben sie gerade eine Renaissance und werden als Superfood und Energiespender geschätzt. Sie enthalten reichlich Vitamin C, eine Vielzahl an Mineralstoffen wie Kalium, Kalzium, Magnesium, Eisen und Zink und sind reich an Antioxidantien, die freie Radikale im Körper bekämpfen können. Im Handel werden getrocknete Maulbeeren, besonders der Weißen Maulbeere, angeboten. Sie haben eine bräunliche Farbe und schmecken nach Karamell; man kann sie ins Müsli mischen, zum Backen oder Kochen verwenden oder einfach so knabbern.

Die Botanik unterscheidet zwischen drei Maulbeerbaumarten, die in Europa bekannt sind und angebaut werden: die Schwarze Maulbeere, *Morus nigra,* die Weiße Maulbeere, *Morus alba,* und die Rosa Maulbeere, *Morus rubra.* Die beiden ersten Arten werden bei uns am häufigsten angepflanzt. Sie stammen ursprünglich aus Asien. Der Weiße Maulbeerbaum wurde in Mitteleuropa erst um 1700 aus China eingeführt. Das Reich der Mitte war darauf bedacht, das lukrative Geheimnis der Seidenherstellung für sich zu behalten. Auf die Ausfuhr von Maulbeerbäumen stand die Todesstrafe. Einem Mönch soll es gelungen sein, den Maulbeerbaum dennoch aus China hinauszuschmuggeln.

Die Früchte des Weißen Maulbeerbaums, deren Farbe von Weiß bis Hellrot reicht, schmecken eher fade. Sie können gut zu Trockenfrüchten oder auch zu Marmelade oder Fruchtsaft verarbeitet werden. Junge Blätter ergeben ein schmackhaftes Gemüse oder können statt Weinblättern zum Einwickeln von Füllungen oder für Kohlrouladen verwendet werden. Die jungen Triebe

Weißer Maulbeerbaum
Morus alba
Familie der Maulbeergewächse, Moraceae

Verbreitung und Standort
Heimat: Zentral- und Nordchina, Korea, Himalaja. Sonnige, warme, geschützte Standorte, auch Halbschatten. Kalkhaltige, mäßig nährstoffreiche, tiefgründige Böden, nicht zu feucht, liebt Kalk, verträgt Trockenheit, gedeiht auch auf ärmeren Sandböden. Fleischige Herzwurzel mit Tendenz zu Stockausschlag.

Beschreibung
Bis zu 8 m hoher und 6 m breiter Laubbaum, rundliche, sparrige Krone, wächst häufig mehrstämmig, auch als Großstrauch oder Hecke, weniger gedrungener Wuchs als bei der Schwarzen Maulbeere. Kann 150 bis 200 Jahre alt werden.

Blätter | 8 bis 20 cm lang, sommergrün, wechselständig, unterschiedlich gelappt, breit eiförmig, beliebtestes Futter der Raupen des Seidenspinners. Als Tee wirken sie blutdrucksenkend, harntreibend, schleimlösend, nervenberuhigend und blutzuckersenkend.

Blüten | Mai und Juni, walzenförmige, hängende Ähren, unscheinbar, Windbestäubung.

Früchte | Reife ab Mitte Juni, je nach Sorte 2 bis 5 cm lang, selbstfruchtbar, brombeerähnlich, großes Farbspektrum: weiß bis gelblich, rosa, violett; essbar, süßlich, doch etwas fade, Verzehr roh oder getrocknet, schmecken weniger fruchtig-säuerlich als die der Schwarzen Maulbeere.

Rinde | Junge Triebe grau, graugelb, Borke längsrissig, aschgrau.

Holz | Wertvoll, weißlich gelb, hart, sehr ähnlich dem Holz des Schwarzen Maulbeerbaums. Für Drechslerarbeiten.

Ökologie
Siehe Schwarzer Maulbeerbaum.

Klimabaum
Gut für Hecken und Spaliere, kälteresistenter als der Schwarze Maulbeerbaum.

dienten früher als Flechtmaterial. In China spielt der Baum für die Zucht der Seidenraupen eine große Rolle und wird seit Jahrtausenden kultiviert, denn die Lieblingsspeise der Seidenraupen sind die Blätter des Weißen Maulbeerbaums.

In einem meiner Destillierkurse haben wir diese Blätter verarbeitet, um daraus ein kostbares Kosmetikum, eine Handcreme für seidenweiche Haut herzustellen. In China weiß man, dass die Pflückerinnen der Maulbeerbaum-Blätter die weichsten und zartesten Hände haben. Die Blätter des Baumes besitzen hautpflegende und entzündungshemmende Inhaltsstoffe. Sie werden deshalb auch für Notfälle als Wundauflage verwendet. Das Rezept der »Creme der Pflückerinnen« finden Sie in meinem Buch *Das große Buch der Pflanzenwässer.*

Die hierzulande fast in Vergessenheit geratenen Maulbeerbäume sind als Klimabäume nun neu in den Blickpunkt gerückt. Sie sind sehr widerstandsfähig, robust und vor allem trockenheitsresistent. Aufgrund ihrer ursprünglichen Heimat in den milden Klimazonen Asiens sind sie jedoch frostempfindlich. Maulbeerbäume können in Mitteleuropa daher nur in gemäßigten, warmen Klimazonen, in sommerwarmen Regionen wie Weinbaugebieten angebaut werden. Hier gedeihen beide Arten gut, wie zum Beispiel am Main in Franken oder im Burgenland in Österreich. In Südeuropa findet man sie häufig auch in der Stadt.

Vielleicht werden Maulbeerbäume in Zukunft bei uns Plätze und Parks bewohnen oder Teil neuer Konzepte der »Essbaren Stadt« sein. Auch in der Permakultur werden sie geschätzt. Neben ihrer Funktion als städtische Klimabäume leisten sie noch einen ästhetischen Beitrag: Mit ihrer würdevollen knorrigen Gestalt bilden sie einen interessanten Kontrast zu den oft nüchtern und streng gestalteten modernen Gebäuden der Stadt.

MAULBEEREN IM GLAS

500 g feiner Zucker
500 ml Wasser
500 g frische Maulbeeren

Aus Zucker und Wasser einen dicken Sirup kochen. Die Maulbeeren in eine Schüssel geben, den Sirup darübergießen und zugedeckt über Nacht ziehen lassen. Am nächsten Tag den Zuckersirup abgießen und erneut ein paar Mal aufkochen. Die Maulbeeren wieder hineinlegen und 10 Minuten darin kochen lassen, dann mit einem Schaumlöffel herausheben und in saubere Einmachgläser schichten. Den Zuckersirup dick einkochen, etwas abkühlen lassen und dann über die Beeren gießen. Die Gläser gut verschließen und kühl aufbewahren.[44]

OMELETT MIT MAULBEEREN

Für dieses Rezept benötigen Sie getrocknete Maulbeeren. Sie sind im Naturkostladen und in türkischen Supermärkten (hier Dut genannt) erhältlich.

100 g Maulbeeren, getrocknet
¼ l Wasser
4 Eier
1 Prise Salz
1 Prise Cayennepfeffer
Butter

Die Maulbeeren mit heißem Wasser übergießen und 15 Minuten ziehen lassen. Danach gut abtropfen. Die Eier in einer Schüssel mit einer Gabel verrühren, Salz und Cayennepfeffer zugeben. Die Maulbeeren in einer Pfanne in etwas Butter anbraten, die Eimischung dazugeben und unter weiterem Rühren braten, bis die Eimasse stockt.

PARROTIE

PARROTIE

PARROTIE

WILDE VERGANGENHEIT

Sie ist eine Schönheit mit besonderem Charme, die Persische Parrotie, die auch Eisenholzbaum genannt wird. Je nach Standort zeigt sie bereits im Januar ihre aparten Blüten. Dann schmücken kleine, auffallend tiefrote Köpfchen die Zweige. Ihre Farbe liefern die leuchtend karminroten Staubgefäße, die weit aus den braunen, samtig behaarten Hochblättern herausragen. Die sonst üblichen Blütenblätter sucht man vergebens. Der Blick ist frei auf die bei anderen Gewächsen hinter Kronblättern verborgenen Staubgefäße. Die köpfchenförmigen Blütenstände, die aus acht bis zehn Blüten bestehen, bleiben bis März oder April sichtbar. Die Parrotie trägt sowohl zwittrige wie auch rein männliche Blüten.

Der Baum ist, wie der Amberbaum, ein Mitglied der Zaubernussfamilie, deren Gehölzpflanzen entwicklungsgeschichtlich als sehr alt gelten. Viele dieser Bäume und Sträucher tragen Blütenkätzchen und überlassen die Bestäubung dem Wind, wahrscheinlich weil es zu ihrer Entstehungszeit noch keine bestäubenden Insekten gab. Windbestäuber bringen oft frühzeitig im Jahr ihre Blüten hervor. Da die Bäume zu diesem Zeitpunkt noch keine Blätter tragen, steht dem windbedingten Pollenflug nichts im Wege. Auch die Parrotie folgt dieser Strategie und bietet noch vor dem Blattaustrieb sehr zeitig im Frühjahr ihre Blüten zur Windbestäubung an. Die Mitglieder dieser »zauberhaften« Pflanzenfamilie bereichern die Natur mit wunderschönen Herbstfarben. Der Amberbaum und die Parrotie sind dafür beste Beispiele.

Eines der bekanntesten Zaubernussgewächse ist die Zaubernuss selbst, auch Hamamelis genannt. Mein Garten beherbergt ein großes Exemplar dieser Baum- und Strauchart (*Hamamelis virginiana*), die bis zu fünf Meter hoch werden kann. Zaubernussgewächse sollen, wie ihr Name andeutet, magische

Kräfte besitzen. Ihre gegabelten Zweige dienten in früheren Zeiten als Orakelinstrument und als Wünschelruten, die Wasseradern anzeigen konnten. Doch der Zauber dieser Gewächse ist eigentlich ein ganz anderer: Oft liegt noch Schnee, wenn mich der große Strauch früh im Jahr mit seinen schwefelgelben Blüten überrascht und bezaubert. Jedes Mal erscheint es mir fast unglaublich, dass der Strauch in der Kälte so filigrane, schöne Blüten hervorzuzaubern vermag. Im Herbst umgibt die Zaubernuss dann der warmgelbe Glanz ihrer haselnussähnlichen Blätter. Ich habe diesen Strauch als Hausapotheke gepflanzt: Rinde und Blätter enthalten Gerbstoffe und andere Substanzen, die entzündungshemmend, wundheilend und antiseptisch wirken. (Mehr darüber

Parrotie, Eisenholzbaum, Persische Parrotie, Transkaukasisches Eisenholz
Parrotia persica
Familie der Zaubernussgewächse, Hamamelidaceae

Verbreitung und Standort
Ursprüngliche Heimat: Nordiran, kaspischer Urwald, Südrussland, feuchtwarme Wälder des Kaukasus. Sonnige bis halbschattige Standorte, wächst ursprünglich in feuchtwarmen Laubwäldern, liebt durchlässige, nährstoffreiche Böden und sandige Lehmböden, braucht gute Drainage, anpassungsfähig an den Boden.

Arten
Die Persische Parrotie ist die einzige Art in der Gattung *Parrotia* in der Familie der Zaubernussgewächse.

Beschreibung
6 bis 12 m hoher Laubbaum oder Großstrauch, in seiner Heimat bis 30 m hoch, oft mehrstämmig, mit aufrechten, trichterförmigen Hauptästen, Seitenäste weit ausladend, schirmförmige Krone, in der Jugend langsamwüchsig. Oberflächennahes Wurzelsystem. Kann etwa 70 Jahre alt werden.

Blätter | Sommergrün, rote Ränder im Austrieb, wechselständig, verkehrt eiförmig, ledrig, bogig gezahnter Blattrand, buchenähnlich, bis 10 cm lang, oberseits dunkel-

erfahren Sie in meinem Buch *Das große Buch der Pflanzenwässer.*) Auch die Blätter der Parrotie sollen antibakterielle Stoffe enthalten und die Wundheilung fördern.

Ihren großen Auftritt hat die Parrotie im Herbst. Schon im späten Frühjahr treibt sie als Vorbereitung dafür kleine, dekorative Blätter, die ein roter Rand ziert. Daraus entwickeln sich feste, sattgrüne Blätter. Bereits Mitte September beginnt das Herbstfarbenspiel an einzelnen Ästen und gipfelt dann in einem einzigartigen Feuerwerk der Farben: Die Blätter präsentieren sich von hellem Gelb über knalliges Orange, einem warmen Bordeauxrot, schreiendem Scharlachrot bis zu einem exotischen Violett. Im Herbstlicht präsentiert sich der Baum wie ein Teil eines farbenfrohen Gemäldes. Dann zieht die Parrotie die Blicke auf sich und genießt die Aufmerksamkeit. Sie behält ihre spektakuläre Herbstfärbung bis in den Winter hinein. Die ersten Nachtfröste können dem ekstatischen Farbrausch der robusten Blätter nichts anhaben. Sie feiern ihre Farbigkeit bis zu einer Kälte von minus acht Grad.

Die zunächst unscheinbaren, etwa einen Zentimeter kleinen Früchte, die sich im späten Sommer aus den Blüten entwickelt haben, könnte man glatt übersehen. Ein näherer Blick auf sie lohnt sich. Es sind zweiklappige grüne Kapseln, die wie kleine Teufelchen jeweils zwei Hörnchen tragen. Und sie haben es in sich: Sind sie reif, öffnen sie sich und schleudern explosionsartig ihre glänzend hellbraunen Samen in die Umgebung.

Der Baum kann im Alter eine Höhe von neun Metern erreichen und nimmt dann viel Raum ein, weshalb er eine Solitärstellung braucht. Bei der Pflanzung einer Parrotie ist der geeignete Standort gut abzuwägen. Eine spätere Umpflanzung verträgt sie schlecht. Bedenken Sie, dass der Baum eine Breite von bis zu sieben Meter einnehmen kann. Sein Standort sollte sonnig bis halbschattig, jedoch nicht der direkten Mittagssonne ausgesetzt sein. Nur an sonnigen Standorten zeigt die Parrotie ihre intensive Herbstfärbung. Bedingt durch sein oberflächliches, flach ausgebreitetes Wurzelsystem ist der Baum wenig standfest und sollte nicht starkem Wind ausgesetzt sein. Im Wurzelbereich duldet er keine Anpflanzungen von Sträuchern, Stauden oder Blumen. Eine Mulchschicht kann die empfindlichen Wurzeln schützen und feucht halten, Staunässe jedoch mag die Parrotie nicht. Ansonsten ist dieser Baum sehr robust. Er ist eine Zierde auf Rasenflächen in Gärten und Parks und kommt vor dem Hintergrund dunklerer Baumgewächse besonders gut zur Geltung. Die Parrotie entwickelt ihre malerische Krone auch ohne Schnittmaßnahmen. Als Ziergehölz kann sie auch in Kübeln gepflanzt werden.

Im Winter zieht der Baum mit seiner dekorativen Rinde die Blicke auf sich. In der Jugend ist sie glatt und olivgrün, später hellgrau gefärbt. Typisch für die Parrotie sind die abblätternden Rindenplatten, die – ähnlich wie bei Platanen – auf dem Stamm violettfarbene Tupfer zurücklassen.

grün, unterseits hellgrün, intensive lang anhaltende Herbstfärbung.

Blüten | Januar bis März, vor dem Laubaustrieb, in Büscheln, zunächst kleine Köpfchen, Staubgefäße rot, Blütenblätter fehlen, Windbestäubung.

Früchte | Zweiklappige, holzige, ovale, gehornte Kapseln, unscheinbar.

Rinde | Triebe olivbraun, kahl mit hellen Lentizellen, Knospen sternfilzig. Borke bräunlich mit violettbraunen Flecken, im Alter vielfarbig, blättert ab wie bei Platanen.

Holz | Sehr hart, schwer, dunkel gefärbt, sinkt in Wasser.

Ökologie
Das dichte Laub bietet Vögeln Unterschlupf, humusbildend.

Klimabaum
Robuster Baum, pflegeleicht, verträgt Frost, Hitze und Trockenheit, winterhart bis minus 29 Grad, geeignet als Park- und Gartenbaum in Einzelstellung, Hochstamm als Straßenbaum geeignet, breit ausladend, alternativ die schlank wachsende Sorte 'Vanessa'. Schöner ästhetischer Baum für den urbanen Raum dank intensiver Herbstfärbung und dekorativer Rinde. Nicht windexponiert pflanzen, verträgt keine Überpflasterung.

Sicher wären Sie erstaunt zu sehen, dass das Holz der Parrotie nicht wie anderes Holz auf dem Wasser schwimmt, sondern untergeht. Es ist durch seine hohe Dichte extrem schwer. Der Name Eisenholzbaum bezieht sich denn auch auf das schwere, harte Holz des Baumes. Es dient in seinen Ursprungsländern zur Gewinnung von Kohle und wurde auch im Grubenbau verwendet. Dunkel gefärbt, ist es auch zu Dekorationszwecken begehrt. Es werden zum Beispiel Schreibgeräte, Messergriffe und Musikinstrumente daraus gefertigt. Echtes Eisenbaumholz ist sehr selten im Handel. Meist wird unter diesem Namen das Holz anderer tropischer Baumarten angeboten.

Keine der Zaubernussarten hat die Eiszeit in Europa überlebt. Sie zogen sich in eisfreie Gebiete zurück. Die Parrotie, die einzige Art der Gattung *Parrotia,* stammt heute ursprünglich aus Persien und besiedelt die Wälder des Kaukasus und den Nordiran. Im Jahr 1846 ist sie erstmals nach Zentraleuropa zurückgekehrt. Der Naturforscher und Botaniker Friedrich Parrot (1792–1841), auf den sich der Gattungsname des Baumes bezieht, soll die Pflanze aus ihrem Ursprungsland hierhergebracht haben. Auf der Suche nach der Arche Noah bestieg er 1829 zusammen mit Begleitern als Erster den 5137 Meter hohen Berg Ararat.

Ich wünschte, ich könnte die wilden Wälder in der Urheimat der Parrotie im Herbst besuchen und sie dort leuchten sehen. Mit welchen anderen Bäumen ist sie dort vergesellschaftet, mit welcher Fauna des Waldes verbindet sich ihre Existenz? Welche Tiere streifen an ihrem Stamm vorbei? Gibt es Mythen und Geschichten, die man sich erzählt – in diesem wilden Gebiet Eurasiens, zwischen Schwarzem und Kaspischem Meer, wo der Kleine und der Große Kaukasus beieinander liegen?

Ich reise in Gedanken in den Hyrkanischen Wald im Iran. Einst war er Teil eines riesigen unberührten Waldgebietes. An der Küste des Kaspischen Meeres ist er durch die Besiedlung größtenteils zerstört worden, doch Teile des alten Waldes existieren noch – wie eben die Hyrkanischen Wälder. Diese Wälder waren während der Eiszeit nicht der Vereisung ausgesetzt. Sie konnten sich als sogenannte Hotspots des Wilden erhalten, Regionen mit besonders hoher Dichte an endemischen Arten. Durch die verhältnismäßig große Abgeschiedenheit sind dort noch unberührte Waldgebiete, Sumpf- und Steppenlandschaften erhalten geblieben. Sieben Prozent dieses Gebiets sind seit 2019 zum Unesco-Welterbe erklärt worden, das sich durch eine besonders hohe Biodiversität auszeichnet und vielen bedrohten Tier- und Pflanzenarten eine Heimat bietet.

Die Hyrkanischen Wälder an der Südküste des Kaspischen Meeres sind auch ein Zuhause der Parrotie. Sie siedelt in Gesellschaft der Kaukasischen Zelkove, des Seidenbaums, der Stechpalme und des Mäusedorns – ein urtümlicher Urwald mit vielen flechtenbewachsenen Gewächsen. Einst lebte hier der (dort inzwischen ausgestorbene) Kaspische Tiger und das mächtige Bergwisent, das in höheren Lagen wieder angesiedelt wurde. Der Persische Leopard, der Eurasische Luchs, Braunbären, Wölfe, Goldschakale, Rothirsche, Wildschweine durchstreiften die Wälder. Sie sind auch ein bedeutendes Ökogebiet für unzählige Vogelarten und ein Rastplatz für Zugvögel zwischen Russland und Afrika. Hier in den kaspischen Urwäldern, zwischen Asien und Europa gelegen, erreicht die Parrotie eine Höhe von bis zu dreißig Metern.

Nun wird sie in unseren Parks, Gärten und Städten als dekorative Seltenheit und neuer Klimabaum bewundert – als extravaganter Baum, der wilde Geschichten aus den Wäldern seiner ursprünglichen Heimat erzählen konnte.

PEKAN NUSSBAUM

WEISHEIT DER BÄUME

Lange bevor die weißen Siedlerinnen und Siedler aus Europa in Nordamerika eindrangen, war der Pekannussbaum ein Vertrauter und eine wertvolle Nahrungsquelle der dortigen indigenen Bevölkerung. Er war mit ihrem Dasein eng verbunden – wie ein gütiger, großzügiger Verwandter im alles durchwebenden Netz des Lebens. Robin Wall Kimmerer, Professorin für Botanik und Angehörige der Potawatomi, einem Zusammenschluss im Quellgebiet des Mississippi beheimateter indigener Stämme, widmet dem Pekannussbaum ein ganzes Kapitel in ihrem Buch *Geflochtenes Süßgras.* Sie berichtet darin vom »Rat der Pekannussbäume«. Ihr Volk, wie fast alle indigenen Völker Nordamerikas, wurde von den weißen Siedlern immer wieder aus dem Stammesland vertrieben, umgesiedelt, entwurzelt. Auf ihr ursprüngliches Land am Lake Michigan hatten die neuen Farmer und Viehzüchter ein Auge geworfen, und Soldaten vertrieben die Potawatomi. Auch im neuen Reservat durften sie nicht lange bleiben. Innerhalb einer Generation wurden sie dreimal umgesiedelt. Als sie schließlich nach Kansas kamen, fanden sie dort Haine von Nussbäumen vor. Sie nannten sie *pigan,* was »Nüsse« bedeutet. Pekannüsse sind sehr nahrhaft. Die Potawatomi kochten sie zu Brei, schöpften das Fett ab, um es als Nussbutter für den Winter zu lagern. Dieses reichhaltige Nahrungsmittel half ihnen zu überleben. Die Indigenen dieser Region liebten die Nussbäume sehr, pflanzten und pflegten sie in großer Dankbarkeit; an den Standorten der Bäume lässt sich noch heute erkennen, wo die Siedlungen der Eingeborenen einst lagen. Auch viele Tierarten der dortigen Region schätzen die nahrhaften Nüsse: Eichhörnchen, Füchse, Waschbären, Hirsche, Truthähne.

Wie Robin Wall Kimmerer berichtet, tragen Pekannussbäume nicht jedes Jahr, ihr Fruchtzyklus ist kaum vorherzusehen. Sie leben in einem feinen lebendigen Netz, das Bäume, Pilzgeflechte, Tiere und Menschen miteinander verbindet. In Mastjahren produzieren alle Bäume der Region einen Überfluss an Nüssen. Man nimmt an, dass diese Synchronisation über das unterirdische Pilzfaser-Netzwerk, die Mykorrhiza, reguliert wird. Die Pilze lösen mineralische Nährstoffe aus dem Boden und reichen sie an die Bäume weiter. Dafür erhalten sie von ihnen Kohlenhydrate. Sie verteilen dabei auch Kohlenhydratvorräte unter den Bäumen. Haben alle Bäume den gleichen Überschuss erreicht, sind sie bereit für ein weiteres Nussmastjahr.

Die Pekannussbäume schenken ihre nahrhafte Fülle Tieren wie Menschen und sichern damit auch ihr eigenes Überleben. Die Sammlerinnen und Sammler der Nüsse werden in der Überfülle sicher einige Nüsse liegen lassen oder an andere Standorte bringen, wo dann neue Bäume heranwachsen können.

Die Volksgruppen der Potawatomi wurden durch die Vertreibung nach der Strategie des »Teile und Herrsche« der Weißen über das ganze Land verstreut. Nun, »nach zwei Generationen, nach Umsiedlung, nach der Flächenzuweisung, nach Internaten und der Diaspora«, wie Wall Kimmerer schreibt, versammeln sich die Stämme zu bestimmten Anlässen, den Gatherings of Nations, um ihre Zusammengehörigkeit zu leben. Sie folgen dabei, wie sie erklären, dem Rat der Pekannussbäume: Haltet zusammen für ein gemeinsames Ziel. »Als Nation fangen wir an, dem Rat unserer Ältesten, der Pekannussbäume, zu folgen, indem wir zusammenhalten. Wir erinnern uns, was sie sagten: ›Alles Gedeihen ist gegenseitig, Geben und Nehmen, Danken und Ernten gehören zur Balance des Lebens‹.«[45] So erzählt Wall Kimmerer die Geschichte vom Rat der Pekannussbäume, eine tröstliche Botschaft, die auch uns in diesen herausfordernden Zeiten guttut.

Die überreiche Ernte, die großzügige Gabe der Pekannussbäume verpflichtet zur Dankbarkeit. Etwas zurückgeben: den Hain pflegen, ihn vor Schaden schützen, neue Bäume pflanzen, wie Robin Wall Kimmerer rät, und wie es ihre Ahninnen und Ahnen taten. Auch hierzulande empfinden mehr und mehr Menschen das Abholzen oder Abbrennen der Wälder als Frevel an der Natur, an der Schöpfung. Sie wünschen sich, etwas für den Schutz der Bäume tun zu können, nicht nur für jene weit weg im Amazonasgebiet oder in der Taiga, sondern auch vor ihrer Haustür, in ihrer Stadt oder Region. Sie möchten Teil einer neuen Kultur der Bäume und der Pflanzungen werden. Auch wir können auf den Rat der Bäume hören und verstehen, dass alles Gedeihen gegenseitig ist. Jeder Baum, der neu gepflanzt wird, steht in einem Netz des gegenseitigen Unterstützens, in einer lebendigen Kette vieler Lebewesen.

Ich sitze unter einem Pekannussbaum, lehne mich an seine tief gefurchte Rinde, blicke in die ausladende Krone, blinzle durch seine gefiederten Blätter in die Sonne und denke an die Geschichte dieser Bäume im Land der Ureinwohner Nordamerikas. Ein strahlend blauer Himmel lässt die gold-

Pekannuss
Carya illinoinensis
Familie der Walnussgewächse, Juglandaceae

Verbreitung und Standort
In Nordamerika heimisch, vom Mississippigebiet bis Mexiko und Kanada, natürliches Vorkommen im südlichen und zentralen Nordamerika, kultiviert auf Hawaii, in Australien, China, Südamerika. Liebt sonnige, warme Standorte, tiefgründige, lehmige Böden mit guter Drainage, nicht gut verpflanzbar, nicht zu feuchter Standort, braucht Platz.

Beschreibung
30 bis 50 m hoher, stattlicher Laubbaum mit weit ausladender Krone, kann einen Stammdurchmesser von bis zu 2 m erreichen. Bis 10 m lange Pfahlwurzel. Kann bis 1000 Jahre alt werden.

Blätter | 40 bis 70 cm lange Fiederblättchen, zusammengesetzt aus 11 bis 17 einzelnen gezähnten, gespitzten Fiederblättchen, goldgelbe Herbstfärbung.

Blüten | April bis Mai, männliche Blütenstände in verzweigten, dünnen Kätzchen, etwa 18 cm lang, länger als die ährenförmigen weiblichen Blüten, die in kleinen Büscheln stehen, Windbestäubung. Zwittrig, weibliche Ähren und männliche Kätzchen auf demselben Baum.

Früchte | Büschelweise stehend, längliche Nuss, Schale glatt, hellbraun, dünnschalig, süßer, etwas buttriger Geschmack. Ernte im Oktober. Schale öffnet sich vierteilig bis zur Basis, Nüsse fallen zu Boden, Hüllen bleiben länger am Baum.

Rinde | Hellgrau bis bräunlich, stark gefurcht.

Holz | Begehrt, da sehr schöne Maserung. Für Möbel, Vertäfelungen, Furniere.

Ökologie
Gute Wildfutterquelle für viele Tiere wie Schwarzwild und Nagetiere.

Klimabaum
Für Waldrand, Park, Agroforst. Resistent gegen Schädlinge und Pilze, erträgt Überschwemmungen, sehr standfest, stattlicher Baum, der einen großen Schattenraum bietet.

farbenen Blätter aufleuchten. Es ist ein freundlicher Baum, alles an ihm ist leicht und doch stabil. Ich stelle mir vor, wie er in entschlossener Verwurzelung seine zehn Meter lange Pfahlwurzel in die Tiefe des Bodens unter mir gesenkt hat. Sie sichert ihm Standhaftigkeit auch in stürmischen Zeiten. Dieser Baum, der jetzt etwa sechzig Jahre zählt, kann bis zu eintausend Jahre alt werden. Ich hoffe, er wird dieses Alter erreichen und es werden auch dann Menschen hier leben, die alte Bäume lieben und schätzen.

Zaghaft fasst der Pekannussbaum in Europa Fuß. Er wird im Rahmen von Agroforstpflanzungen, Gemeinschaftsgärten und in der Permakultur geschätzt. Vermehrt sieht man ihn auch als neuen Stadtbaum.

In Nordamerika, wo die Pekannuss ein typischer Waldbaum ist, kennt man noch weitere Nussbaumarten aus der Familie der Walnussbäume und der Gattung *Carya:* Butternuss, Hickorynuss, Bitternuss, Herznuss, Königsnuss, Hicannuss. Fossile Funde zeigen, dass diese Gattung von Bäumen im Tertiär auch in Europa heimisch war. Nun kehrt sie, durch den Klimawandel begünstigt, von Nordamerika aus nach Europa zurück und zählt bei uns zu den Klimawandelbäumen.

Mit dem Baum reisen auch seine Geschichten über den Atlantik. Viele handeln von nahrhaften und köstlichen Speisen wie dem berühmten »Pecan Pie«, einem Kuchen, der speziell in den Südstaaten bekannt ist. Aber auch Eiscreme, Süßgebäck, Pralinen und Pekannussbutter werden besonders im Süden der USA aus den Nüssen hergestellt. 1919 wurde der Pekannussbaum sogar zum Staatsbaum von Texas ernannt und 2013 der »Pecan Pie« zum offiziellen Staatskuchen. San Saba in Texas erklärte sich zur offiziellen Hauptstadt dieses Baumes.

Das Holz des Pekannuss- und des Hickorynussbaums dient zum Räuchern von Grillfleisch. Es verleiht ihm ein süßes, nussiges Aroma. Die Holzschnipsel zum Räuchern kann man auch hier im Baumarkt oder Gartenmarkt kaufen. Ich verwende Hickoryholzschnipsel, um Käse, Mandeln oder Salz zu räuchern (siehe mein Buch *Wilde Küche*).

Möchten Sie einen Pekannussbaum pflanzen, um seine Nüsse selbst ernten und genießen zu können? Sie müssen dazu nicht in einem Südstaatenklima leben. Die Pekannuss wird auch in nördlichen Gegenden wie Kanada kultiviert und kommt mit dem europäischen Frost gut klar. Sie reift vier bis sechs Wochen nach der einheimischen Walnuss. Deshalb ist es ratsam, frühtragende, veredelte, frühe wie mittelfrüh reifende nördliche Pekannusssorten zu pflanzen. Diese sind frosthart und lassen ihre Früchte in den kurzen europäischen Sommerperioden reif werden. Achten Sie auf genügend Abstand, Pekannussbäume lieben es, frei zu stehen. Sie werden bei uns stattliche zehn bis fünfzehn Meter hoch.

Zwischen April und Mai erscheinen die Blüten, männliche und weibliche am gleichen Baum; die männlichen sind länger als die weiblichen und zeigen sich als achtzehn Zentimeter lange Kätzchen. Da sie zu unterschiedlichen Zeiten blühen, ist immer ein Fremdbestäuber nötig, um einen Fruchtertrag zu erhalten. Sie werden vom Wind bestäubt. Da die meisten Sorten selbst unfruchtbar sind, ist für einen Fruchtertrag eine weitere Sorte nötig. Es wird zwischen zwei Typen unterschieden, die komplementäre Blühperioden besitzen. Man sollte daher stets eine Pekannuss Typ 1 zusammen mit einer vom Typ 2 pflanzen – immer zwei Bäume als Befruchtungspartner zusammen. Man kann sie im Herbst oder Frühjahr pflanzen. Lassen Sie sich in einer Baumschule beraten (siehe Serviceteil).

Wählen Sie für Ihre Pekannussbäume einen tiefgründigen, fruchtbaren, feuchten Boden mit guter Drainage. Pflanzen Sie die Bäume an einem sorgfältig ausgewählten geschützten und sonnigen Standort. Wegen ihrer Pfahlwurzel mögen es die Bäume nicht, später verpflanzt zu werden. Umfangreiche Schnittmaßnahmen sind nicht erforderlich, auch nicht für den regelmäßigen Fruchtertrag.

Nach fünf bis acht Jahren zeigt der Pekannussbaum zum ersten Mal seine Blüten und lässt dann hoffentlich im Oktober Nüsse reifen. Pflücken Sie die Nüsse nicht, sondern schütteln Sie vorsichtig die Äste. Der Baum ist empfindlich und könnte sonst im nächsten Jahr nicht mehr gut tragen.

Die Nüsse gehören zu den begehrtesten und energiereichsten Nüssen der Welt. Sogar die Astronauten der Apollo-Raumfahrtmissionen waren mit Pekannüssen als Vorrat ausgestattet. Es war die einzige lebende Nahrung, die die Astronauten mitnehmen durften. Sie enthalten reichlich ungesättigte Fettsäuren, außerdem viel Kalzium, Kalium, Magnesium und Eisen, Vitamin A sowie B-Vitamine. Doch Vorsicht, es sollten nicht zu viele Nüsse auf einmal verzehrt werden. Sie sind wahre Kalorienbomben. Hundert Gramm Nüsse beinhalten siebenhundert Kilokalorien.

PEKANNUSS-KUCHEN

100 g Pekannüsse, geschält, ganz
3 sehr reife Bananen
200 g Butter
100 g Vollrohrzucker
3 Eier
100 ml Kokosmilch
280 g Mehl
50 g gemahlene Mandeln
1 TL Backpulver
¼ TL Salz
1 Tonkabohne
1 Prise Kardamom

Glasur
100 g Zartbitter-Kuvertüre
1 EL Kokosraspel
50 g Pekannüsse, ganz

Die Pekannüsse hacken. Die Bananen schälen und mit einer Gabel zu Mus zerdrücken. Butter und Zucker cremig rühren. Die Eier nach und nach daruntermischen. Dann das Bananenmus, Kokosmilch, Mehl, Mandeln, Backpulver und Salz einrühren. Die Tonkabohne auf der Muskatreibe dazureiben. Mit Kardamom würzen. Die gehackten Pekannüsse unterheben und den Teig in eine gefettete Kastenform füllen. Bei 180 Grad 1 Stunde backen. Aus der Form nehmen. Abkühlen lassen.

Für die Glasur die Kuvertüre über dem Wasserbad schmelzen. Mit einem Pinsel auf dem Kuchen verteilen. Die noch feuchte Schokoladenschicht mit Kokosraspeln bestreuen und den Kuchen mit Pekannüssen dekorieren.

TIPP Für die vegane Variante ersetzen Sie die Butter durch Pflanzenmargarine und lassen die Eier weg.

PERL SCHNUR BAUM

EINE LANGE REISE

Geschichten verbinden Bäume mit Menschen. Sie verknüpfen sich oft nahtlos mit der Vergangenheit und greifen manchmal in eine ferne Zukunft. Wenn wir ihnen lauschen, werden wir Teil davon. Die Bäume verraten uns dann Geheimnisse, teilen ihre Erfahrungen und lassen uns an ihrem Leben und ihrer Weisheit teilhaben. Diese Geschichten berichten von Wäldern und Menschen, von Zeiten, in denen beide noch ganz eng miteinander verbunden waren. Sie erzählen von einer uralten heiligen Verbindung zwischen Mensch und Natur.

Während eines Waldspaziergangs oder einer Pause in der Nähe eines großen Baumes öffnen sich unsere Sinne, wir spüren die frische Luft in unseren Lungen, nehmen die balsamischen Düfte der Bäume wahr, lauschen den Geräuschen des Waldes und werden Teil dieses natürlichen Raumes, der selbst wie eine von der Natur geschriebene erfahrbare Geschichte ist. Solche heilsamen Räume finden sich auch in der Stadt: in einem Park, versteckt in einer grünen Oase, unter einem großen Baum.

Die Bäume in der Stadt erzählen ihre eigenen Geschichten. Teilweise sind sie so abenteuerlich wie die des Perlschnurbaums. Sie beginnt vor langer Zeit im fernen China. Damals war das Reich der Mitte für Reisende aus Europa verschlossen, seine Flora im Westen unbekannt. Der Pagodenbaum, wie der Perlschnurbaum auch genannt wird, wurde zu dieser Zeit als heiliger Baum verehrt, man sprach ihm mystische Eigenschaften zu. In Japan nahm er seinen beschützenden Platz in der Nähe der Pagoden buddhistischer Tempel ein, in China und Korea wurde dieser heilige Baum an Begräbnisstätten und spirituell bedeutsamen Orten gepflanzt und gehegt. Seine im Herbst wie Perlschnüre von den Ästen herabhängenden Früchte erinnerten zu jener Zeit an die Gebetsketten der frommen Pilgerinnen und Pilger, die diese Heiligtümer aufsuchten.

Einer der ersten Ausländer, die im 18. Jahrhundert das verbotene Reich der Mitte betreten durften, war Pierre d'Incarville, ein französischer Jesuit und leidenschaftlicher Amateurbotaniker. Als Missionar war er damit beauftragt, den Kaiser von China und sein Volk zu missionieren. Der Kaiser zeigte daran keinerlei Interesse, fühlte sich von dem Missionar belästigt und verbot ihm, die kaiserlichen Gärten zu betreten. Der aber ließ sich nicht abwimmeln und beschenkte den Kaiser mit europäischen Pflanzenarten für dessen Gartenanlagen. Eine europäische Mimosenart scheint den Herrscher schließlich umgestimmt zu haben, und für Pierre d'Incarville öffneten sich die Tore zu den kaiserlichen Pflanzenschätzen. Er beschrieb als Erster viele bis dahin in Europa unbekannte Pflanzen wie die Kiwi und sandte seltene Samen aus China nach Paris, in den berühmten Jardin des Plantes, den größten botanischen Garten Frankreichs. D'Incarville war es auch, der die ersten Samen und Pflanzen des Götterbaums, der Blasenesche und des Perlschnurbaumes nach Europa schickte. Der Perlschnurbaum, in China *huai shu* genannt, gedieh dort an seinen natürlichen Standorten in den trockenen Ebenen im Westen des Landes. Seine Verehrung als heiliger Baum ist in China bis zur frühen Shu-Dynastie dokumentiert.

Zu d'Incarvilles Zeit war es nicht leicht, Pflanzensamen von China nach Europa zu schicken. Vieles ging unterwegs verloren. 1747 versuchte er es über den Landweg und vertraute das wertvolle Pflanzengut einer russischen Karawane an. Die Samen erreichten nach einer abenteuerlichen Reise tatsächlich die französische Metropole, und bald sprossen die ersten exotischen Pagodenbäume im Jardin des Plantes in Paris. Der Baum erreichte auch England, wo man begierig auf neue Pflanzenarten wartete. 1761 pflanzten chinesische buddhistische Mönche in den Royal Botanic Gardens von Kew (London) den ersten Pagodenbaum in der Nähe einer dort errichteten Pagode. Die Mönche erzählten so die heilige Geschichte des Baumes in der Fremde weiter und ehrten ihn auch in Europa wie seit Jahrtausenden in ihrer Heimat.

Nach seiner langen Reise durch die Jahrhunderte, von heiligen Stätten im kaiserlichen China über die Seidenstraße bis nach Paris, durch viele botanische Gärten und Arboreten der Welt, ist der Perlschnurbaum nun in unseren modernen Städten angekommen. Obwohl er hier schon seit zweihundertfünfzig Jahren gedeiht, ist er relativ unbekannt und unbeachtet geblieben. Nun ist seine Stunde gekommen, und er kann sich als Klimabaum neuen Aufgaben widmen. Er soll in unseren aufgeheizten Städten Schatten spenden und damit dazu beitragen, sie weiterhin bewohnbar zu halten. Seine neue Aufgabe kann dieser Baum gut erfüllen. Er hält den Widrigkeiten der Stadtlandschaft stand: Er erträgt den Stress der innerstädtischen Lebensbedingungen,

Perlschnurbaum, Pagodenbaum, Japanischer Schnurbaum, Honigbaum
Sophora japonica, Styphnolobium japonicum
Familie der Hülsenfrüchtler, Fabaceae

Verbreitung und Standort
Heimat: China, Japan, Korea, dort in Steppen, Trockenwäldern, Küstengebieten. Liebt Sonne bis Halbschatten, steinige, trockene, sandige, nährstoffarme Böden, schwach sauer bis stark alkalisch, meidet nasse, tonige, schwere Böden.

Arten
Vom Perlschnurbaum existieren etwa 60 verschiedene Arten. Eine Auswahl:
Styphnolobium japonicum 'Pendula': Kulturform aus China, kleiner Gartenbaum mit langen, hängenden Zweigen, gedeiht auf sehr trockenem Boden.
Sophora japonica 'Regent': Mittelgroßer Baum, breite Krone.
Sophora microphylla: Feines, immergrünes Laub, leuchtend gelbe Blüten.
Sophora tetraptera: Weniger winterhart, immergrünes Laub und goldgelbe Blüten.
Sophora tetraptera: Neuseeländischer vierflügliger Schnurbaum, immergrün.
Sophora wurde vor einigen Jahren bei allen Arten in *Styphnolobium* umbenannt. Diese Bezeichnung wird selten verwendet.

hat eine extreme Toleranz gegenüber Hitze und Trockenheit, ist industriefest und verträgt Abgase. Der Baum ist frosthart, pflegeleicht und wird kaum von Schädlingen befallen – ein idealer Klimabaum für unsere urbanen Räume.

Wenn ich dem Perlschnurbaum, diesem Gast aus den trockenen Steppen des Ostens, in der Großstadt begegne, scheint es mir, als sei er noch immer ein Botschafter des Heiligen in der Natur. Er vertritt hier mitten im lauten Verkehr die Würde der Natur. Es ist wie ein magischer Moment der Schöpfung, wenn der Perlschnurbaum – enthoben jeglicher Logik, mitten im Hochsommer, im August, manchmal bis in den September hinein – seine frühlingshaften Blüten entfaltet. Es sind Schmetterlingsblüten, zarte Gebilde in Weiß und Gelb, gehaucht in einem feinen Duft ewiger Jugend. Raumgreifend und hoch aufragend steht der Perlschnurbaum. Der Frühling und die Kraft der Natur gehören ihm, die mörderische Hitze und Trockenheit um ihn herum interessieren ihn offenkundig nicht. Er ist so feierlich schön, dass er sogar einen kleinen Zeitungskiosk am Fuß seines Stammes wie eine Pagode erscheinen lässt.

Bienen und Hummeln umschwärmen taumelnd die cremeweißen Blüten, sättigen sich an der reichen Nektar- und Pollenquelle. Zu dieser Zeit gibt es wenig Nahrung für die Bienen, deshalb ist der Baum bei Imkerinnen und Imkern als Honigbaum sehr geschätzt. Der daraus gewonnene Honig hat eine helle gelbe Farbe und einen zarten, balsamischen Duft. Er ist sehr wohlschmeckend, und in Asien werden ihm heilende Kräfte zugesprochen. Eine große Anzahl biologisch aktiver Substanzen machen ihn so wertvoll. Er soll den Blutzuckerspiegel senken, den Blutdruck regulieren, das Immunsystem stärken, die Blutgefäße elastisch halten und zudem antiallergisch wirken.

Der Baum lässt sich Zeit. Erst Ende April zeigt er seine dekorativen, glänzend grünen Blätter als Hintergrund für die späteren Blüten. Sie wirken vital durch ihre kräftig grüne Farbe. Nachdem der Baum im Hochsommer mit seinen Blüten seine Anmut bewiesen hat, fügt er später im Jahr einen weiteren Triumph seiner Schönheit hinzu: Lange grün gefärbte, perlschnurartige Fruchtstände zieren wie Kunstwerke seine Äste. Diese Schoten sehen aus wie Ketten aufgefädelter Perlen und haben ihm seinen Namen verliehen. Lange, bis in den November hinein, bleiben diese schönen Gebilde am Baum hängen – ein zauberhafter Anblick an trüben Novembertagen in der Stadt.

Der Perlschnurbaum ist ein geeigneter Klimastadtbaum. Er bietet sich als Solitärbaum in einem Park oder in einem größeren Garten an und ist zu jeder Jahreszeit ein ästhetischer Anblick. Das Gehölz gilt als sehr anspruchslos und bedarf nur weniger Pflege, bildet aber ähnlich wie die Linde regelmäßig Totholz in der Krone, das gegebenenfalls entnommen werden sollte.

Manchmal wird der Perlschnurbaum mit der Robinie verwechselt. Beide gehören zur gleichen Pflanzenfamilie. Doch während die Robinie ge-

Beschreibung
Mittelgroßer, bis 30 m, in seiner Heimat bis 40 m hoher Baum, rundliche, später breit gewölbte, lockere, lichte Krone, Hauptäste unregelmäßig, schräg absteigend, untere Astpartien beinahe waagerecht, breit auseinanderstrebend, verdrehte Äste. Flachwurzler, Wurzel weit ausladend, stark verzweigt. Kann bis 100 Jahre alt werden.

Blätter | Sommergrün, wechselständig, unpaarig gefiedert, bis 25 cm lang, Blättchen 7 bis 17 cm, elliptisch bis eiförmig, bis 5 cm lang, grün, schwach glänzend oder matt, unterseits graugrün, leicht behaart, Laub bleibt lange haften, schwachgelbe Herbstfärbung bis Ende November.

Blüten | Ende Juli bis Ende August, manchmal bis September, gelblich weiße, cremefarbene Schmetterlingsblüten in endständigen lockeren, bis 25 cm langen Trauben. Blüten erscheinen nach 10 bis 15 Jahren. Zart, würzig duftend.

Früchte | Hängende, rundwandige Hülsen, perlschnurartig geformt, werden nur im warmen Sommer (Kontinentalklima, gern Weinbauklima) ausgebildet, sauer, ungenießbar, giftig; in den länglichen Schoten sitzen schwarze Samen.

Rinde | Dunkelgrün, später grau, Rinde der Zweige bleibt lange Zeit glänzend grün und mit hellen Korkwarzen (Lentizellen) besetzt.

Holz | Fest und zäh, aber trotzdem flexibel, ähnelt in Qualität und Maserung dem Eschenholz, offenporig und gut zu verarbeiten. Für Möbel, Türen, Parkettböden, Gerätestiele.

Vorsicht
Alle Pflanzenteile außer den Blüten gelten als stark giftig. Auch giftig für Nutzvieh, daher nicht auf Weiden pflanzen.

gen Ende des Herbstes bereits einen Monat lang ohne Blätter kahl dasteht, trägt der Perlschnurbaum noch sein frisches grünes Laubkleid.

In Asien spricht man dem Perlschnurbaum große heilende Kräfte zu. In seinen Ursprungsländern China, Korea und Japan wird der Baum seit Langem als sehr wirksame Heilpflanze geschätzt. Er enthält besonders in den Knospen und Früchten Rutin, eine gefäßschützende Substanz. Der Baum gehört zu den fünfzig wichtigsten Heilpflanzen der Traditionellen Chinesischen Heilkunde. Er gilt als Anti-Aging-Mittel, da er die Kapillarwände elastisch hält, und wird als Heilmittel bei Gastritis, Kreislaufproblemen und Diabetes empfohlen. Äußerlich werden Zubereitungen aus dem Perlschnurbaum zur Wundheilung verwendet. Von einer Selbstmedikation ist jedoch abzuraten, da der Baum, unsachgemäß angewendet, giftig wirken kann.

Schauen Sie sich in Ihrer Stadt um, vielleicht begegnen Sie diesem besonderen Baum aus dem fernen China. Genießen Sie seine Schönheit und an einem heißen Tag seinen angenehmen Schatten. Vielleicht kann uns dieser Baum – wie die Menschen in seiner ursprünglichen Heimat – an die einst tiefe und respektvolle Verbindung zwischen Mensch und Baum erinnern.

Ökologie
Ein sehr gutes Bienennährgehölz, wichtiger Spätsommerblütler für Insekten.

Klimabaum
Geeigneter Baum für den innerstädtischen Raum, für breite Mittelstreifen, Alleen, Fußgängerzonen, auch Solitärbaum in Parks, begrünt Schuttplätze, ästhetischer Schattenspender. Besitzt hohe Toleranz gegenüber Abgasen und langen Trockenperioden, salzverträglich. Stabilisiert steinige, sandige Hänge, kann sie vor dem Abrutschen sichern, da Flachwurzler mit weitreichendem Wurzelsystem. Wird nicht von Pilzen und Schädlingen befallen. Ältere Bäume bis minus 25 Grad winterhart, junge Bäume bis 4 Jahre etwas frostempfindlich, deshalb im Wurzelbereich vor Erfrierungen schützen (Laubschicht, Vlies). Die feinen Wurzeln vertragen keine Verdichtung, deshalb nicht an Parkplätzen pflanzen. Mit zunehmendem Alter windanfällig, da Flachwurzler. Krone muss regelmäßig geschnitten werden, Totholz entfernen; nicht im Frühjahr schneiden, besser im Spätherbst. Geringere Ausbreitung durch Ausläufer als die Robinie.

PERLSCHNURBAUM

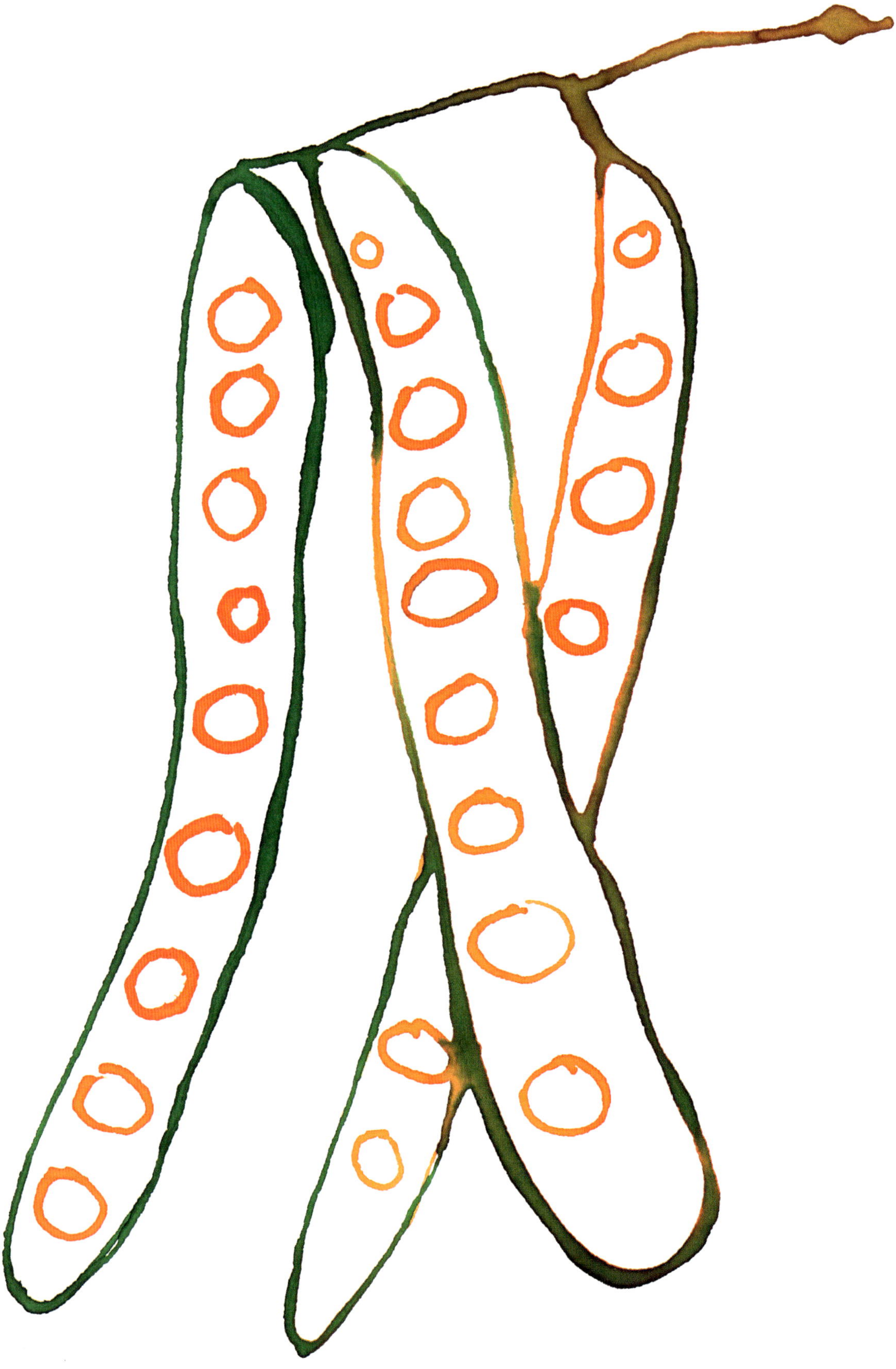

ROBINIE

EINE BIENENFREUNDIN

Im Mai und Juni liegt ein Blütenzauber über dem Land, gewebt aus den zauberhaft schönen, cremeweißen Blütentrauben und dem Duft der Robinie. Es gibt wenige Bäume, die im Frühsommer so überschwenglich schön sind. Die Sonnenstrahlen werden durch seine lichte, schirmförmige Krone gefächert, die Schmetterlingsblüten schaukeln graziös im Wind. Der elegante Baum wirft fast keinen Schatten. Die Luft ist von zartem Duft erfüllt. Treten Sie näher, genießen Sie das Parfüm der Blütengirlanden, wenn die Robinie ihre Äste in erreichbarer Höhe ausstreckt. Duftet es nach Orchideen, nach Vanille oder nach Bergamotte – würzig, fruchtig, süß, fast betäubend?

Sonnenreiche Waldränder, Straßenränder, offene lichtdurchflutete Landschaften – diese Standorte liebt die Robinie und streut dort ihre weißen Blütentupfer in die Landschaft. Doch Vorsicht, wenn Sie schnuppernd in die Blütenpracht der Robinie eintauchen. Dieser Baum hat noch andere Liebhaberinnen, die wie verzückt in den Blüten hängen und sehr beschäftigt sind. Es sind zahllose Bienen und Hummeln, die den wertvollen und überreich angebotenen Nektar sammeln. Als ausgewiesene Bienenweidepflanze liefert die Robinie eine bedeutende Frühsommertracht. Aufgrund des hohen Zuckerwerts des Honigs werden Robinien als Trachtpflanze geschätzt und angepflanzt. Der klare, hellgelbe und zart blumig duftende Honig wird als Akazienhonig gehandelt. Er bleibt lange flüssig, sein hoher Anteil an Fruktose verhindert eine Kristallisierung. Es bildet sich erst nach Jahren der Lagerung etwas Bodensatz.

Die duftenden Blüten werden in einigen Mittelmeerländern traditionell zu Tee, Marmelade und Sirup verarbeitet. Aus Italien kenne ich köstliche, in Pfannkuchenteig ausgebackene Robinienblüten. Ihr leicht erbsenartiger Geschmack verrät ihre familiäre Verbindung zu den Hülsenfrüchtlern. Die

CLOSET
BUY

TRADE
SALE

Blüten sind ungiftig. Alle anderen Teile des Baumes sollten nicht verzehrt werden, denn sie wiederum sind giftig.

Die Robinie hat noch weitere Schönheiten zu bieten. Ihre feinen, zarten Fiederblättchen wirken wie über die Äste geworfene Schleier. Wird es dem Baum bei starker Sommerhitze zu heiß, kann er die Teilblättchen zusammenklappen, um so seine Verdunstung zu reduzieren. Erst spät im Frühjahr begrünt sich die Robinie. Zunächst sind die Blätter gelbgrün, vor einem dunklen Hintergrund fast neongrün. Mit der Zeit nehmen sie einen bläulichen Farbton an, als ob sie die ersten Blütentrauben ankündigen wollten. Schon früh im Herbst entlaubt sich die Robinie, nachdem ihre Blätter eine gelbliche Färbung angenommen haben. Sie kommt spät und geht früh. Die Robinie ist traditionell dennoch ein Futtergehölz, besonders Ziegen mögen ihre stickstoffhaltigen Blätter.

Sechs Monate lang steht die Robinie kahl. Dabei zeigt sie ihre teilweise bizarr geformten Äste, die wie wilde Blitze im Zickzack aus dem Stamm wachsen. Die rissige Borke, deren tiefe Längsfurchen sich wie bei einem Faltenrock aneinanderlegen, lenkt im Winter die Blicke auf sich. Die Rinde älterer Robinienbäume hat die Farbe von feuchtem Sand. Aus ihr wird ein gelber Farbstoff gewonnen.

Statt Winterknospen erspäht man im kahlen Baum spitze, kräftige Dornenpaare. Die im Frühsommer feenhafte Robinie zeigt nun, dass sie sich wehren kann und wie die mit ihr nah verwandte Gleditschie kein Baum zum Kuscheln ist. Der Bereich der Krone und der Blütenstände sind meist dornenfrei, an den jungen Schösslingen und Trieben sitzen aber bis zu drei Zentimeter lange, rotbraun gefärbte Dornen. Nur wer im Winter genau hinschaut, erkennt die Knospen, die unter den Blattnarben verborgen sind. An den kahlen Ästen hängen jetzt die filigranen Fruchtschoten, die kleine schwarze Samen bergen. Diese Schoten mit ihren Samen trägt der Wind bis zu hundert Meter weit vom Baum weg. Für ihre Keimung brauchen sie viel Licht. Sie bleiben dreißig Jahre keimfähig. Der Baum kann sich außerdem gut durch Wurzelschösslinge ausbreiten – Eigenschaften einer Pionierpflanze, die offene Standorte besiedeln will.

Robinien erobern die unwirtlichsten Lebensräume, die kargsten Böden, sie gedeihen auf Sand, Gestein und Trümmern. Sie können quasi überall wachsen und sind unverwüstlich. Deshalb gehörten Robinien nach dem Zweiten Weltkrieg zur Trümmerflora.

Was ist ihr Geheimnis? Es liegt unter der Erde verborgen. Hier wirken die mit den Robinien verbündeten Knöllchenbakterien, die an deren Wurzeln leben. Sie binden Luftstickstoff, der sich dann im Boden anreichert. So werden stickstoffarme Böden auf natürliche Weise wieder fruchtbar. Dies können auch die kleineren Verwandten der Robinie wie Erbsen, Wicken, Klee und Lupinen.

Robinie, Weiße Robinie, Scheinakazie, Schotendorn
Robinia pseudoacacia
Familie der Hülsenfrüchtler, Fabaceae

Verbreitung und Standort
Ursprüngliche Heimat: Östliches, atlantisches Nordamerika, Nordosten der Appalachen; heute weltweit kultiviert. Laubmischwälder im natürlichen Verbreitungsgebiet mit Tulpenbaum und Schwarznuss, in Europa mit Kiefer, Eiche und Ahorn. Standort feucht bis trocken, mäßig nährstoffreiche Sand- und Lehmböden, Felsuntergrund, bis auf 1600 m Höhe, südalpenseitig wachsend, anspruchslos, vollsonnig, verträgt keine Staunässe; als Reinbestand in der beginnenden Phase der Sukzession.

Arten
Es gibt etwa 20 Robinienarten, baum- oder strauchartig wachsend.

Beschreibung
Mittelgroßer, sommergrüner, 20 bis 25 m hoher Laubbaum, lockere, lichte, rundliche Krone, Äste unregelmäßig waagerecht ansetzend, bizarr drehwüchsig, im Alter schirmförmig, Lichtbaumart, Triebe mit Stacheln. In der Jugend Pfahlwurzel, nach circa 20 Jahren Senkerwurzelsystem mit flachen Seitenwurzeln, weit ausreichend. Kann bis 100 Jahre alt werden.

Blätter | Sommergrün, 20 bis 30 cm lang, wechselständig, unpaarig gefiedert, durch kleine Gelenke bei großer Hitze senkrecht nach unten klappbar, Blütenstand und Krone ohne Dornen, Schösslinge und Nebenblätter mit spitzen, bis 3 cm langen, rotbraunen Dornen, gelbliche Herbstfärbung.

Blüten | Mai bis Juni, weiße, rosa, lilafarbene, hängende, 10 bis 25 cm lange Blütentrauben an jungen Zweigen, gestielt, mit grünrötlichem Kelch, jeweils 10 bis 15 Stück; süß, bergamotteartig duftend.

Früchte | Braune, geflügelte Hülsen mit 4 bis 14 Samen, 5 bis 12 cm lang, Hülle pergamentartig ledrig, die Hülsenhälften bleiben bis ins folgende Jahr am Baum hängen, besonders lange keimfähig, werden vom Wind verweht.

Rinde | Triebe rotbraun, alte Borke tief längsgefurcht, dunkelbraun, grau.

Holz | Sehr widerstandsfähig, witterungsbeständig, fest und biegsam, tragfähig. Für Außenbau mit Erdkontakt, Garten und Landschaftsbau, Schiffsbau, Möbelbau, Parkett, Bogenbau, Stützen für Weinbau, Bergbau, Schutzwaldsanierung; guter Ersatz für Tropenhölzer. Eignet sich als schnell nachwachsende Biomasse mit hohem Brennwert zur Energiegewinnung.

Auch in den Blättern der Robinie sammelt sich Stickstoff an. So wirkt dieser Baum durch Wurzeln und Laub stark bodenverbessernd und bereitet als Pionierbaum das Terrain für nachfolgende Bäume und Sträucher. Nach etwa zwanzig Jahren können sich weitere Pflanzenarten in dem verbesserten Boden ansiedeln: Holunder, Feldahorn, Winterlinde, Lärche und andere Baum- und Straucharten.

Falls Sie diese Baumart noch nicht kennen, wird man Sie sicher darüber in Kenntnis setzen, dass die Robinie *keine* Akazie ist. Diese Verwechslung scheint sich seit langer Zeit unausrottbar festgesetzt zu haben, worauf auch der Artname *pseudoacacia* hinweist. Dabei ist eine Verwechslung von Arten der beiden Gattungen bei uns in Mitteleuropa fast ausgeschlossen, denn in Europa sind keine Akazien heimisch. Die aus Australien stammende Echte Akazie wird bei uns als Mimose bezeichnet. Sie ist in subtropischen und tropischen Gebieten heimisch. Nur ausnahmsweise an Standorten mit extrem mildem Klima könnten hierzulande Akazien gedeihen.

Doch können sich Pflanzenfreunde jahrhundertelang irren? Die Robinie, auch Scheinakazie oder Falsche Akazie genannt, besitzt tatsächlich Ähnlichkeiten mit den subtropischen Akazien, die in Afrika gedeihen. Ihre Fiederblätter ähneln einander, und beide Bäume tragen Dornen. »Aus irgendeinem Grunde blieb dieser Name an dem Baum hängen, und er wird heute mehr Akazie als Robinie genannt«, stellt der Baumkenner Hugh Johnson in seinem umfangreichen Werk *Das große Buch der Bäume* fest.[46]

Verlassen wir diese botanischen Spitzfindigkeiten, und lernen wir Jean Robin kennen. Der berühmte Hofgärtner der Könige Heinrich III., Heinrich IV. und Ludwig XII. und Direktor des botanischen Gartens in Paris ist untrennbar mit der Robinie verbunden. Carl von Linné gab im 18. Jahrhundert diesem Baum den Gattungsnamen Robinia nach eben jenem Jean Robin (1550–1629). Dieser soll um 1600 die erste, angeblich aus Virginia stammende Robinie in Europa, genauer in Paris, gepflanzt haben. Dort, im Jardin des Plantes, scheint die Robinie zum ersten Mal ihre Wurzeln in europäischen Boden gesenkt zu haben. Die Robinie war überhaupt einer der ersten Bäume, die aus Amerika in Europa eingeführt wurden. Sie stammt ursprünglich aus dem atlantischen Nordamerika, wo sie als Pionierpflanze in Laubmischwäldern gedeiht. Ihre attraktiven Blüten, das zierliche, gefiederte Laub, die bizarre Wuchsform der Äste machten sie zu einem exotischen Baum, der zunächst als Zierpflanze in Parks und Barockgärten gepflanzt wurde. Ab 1670 konnte man im Berliner Lustgarten die ersten Robinien in Deutschland bestaunen. Langsam wurde die Robinie auch zum Park- und Alleebaum. Doch sie überzeugte ebenso als Holzlieferant, denn die Qualitäten ihres Holzes sind beeindruckend. Gerade in den letzten Jahrzehnten erlebt Robinienholz geradezu einen Boom. Es besitzt Eigenschaften, die bis anhin nur der

Eiche zugesprochen wurden: Es ist ungewöhnlich hart, sehr witterungsbeständig und eignet sich deshalb besonders im Außenbereich. Robinienpflöcke halten sich, ganz ohne Imprägnierungsmittel in die Erde geschlagen, je nach Standort bis zu dreißig oder gar fünfzig Jahre, länger als jedes andere Holz. Auch für den Bogenbau wird Robinienholz sehr geschätzt.

Die Robinie gehört nach Pappeln und Eukalyptus zu den weltweit am häufigsten zur forstwirtschaftlichen Nutzung angebauten Laubbäumen. Die hervorragende Qualität ihres Holzes führte zu einer wirtschaftlichen Nutzung und damit zu der starken Verbreitung der Robinie in Europa.

Nun nimmt sie auch noch einen Platz als Klimabaum ein. Robust, wie sie ist, kann sie mit den extremen Gegebenheiten des städtischen Klimas der Zukunft umgehen. Sie ist salzverträglich, kommt mit Luftverschmutzung klar und akzeptiert selbst die schwierigsten Bodenverhältnisse. Robinien können auch dort eingesetzt werden, wo der Boden ausgelaugt ist, und sie verhindern eine weitere Bodenerosion. Bereits sechs Jahre nach dem Aufkeimen blüht und fruchtet der Baum.

Die Robinie wurde in Deutschland 2020 als »Baum des Jahres« gewürdigt. Doch sie wird nicht überall geschätzt. Dreihundert Jahre nach ihrer Ankunft aus Amerika gilt sie in Europa teilweise als invasiver Neophyt und steht auf der Liste der invasiven Baumarten – in der Schweiz sogar auf der Schwarzen Liste. Als Neophyten werden Pflanzen bezeichnet, die erst in jüngerer Zeit, seit dem 15. Jahrhundert und der Entdeckung Amerikas (1492), hier heimisch geworden sind. Ihre Einführung in Europa erfolgte absichtlich, viele Pflanzen fanden aber auch selbst Möglichkeiten der Einwanderung, zum Beispiel über andere Handelswaren. Häufig werden sie wie ungewollte Einwanderer feindselig betrachtet und als zerstörerisch eingestuft. Oft sind diese Pflanzen starkwüchsig, sie breiten sich schnell aus und können durch ihr hohes Ausbreitungspotenzial die ökologische Balance der einheimischen Flora aus dem Gleichgewicht bringen, indem sie bestimmte Pflanzenvergesellschaftungen verdrängen.

Doch längst nicht alle eingewanderten Arten haben negative Folgen für unsere Ökosysteme. Sie prägen nicht nur die Natur, sondern auch unsere Kulturlandschaften. Es gibt alternative Sichtweisen und Methoden, um Neophyten in die heimische Natur zu integrieren, die Verdrängung der einheimischen Flora zu reduzieren und ihr Potenzial zu nützen. In der Permakultur und im Agroforstbereich werden beispielsweise Robinien als Mutterbäume gepflanzt. Mutterbäume sind Bäume, die der Gesundheit und der Struktur des Ökosystems dienen, ob im Wald, Garten oder in der Landschaft. Sie fördern das generelle Pflanzenwachstum durch Pflanzenhormone, erzeugen ein positives Mikroklima, erhöhen die Artenvielfalt, verbessern den Boden und binden zum Teil Stickstoff.[47]

Vorsicht
Blätter, Fruchthülsen, Samen, Rinde und Holz sind für den Menschen leicht giftig, Rinde und Laub ist für Pferde giftig, jedoch als Futter für Kühe und Ziegen geeignet. Blüten ungiftig. Holz nicht im Pferdestall verwenden. Inhalatives Allergen: Pollen können Heuschnupfen verursachen.

Ökologie
Sehr wertvolle Insektenfutterpflanze, Bienentrachtpflanze, liefert reichhaltigen Nektar, Futtergehölz, Vogelnährgehölz, bietet durch Stacheln Schutz für Wildtiere, Brut- und Nisthöhlen für Tiere im Stamm, auch für Bienen. Blüht bereits nach 6 Standjahren. Bindet durch die Symbiose mit bestimmten Bakterien Stickstoff aus der Atmosphäre. Bodenbildend durch schnelle Zersetzung des Laubs. Toxische Wurzelausscheidungen können andere Pflanzen verdrängen, kann im Offenland vorhandene Biodiversität beeinträchtigen (auf Schwarzer Liste des Bundesamts für Naturschutz als invasiv eingestuft).

Klimabaum
Sehr gut für Stadtklima geeignet, da tolerant gegenüber Luftschadstoffen, Hitze und Trockenheit, beliebter Stadtbaum, zur Begrünung extremer urbaner Bereiche. Frosthart, salzresistent, schnittverträglich, industriefest, stellt an den Boden kaum Ansprüche. Große Sortenauswahl. In der Jugend starkwüchsig, großes Lichtbedürfnis, wärmeliebend, gelegentlich empfindlich gegenüber Früh- und Spätfrösten und gegenüber Verbiss.

Wie wichtig Mutterbäume und deren versorgende Funktion für den Nachwuchs in der freien Natur, im Wald sind, konnte vor nicht allzu langer Zeit die Forschung beweisen. Es zeigte sich, dass ein Mutterbaum seinen Nachwuchs unterirdisch erkennt und von anderen jungen Bäumen, die nicht mit ihm verwandt sind, genau unterscheiden kann. Der Mutterbaum versorgt wie eine stillende Mutter den Nachwuchs über Wurzelbahnen mit Zuckerlösung. Aber auch kranke Bäume werden mit diesem Labsal unterstützt. Die Robinie kann mit ihren Stickstoffeinlagerungen im Boden ebenso andere Bäume fördern und wird deshalb gern als Mutterbaum gepflanzt.[48]

In Teilen Österreichs, wo der Baum Akazie genannt wird, werden die Blüten in Backteig zu sogenannten Akazienstrauben ausgebacken. Sie eignen sich auch für Sirup und Sorbet oder für ein besonders köstliches Tiramisu.

TIRAMISU DER BIENENKÖNIGIN

400 ml Sahne
200 g Mascarpone
3 EL Milch
100 g Quark (20% Fett)
100 g Akazienhonig (Robinienhonig)
½ Tonkabohne, fein gerieben
Schale von ½ Bio-Zitrone, fein gerieben
340 g Cantuccini
100 ml Honiglikör oder Honigschnaps
½ TL Kakaopulver zum Bestreuen

Die Sahne steif schlagen. Den Mascarpone mit der Milch glatt rühren und mit Quark, Schlagsahne und Honig gut verrühren. Geriebene Tonkabohne und Zitronenschale in die Creme einrühren.

Die Cantuccini einzeln in den Honiglikör tunken und in einer Schicht auf dem Boden einer Form (ca. 20 × 30 cm) auslegen.
Die Creme darauf ausstreichen. Im Kühlschrank 1 Stunde ziehen lassen.
Vor dem Servieren mit Kakaopulver bestreuen.

SCHWARZ NUSS

NAHRHAFT, HEILSAM, DOCH NICHT LEICHT ZU KNACKEN

Die Schwarznuss ist ein mächtiger Baum. In ihrer Heimat, an der Ostküste Nordamerikas, kann sie bis zu fünfzig Meter hoch aufragen, hier in Europa erreicht sie eine maximale Höhe von dreißig Metern. Ihr gerader Stamm, der mit einer knorrigen, stark längs gefurchten, braunen Rinde bedeckt ist, trägt eine breit ausladende Krone. Die Rinde auf der Schattenseite des Baumes kann sich kohlschwarz färben. Dies führte wahrscheinlich zum Namen des Baumes. Dicke Seitenäste ragen wie Kandelaber in den Raum, und große, bis zu sechzig Zentimeter lange, eschenähnliche, gefiederte Blätter zieren sie. Nach den ersten kalten Frostnächten wirft sie der Baum innerhalb kurzer Zeit ab. Er ist in der Jugend frostempfindlich. Die tief hinabreichende Pfahlwurzel verankert die Schwarznuss im Erdreich, macht sie sturmfest und stabil. Als Lichtbaumart liebt sie keinen Seitendruck und gedeiht an hellen Waldrändern, gern in Gruppen ihresgleichen.

Die Schwarznuss rückt nun in Europa mehr und mehr ins Blickfeld – als zukünftiger Klimabaum, für die Forstwirtschaft und für Pflanzungen in den Städten. Es kann gut sein, dass Sie ihr in einem Forst oder in einem Park schon begegnet sind und sie mit einer Walnuss verwechselt haben. Ursprünglich in Amerika heimisch, wurde sie um die Jahrhundertwende des 19. und 20. Jahrhunderts erstmals in Europa angebaut. Um 1900 siedelte man Schwarznussbäume in den Rhein- und Donauauwäldern an. Heute noch bilden sie dort Bestände.

In den USA kommt die Schwarznuss vorwiegend in Mischwäldern mit anderen Laubbäumen wie Tulpenbaum und verschiedenen Ahornarten vor. Sie zeichnet sich durch schnelles Wachstum aus, ihr Holz ist wertvoll und sehr begehrt. Im Alter vermag dieser Baum Temperaturen bis minus 30 Grad zu trotzen.

Die bekannte Botanikerin, Biochemikerin und Baumaktivistin Diana Beresford-Kroeger bezeichnet in ihrem Buch *The Global Forest* den Schwarznussbaum als »König der Wälder Amerikas«. Sie erzählt die Geschichte einer präkolumbischen Kultur zwischen 700 und 1400, deren Mittelpunkt die Stadt Cahokia war, in der wasserreichen Region des Zusammenflusses von Mississippi, Missouri River und Illinois River gelegen. Sie war, wie archäologische Ausgrabungen zeigen, das Zentrum der Mississippi-Kultur und soll bis zu vierzigtausend (nach anderen Quellen bis siebzigtausend) Einwohner umfasst haben. Seit 1982 gilt diese »versunkene« Stadt der amerikanischen Ureinwohner als Weltkulturerbe der Unesco. Die Geschichte des Volkes, das dort einst siedelte, scheint eng mit der Schwarznuss verbunden gewesen zu sein. Nach Diana Beresford-Kroeger umgaben die Siedlungen ausgedehnte Schwarznusswälder. Sie waren über Jahrhunderte für das Volk der Cahokia identitätsstiftend. Die Früchte dieser Bäume waren das Geheimnis ihrer Vitalität und Gesundheit, boten Nahrung und Medizin zugleich.

Auf den ausladenden, stämmigen Ästen der Bäume suchten Präriehühner nachts Schutz vor ihren Fressfeinden. Umgekehrt bewachten sie dabei die kostbaren Bäume, bewaffnet mit ihrem rasiermesserscharfen Schnabel, und schlugen Lärm, wenn sich Tiere (oder auch Menschen) näherten, die es auf die Nüsse oder die saftigen Triebspitzen abgesehen hatten. Sie erledigten aber noch einen weiteren wichtigen Dienst für die Bäume: Sie fraßen Larven und Insekten, die den Nüssen hätten schaden können. Der süße Saft, der aus der Rinde des Baumes rinnt, zieht viele Insekten und andere Tiere an. Diese ökologische Verknüpfung der Bäume mit den Präriehühnern war eine Win-Win-Situation: Die Präriehühner hatten eine Zuflucht für die Nacht und reichlich Nahrung, und die Knospen und Nüsse der Schwarznuss waren geschützt. Das Präriehuhn ist heute allerdings im früheren Gebiet der Cahokia ausgestorben.

Die Cahokia-Kultur ist ebenfalls untergegangen, die heute verbliebenen Bestände des Schwarznusswaldes sind auf eine kleine Parzelle von fünfundzwanzig Hektar geschrumpft. Eine Gruppe beherzter Frauen schützte diese letzten Bestände vor der Abholzung. Durch den Indiana Pioneer Mothers Memorial Forest führt heute ein schöner Wanderweg und erinnert daran, wie wichtig das Zusammenwirken von Mensch und Natur für den Erhalt der Umwelt und der Kultur sein kann.

Diese Geschichte lässt mich an den Baumbestand des zwischen Köln und Aachen gelegenen Hambacher Forsts denken – ein über Jahrtausende gewachsenes Ökosystem, das im Kampf gegen den Braunkohletagebau und als Symbol für die Bedrohung der Wälder der Erde und ihre Schutzbedürftigkeit 2018 von Aktivistinnen und Aktivisten besetzt wurde. Dieser nur zwei Quadratkilometer große Restwald, der sich einst über vierzig Quadratkilometer erstreckt hatte, wurde nun zum Symbol der Energiewende. Diese letzten er-

Schwarznuss
Juglans nigra
Familie der Walnussgewächse, Juglandaceae

Verbreitung und Standort
Heimat: Östliches und zentrales Nordamerika, Texas, Kanada. Geschützte, warme, sonnige Standorte, da Lichtbaumart, meidet Frostsenken, gern Auwaldstandorte. Tiefgründiger, fruchtbarer, frischer, gut durchlässiger Boden mit guter Wasserversorgung, leicht sauer bis leicht alkalisch. Meist als einzelner Baum oder in kleinen Gruppen in Mischwäldern, gern mit Tulpenbaum, Zuckerahorn, Amerikanischer Linde.

Arten
Es gibt nur die eine hier beschriebene Art.

Beschreibung
Großer, mächtiger Laubbaum, in der Heimat bis 50 m hoch, in kühlerem Klima nur etwa bis 25 m, breit gewölbte Krone, starke, weit ausladende Hauptäste, schnellwüchsig. Hauptwurzeln tief reichend. Kann bis 200 Jahre alt werden.

Blätter | Sommergrün, 30 bis 60 cm lang, 8 bis 12 einander gegenüberstehende Fiederblättchen, 9 cm lang, schwach gezähnt, Blätter wechselständig, paarig gefiedert, eiförmig lanzettlich, oberseits kahl und dunkelgrün, etwas glänzend, unterseits heller, flaumig behaart, Endblättchen oft fehlend, gelbe Herbstfärbung.

Blüten | April und Mai, vor dem Blattaustrieb, einhäusig, gelbgrüne männliche Kätzchen aus den Achselknospen am zweijährigen Trieb, weibliche Blüten an den Triebspitzen des einjährigen Holzes.

Früchte | September und Oktober, Scheinfrucht, 4 bis 8 cm groß, sehr dickschalige Nuss mit vier Scheidewänden im Inneren, tief gefurcht, raue Kanten, kugelig, von grüner Fruchthülle umgeben, essbar, sehr schmackhaft. Fruchthülle kann zum Färben und als Gerbzusatz verwendet werden. Baum trägt Früchte ab dem sechsten bis achten Standjahr.

Rinde | Junge Triebe grau und behaart, mit quer gefächertem Mark, im Alter tief rissige, schwarzbraune Borke.

Holz | Wertvoll, sehr begehrt, Kernholz schokoladen- bis violettbraun, Splintholz weißlich bis hellbraun, hart, feinkörnig, elastisch, schwer. Für Möbelbau, Schiffsbau, Furnier, Kunstarbeiten, Klaviere, Intarsien, Parkettböden, Vertäfelungen, Armaturen in hochpreisigen Automobilen.

Vorsicht
Die Nüsse, besonders die grünen Fruchthülsen, sind giftig für Hunde und Pferde.

halten gebliebenen Urwälder bilden eine Verbindung zu unserer Vergangenheit, der gemeinsamen Geschichte von Wäldern, Tieren und Menschen. Sie erinnern uns daran, wie viel wir schon zerstört haben und wie wichtig der Schutz der Ökosysteme ist.

Was aber macht nun die Früchte des Schwarznussbaumes aus? Die Nüsse verfügen über eine besondere Zusammensetzung wirksamer Inhaltsstoffe: hochwertiges Protein, reichlich essenzielle Fettsäuren, viel Calcium und weitere wertvolle Substanzen. Diese Baumapotheke half der indigenen Bevölkerung dabei, Krankheiten wie Diabetes und Krebs vorzubeugen. Die Mischung der Inhaltsstoffe besitzt zudem eine revitalisierende und stärkende Wirkung auf das Gehirn und unterstützt das Nervensystem. Die grüne, fleischige Fruchthülle, welche die Nüsse umgibt, beinhaltet ebenfalls viele medizinische Wirkstoffe. Der aus dem Stamm abgezapfte Baumsaft hat, wie Ahornsirup eingedickt, einen hohen Nährwert und birgt viele Mineralien und gesundheitsfördernde Stoffe.

Im September und Oktober reifen die Nüsse in ihrer fleischigen Schale am Baum. Sie hängen einzeln, zu zweien oder zu dreien an den Ästen. Die Schale reißt im Herbst stellenweise auf und färbt sich bronzebraun wie Leder. Und bald liegen die pfirsichgroßen Nüsse im raschelnden Laub unter dem Baum, bereit für Tiere und für Menschen, die sie sammeln möchten.

Wenn Sie sich vorgenommen haben, die kostbaren Schwarznüsse zu ernten und zu verarbeiten, beginnt nun eine mühselige Arbeit. Die Schwarznuss ist in vielerlei Hinsicht eine »harte Nuss«, sie schützt ihre zukünftigen Baumkinder gut. Zum Sammeln der Nüsse sollten Sie Handschuhe tragen, denn die Inhaltsstoffe der grünen Hülle, welche die eigentlichen Nüsse umgibt, färben die Hände intensiv und über längere Zeit braun. Zunächst muss die äußere grüne Schale entfernt werden. Vom Messer über Stahlbürsten, rotierende Autoreifen bis zum Hochdruckwasserstrahl wird hierfür vieles empfohlen. Sie können sich auf YouTube entsprechende Videos ansehen und sich dann für eine Methode entscheiden.[49] Die eigentliche, zwei bis fünf Zentimeter große Nuss, zu der Sie nach dem Entfernen der Außenschale vorgedrungen sind, ist meist kugelrund (einige wenige etwas oval, diese sollen besonders süß schmecken), dunkelbraun und von vielen Runzeln durchfurcht. Sie sollte gut von jeglichen Rückständen der Außenhülle gereinigt werden. Danach muss die Nuss getrocknet werden. Bleibt sie feucht, kann sie leicht schimmeln, lässt sich nicht gut öffnen und schmeckt bitter. Ausgelegt auf Tabletts, Trockenregale oder in netzartigen Zwiebelsäcken sollten die Nüsse mindestens zwei bis drei Wochen an einem warmen Ort und gut belüftet lagern.

Die getrocknete Nuss wirkt mit ihren rauen Kanten und tiefen Furchen etwas abweisend, so als wolle sie nicht, dass man sie so einfach öffnet – und das ist offenkundig auch nicht leicht zu schaffen. Ein normaler Nuss-

knacker, mit dem man Walnüsse öffnet, reicht nicht aus. Er ginge kaputt. Verwenden Sie daher – wenig zimperlich – einen schweren Gegenstand, um die Nuss zu zerschmettern. Ich benutze dazu einen handlichen Granitstein, mit dem ich die in einen Stoffbeutel gepackten Nüsse aufschlage. Auch zu diesem schwierigen Unterfangen können Sie sich im Internet auf YouTube unzählige Filme anschauen, in denen – vor allem Männer aus den USA – mit Hammer, Meißel, Schraubstock, Steinen und Maschinen jeglicher Größe die Nüsse knacken. Auch mit Autos fahren sie darüber.

Die sehr harte dunkelbraune Nussschale ist von solch einer Widerstandsfähigkeit, dass sie pulverisiert – wie extrem hartes Sandpapier – sogar zum Abstrahlen von Flugzeugen oder Schiffskörpern Verwendung findet. In Nordamerika wird das feine Pulver aus den Schalen der Nusshüllen als Kosmetikum für Peelings zur Regeneration der Gesichtshaut verwendet.

Haben Sie Ihre Methode gefunden und die ersten Schwarznüsse geknackt, werden Sie in dem Muster der inneren Nusshälften eine unverhoffte Anmut finden. Keine der Nüsse zeigt exakt das gleiche Muster, doch immer ist es apart. Deshalb werden die geöffneten, quer durchgesägten Nüsse auch gern als Schmuckstücke verwendet.

Sind die Nüsse endlich geöffnet, halten sie ihr kostbares Fruchtfleisch noch fest. Der Kern ist schwer aus dem Gehäuse zu lösen. Mit Werkzeugen wie Pinzetten, Schraubenziehern oder Stricknadeln kann das Nussfleisch herausgelöst werden. Die kleine, wahrlich schwer erarbeitete Menge Schwarznussfleisch belohnt Sie für Ihre Mühe: Es schmeckt cremig, sehr nussig, butterig und zergeht auf der Zunge. Schwarznüsse sollen die köstlichsten aller Nüsse sein. Sie gelten zurzeit als Superfood.

Alle Teile der Schwarznuss besitzen heilende Kräfte. Die zerquetschten Kerne werden zu einer Creme verarbeitet, die bei Hautreizungen und kleineren Wunden aufgetragen wird. Der Tinktur aus der Nuss, der Schale und den Außenhüllen spricht man ebenfalls heilende Kräfte zu. Sie soll krebsvorbeugend wirken. In der Volksheilkunde der Ursprungsländer der Schwarznuss verwendet man eine allein aus der Fruchtschale hergestellte Tinktur gegen Parasiten, Pilze und verschiedene Krankheitserreger sowie zur Blutreinigung. Äußerlich lässt die Tinktur Schwellungen und Schmerzen abklingen.

Neben der medizinischen Verwendung eignen sich die wertvollen Nüsse für die Zubereitung von Tees, Backwaren, Kuchen, Brownies, Keksen, für Müslimischungen oder einfach so zum Knabbern. Traditionell werden in Nordamerika Kuchen und Torten daraus hergestellt. Eine begehrte Köstlichkeit der US-amerikanischen Küche ist die »Black Walnut Ice Cream«.

Nachdem Sie einmal Schwarznüsse geknackt haben, werden Sie ohne Anstrengung und mit einem Gefühl von überheblicher Leichtigkeit mit dem guten alten Nussknacker Ihre Walnüsse öffnen. Beide Fruchtbäume, die Euro-

Ökologie

Schwarznussbäume dienen als Unterlage zum Veredeln von Walnussbäumen. Nüsse bieten Nahrung für verschiedene Nager wie Eichhörnchen sowie für Wildschweine. Eichelhäher und Raben sollen die Nüsse ebenfalls knacken können. Steht jedoch ein Haselnussstrauch in der Nähe, bevorzugen die Tiere diese leichter zu öffnenden Nüsse.

Klimabaum

Guter Stadt- und Parkbaum, als Straßenbaum aufgrund der Größe nur bei ausreichend verfügbarem Raum einsetzbar, für breite Mittelstreifen in Einzelstellung, da Lichtbaumart. Hitzeverträglich, stadtklimafest, schnellwüchsig, sturmsicher, kann windanfällige Baumarten (Flachwurzler) absichern, frosthart bis minus 40 Grad, in der Jugend Frostschutz nötig. Baum verträgt keine Bodenverdichtung, keine Staunässe und keinen Seitendruck, erträgt jedoch temporär höheren Grundwasserstand. Auch als Forstbaum und Landschaftsgehölz geeignet, wenig verbissgefährdet. Nüsse benötigen zum Ausreifen heiße Sommer. Wertvoller Waldbaum, auch geeignet für Agroforst. In der Forstwirtschaft werden Hybriden aus Walnuss und Schwarznuss gepflanzt, da sie über eine höhere Bodentoleranz verfügen. Hierbei steht der Holzertrag, nicht die Nussernte im Vordergrund.

päische Walnuss und die Nordamerikanische Schwarznuss, sind eng miteinander verwandt und gehören zur Familie der Walnussgewächse. (Mehr über den Europäischen Walnussbaum erfahren Sie in meinem Buch *Blätter von Bäumen.*)

Nüsse tragende Bäume und Sträucher waren bei der indigenen Bevölkerung Nordamerikas ebenso wie in Europa als Nahrungsquelle sehr geschätzt. Der »essbare Wald« versorgte die Menschen mit Nüssen, Früchten, Pilzen – Nahrung auch in kargen Zeiten. Haselnüsse, Eicheln, Bucheckern wurden gesammelt, der Standort von wilden Nussbäumen und -sträuchern oft von Generation zu Generation als überlebenswichtiges Wissen weitergegeben.

Mit den essbaren Wäldern, dem Agroforst, wird an diese ursprünglichen Ökosysteme angeknüpft. Auch in vielen Städten entstehen gerade essbare Waldgärten, in denen auch Schwarznüsse, an den richtigen Standorten gepflanzt, gedeihen. Das Prinzip der essbaren, teilweise urbanen Wälder inspiriert immer mehr Menschen. Die zunehmende Trockenheit macht es in manchen Gegenden nahezu unmöglich, Gemüse ohne viel Bewässerung anzubauen. Bäume mit einer Krone, die noch genügend Licht auf den Boden fallen lässt, eignen sich dann als Schattenspender und halten den Boden für den Anbau von Kräutern, Blumen oder Gemüse feucht. Ideal für den essbaren Wald sind Bäume, die selbst Nüsse oder Früchte tragen. Wie das Zusammenwirken der Präriehühner mit den Schwarznussbäumen im vorkolumbischen Cahokia-Wald achtet man bei den heutigen Pflanzungen darauf, Gewächse zur gegenseitigen Unterstützung zusammen zu setzen, um so auf den Einsatz von Pestiziden und Herbiziden verzichten zu können.

Allerdings eignet sich die Schwarznuss für solche Vorhaben nur bedingt. Sie kann Nachbarbäume und Sträucher, besonders Obstbäume, mit einer vorwiegend in den Wurzeln enthaltenen Substanz, dem Juglon, vergiften. Sie schont dabei nicht einmal ihre eigenen Nachkommen. Dieser Radius der Gefährdung um den Schwarznussbaum reichte bei dem stattlichen Exemplar, an dem ich es ausmaß, etwa vier Meter. Ab da wuchsen unbeirrt Stechpalme, Eibe, Kirschlorbeer und eine Fichte. Juglon besitzt eine toxische Wirkung für Fische und Pilze, ist für Menschen jedoch nicht giftig.

Im Handel sind von der grünen Außenhülle befreite und getrocknete Schwarznüsse erhältlich. Sie stammen meist aus ungarischer Wildsammlung und werden als Futternüsse für Hyazinth-Ara-Papageien angeboten.

JOE'S VEGANER SCHWARZNUSSKUCHEN

400 g Äpfel
120 g Zucker
150 g Rosinen
100 g Schwarznusskerne, ganz oder gehackt
(ca. 770 g Nüsse mit Schale)
300 g Dinkelmehl
2 TL Backpulver
1 EL Kakao
1 TL Zimt
1 Prise Salz
1 Messerspitze Nelkenpulver

Die Äpfel fein reiben, mit dem Zucker vermengen und zugedeckt über Nacht ziehen lassen. Am nächsten Tag alle anderen Zutaten dazugeben, durchkneten und in eine Kastenbackform füllen.
Im Ofen bei 170 Grad 60 Minuten backen.

TULPEN BAUM

BESUCH MICH MAL

Besitzen Sie einen geräumigen Garten? Möchten Sie dort einen Baum pflanzen, der Ihnen das ganze Jahr über Freude bereitet? Der so schön ist, dass Sie jedes Mal, wenn Sie sich unter ihn setzen, eine feierliche Stimmung ergreift, der hoch und majestätisch wächst, ohne aufdringlich zu wirken? Dann pflanzen Sie einen Tulpenbaum!

Natürlich können Sie den Tulpenbaum auch in einem Park oder Arboretum besuchen. Schauen Sie sich um, gehen Sie auf eine Entdeckungsreise in Ihrer Stadt, im Park. In manchen Gegenden kann man Tulpenbäume sogar im Wald entdecken. Die Chance, diese Bäume zu finden, wird größer, denn sie gehören zu den neuen Klimabäumen, die vermehrt bei uns gepflanzt werden. Falls Sie diesem Baum in der Stadt begegnen, schenken Sie sich etwas Zeit, halten Sie inne, bestaunen Sie ihn, auch wenn Sie gerade in Eile sind. Und wenn Sie etwas mehr Muße haben, lassen Sie sich zu einem Picknick unter seinen Zweigen nieder, blicken Sie nach oben und bewundern Sie die Blätter mit ihrer extravaganten Form.

Ich kann mich nicht entscheiden, was mir am Tulpenbaum am meisten gefällt. Sind es seine bezaubernden Blüten, die wie von einem märchenhaften Glanz umgeben sind? Sind es seine großen tulpenartigen Blütenkelche, die einzeln an den Zweigenden stehen, wie mit Aquarellfarben gemalt, cremegelb, orange-grünlich-weiß? Die Mitte der Blüte zieren orangerote Bänder. Die zunächst wie Becher geformten Blütenkelche öffnen sich später glockenförmig, verströmen einen zarten, pudrigen Aprikosenduft und hüllen alle, die unter dem Baum verweilen, in eine angenehme Duftwolke. Der prachtvolle Baum lässt sich allerdings Zeit und zeigt seine Blüten erst ab einem Alter von etwa zwanzig Jahren. Carl von Linné, der dem Baum seinen Gattungs-

Tulpenbaum
Liriodendron tulipifera
Familie der Magnoliengewächse, Magnoliaceae

Verbreitung und Standort
Heimat: Östliches Nordamerika, nördliches Florida, Appalachen bis zu den Großen Seen. Ursprünglich in Tälern und Flussauen sowie Wäldern, selten in Reinbestand, eher in Gesellschaft mit Hemlocktanne, Eiche, Kiefer, Robinie, Schwarznuss. Lichtbaumart, liebt Sonne bis Halbschatten, windgeschützte Lagen, feuchter, frischer, durchlässiger, lockerer Boden, periodisch überschwemmte Auenböden, sickerfeuchte Hänge, meidet stagnierende Nässe, braucht nährstoffreiche, tiefgründige Böden, auch trockene Standorte, benötigt viel Platz zum Wurzeln.

Arten
Unter anderem *Liriodendron chinense,* Chinesischer Tulpenbaum, und *Spathodea campanulata,* Afrikanischer Tulpenbaum, eine Tulpenmagnolie.

Beschreibung

Hoher, schnellwachsender Laubbaum, im natürlichen Verbreitungsgebiet bis 60 m, in Europa meist zwischen 25 und 40 m hoch, schlanker, gerader Stamm, kegelförmige Krone, bis 25 m breit, oft sehr gerader, turmartiger Wuchs, gelegentlich mit weit ausladenden Seitenästen, tief reichendes Wurzelsystem, Herzwurzler, Wurzeln gehen nicht über den Traufbereich (Durchmesser der Baumkrone auf den Boden projiziert) hinaus. Kann bis 300 Jahre alt werden.

Blätter | Sommergrüne, wechselständige Blätter, symmetrisch, fast rechteckig, vier- bis sechslappig, bis 15 cm lang, vier Zipfel am Blattende, Blattränder glatt, im Herbst leuchtend goldgelb.

Blüten | Mai bis Juni, tulpenähnliche Form, groß, becherförmig, einhäusig, zwittrig, schwefelgelb, gelbgrün bis gelborange; zart, pudrig, fruchtig duftend.

Früchte | Aufrechte, spindelartige, gelbbraune Zapfen in Büscheln angeordnet, geflügelte Samen, die ab August reifen und im Herbst abfallen.

namen *Liriodendron* verlieh, erinnerten die Blüten wohl an Lilien, denn *leirion* bedeutet im Griechischen »Lilie« und *dendron* »Baum«. Die voll geöffneten Blüten des Tulpenbaums ähneln eigentlich eher Teichrosen. Ich habe eine der Blüten gepflückt und in eine Glasschale mit Wasser gelegt. So hatte ich einen kleinen Seerosenteich zu Hause, und die Blüte hat mich erstaunlich lange erfreut, bevor sie langsam verwelkt ist.

Die Blüten sind nicht nur eine Augenweide, sondern auch eine Bienenweide: Sie enthalten reichlich Nektar, den sie ihren vielen Besuchern – Bienen, Hummeln, Schmetterlingen, Käfern – großzügig anbieten. Später im Jahr reifen aus den Blüten die Früchte heran, aufrechte, gelbbraune, spindelartige Zapfen.

Rinde | In jungen Jahren glatt, hellgrau bis braun, bei älteren Bäumen braun, gefurcht.

Holz | Wertvoll, wird auch als Kanarienholz oder Gelb-Pappel-Holz bezeichnet, weich, leicht, lässt sich gut trocknen und bearbeiten, gerade Fasern. Gehobelt mit seidigem Glanz, für Sperrholz, Furnier, Innenausbau, Drechselarbeiten, Kisten, Papier, Zellstoff, als Hackschnitzel und Dämmmaterial zur Isolierung und Dämmung gegen Kälte und Hitze. Verwendung in den USA in Möbelindustrie, Bauschreinerei und zum Instrumentenbau (Piano und Kirchenorgel).

Vorsicht
Alle Teile des Baumes sind bei Verzehr für den Menschen und für Haustiere giftig.

Ökologie
Bedeutende Bienenfutterpflanze und willkommene Frühsommertracht. Auch für andere bestäubende Insekten wie Wildbienen, Hummeln, Käfer, Schmetterlinge eine Nahrungsquelle. Samen liefern Futter für verschiedene Wildtiere.

Auch die Blätter des Tulpenbaumes bezaubern mit ihrer Schönheit. Sie sind einfach extravagant. Das ungewöhnlich geformte, im Umriss fast rechteckige Blatt besitzt vier charakteristische Zipfel am Blattende. Es ähnelt in seiner Form einer stilisierten Tulpe.

Seine vollendete Schönheit entfaltet das Laub des Tulpenbaums im Herbst. Dann erstrahlt es golden und leuchtet mit der Septembersonne um die Wette. Zu dieser Zeit, wenn der Tulpenbaum sich mit »Blattgold« schmückt, könnte man sich unter ihm zu einem besonderen Anlass verabreden: einem Konzert, einer Lesung oder einem Rendezvous mit einem geliebten Menschen.

Die ursprüngliche Heimat des Tulpenbaums ist das östliche Nordamerika. Dort gehört er zu den größten Laubforstbäumen, kann bis sechzig Meter hoch werden und ein Alter von siebenhundert Jahren erreichen. Er gedeiht in der hügeligen Landschaft entlang von Flussläufen und in Mischwäldern. In Kentucky, Indiana und Tennessee ist der Tulpenbaum sogar der offizielle Staatsbaum. Er gedeiht in den frostfreien Wintern Floridas und widersteht ebenso den strengen Frösten in Neuengland.

Auch auf unserem Kontinent ist der Tulpenbaum ein alter Bekannter. Vor langer Zeit, während der Kreide- und Tertiärzeit, waren Tulpenbäume in Europa beheimatet und zierten das Land mit ihren Blüten und dem Gold ihres Herbstlaubs – ein »Indian Summer« im Tertiär. Die letzte Eiszeit hat die Tulpenbäume in Europa aussterben lassen. Wie fossile Funde belegen, gehören die Tulpenbäume als Magnoliengewächse zu den stammesgeschichtlich ältesten Blütenpflanzen, die es schon vor etwa hundert Millionen Jahren gegeben hat. Ihre lange Geschichte ist durch Fossilien zahlreich dokumentiert.

Nun ist der Tulpenbaum zurückgekehrt, wir haben ihn wieder nach Europa zurückgeholt. Mitte des 17. Jahrhunderts wurde er aus der Neuen Welt nach England eingeführt – man nimmt an von John Tradescant, einem berühmten englischen Gärtner und Botaniker. Etwa fünfzig Jahre nach seiner Ankunft in England gelangte der Tulpenbaum dann auf das europäische Festland. Und heute, in Zeiten des Klimawandels, kommt ihm eine neue und hilfreiche Rolle als schöner Klimabaum zu. Er soll die einheimische Artenvielfalt des Baumbestandes bereichern und Lücken füllen, und er fügt sich in die einheimische europäische Baumwelt gut ein.

Auch auf anderen Kontinenten ist der Tulpenbaum zuhause: Die in China beheimatete Art *Liriodendron chinense* ist in Mitteleuropa winterhart und besitzt eine noch schärfer ausgeschnittene Blattform als der nordamerikanische Tulpenbaum. Aus Afrika stammt eine nicht winterharte Art, *Spathodea campanulata,* mit sehr attraktiven orangefarbenen Blüten.

Obwohl der Tulpenbaum in vielen Belangen nahezu perfekt zu sein scheint, gibt es einen Wermutstropfen: Er ist für den Menschen giftig. Nicht nur seine Blätter und Blüten, sondern besonders seine Rinde und das Holz enthalten das Alkaloid Glaucin, das in größeren Mengen eingenommen Erbrechen und Blutdruckabfall bewirken kann. In Blättern und Früchten des Baumes sind Saponine und Glykoside enthalten, die beim Verzehr Blausäure freisetzen. Der frische Saft des Baumes aus dem Blatt oder der Blüte kann bei empfindlichen Menschen Hautreizungen verursachen. Auch für Haustiere können sämtliche Pflanzenteile bei Verzehr giftig wirken. So eignet sich der schöne Tulpenbaum nicht für eine Pflanzung beispielsweise bei Kindergärten, an Spielplätzen oder im Tierpark.

Trotz seiner Giftigkeit war der Tulpenbaum in Nordamerika, wo er auch Yellow Poplar, Gelbe Pappel, genannt wird, für die indigene Bevölkerung ein sehr geschätzter Baum mit heilkräftiger Wirkung. Sie wusste, wie die Pflanzenteile des Baumes zuzubereiten sind, sodass sie heilend wirken, ohne dass Vergiftungserscheinungen auftreten. Aus der Wurzel wurde ein Pulver als Heilmittel für das Kreislaufsystem hergestellt. Aus der Rinde braute man ein Mittel zur Herzstärkung und zur Behandlung von Wurmbefall. Tulpenbaumrinde galt als fiebersenkend und harntreibend. Wie Heinz J. Stammel in seinem Buch *Die Apotheke Manitous* beschreibt, bereiteten die Indianer aus den Blütenknospen eine Salbe, die zuverlässig bei Verbrennungen und Verbrühungen hilft. Diese Salbe »enthält jene Harzstoffe, mit denen die Knospen vollkommen keimfrei gehalten werden«.[50] Die Irokesen stellten aus der Wurzelrinde des Baums Zahnfüllungen her. Auch in der Heilkunde der europäischen Siedlerinnen und Siedler wurde die innere Rinde der Wurzel bis ins 18. Jahrhundert als Herzmittel verwendet. Sie hatten von den Heilkundigen der einheimischen Bevölkerung gelernt.

In Europa ist der Tulpenbaum als homöopathische Zubereitung aus der Rinde und den Blättern in Gebrauch, die zur Behandlung von Herzbeschwerden, Kopfschmerzen und Rheuma verwendet wird. Eine völlig ungiftige therapeutische Anwendung des Tulpenbaums bei Stressbeschwerden könnte lauten: Besuchen Sie einen blühenden Tulpenbaum, und legen Sie sich entspannt in seinen Schatten!

Klimabaum

Eignet sich als Straßenbaum, in Parkanlagen und für große Gärten, als Einzel- und Gruppengehölz, attraktiver Schattenspender. Aufgrund seiner ursprünglichen Heimat, Ostküste Nordamerikas und Kanadas, frosthart. Benötigt keinen Winterschutz. Schnell wachsend, erträgt zeitweise Überflutung, fügt sich gut in Mischbaumbestände beispielsweise mit Birke und Stileiche ein, sturmfest, neigt zu Windbruch, nicht sehr trockenheitstolerant. Empfindlich gegenüber Verbiss von Hasen, Mäusen, Wild und Weidetieren. Ästhetische Bereicherung in der Baumvielfalt der Stadt.

ZÜRGEL BAUM

EIN HANFGEWÄCHS AM STRASSENRAND

Wer möchte im Hochsommer in der Stadt nicht gerne im wohldosierten Halbschatten eines freundlichen Baumes verweilen oder verschnaufen? Dafür bietet sich ein Baum an, der mit einladender, aber unaufdringlicher Geste seine belaubten Äste ausbreitet und so einen erholsamen Rückzugsort schafft – von angenehmer mittlerer Lichtdurchlässigkeit, nicht zu hell und nicht zu dunkel. Einen solchen Unterschlupf für eine entspannende Pause findet man unter der schön und gleichmäßig rund geformten Krone eines Zürgelbaums. Dieser Baum gehört zur Familie der Hanfgewächse – ob er wohl deshalb weiß, wie man sich angenehm entspannt?

Der Südliche oder Europäische Zürgelbaum wird vermehrt als Klimabaum gepflanzt, denn er ist sehr anspruchslos und kann mit Trockenheit und Hitze gut umgehen. Bisher kam dieser Baum vorwiegend südlich der Alpen vor. In Südeuropa gehört er zu den wichtigsten Straßenbaum-Arten. Am häufigsten trifft man ihn in Italien an, wo er gerne in Parks und Gärten und als Schattenbaum in der Nähe von Häusern, vor Cafés oder Restaurants angepflanzt wird, da er – wie es dort heißt – Moskitos fernhält.

In Italien lernte ich den Zürgelbaum zum ersten Mal kennen. Ich saß mit Freunden am Tisch vor einer Bar in einem kleinen Dorf in der Toskana. Es war heiß, und wir genossen ein erfrischendes Getränk unter einem Baum, der einen angenehmen, ja fast heiter wirkenden Schatten spendete. Ich schaute der graugrünen Borke des Stammes entlang nach oben in das Laubdach und blickte in einen Himmel aus grünen, länglich geformten Blättern. Was ist das für ein Baum? Keiner meiner italienischen Freunde wusste es. Ein älterer Herr am Nachbartisch, ein Gärtner, wie sich herausstellte, meldete sich: »Das ist der *Bagolaro,* wir nennen ihn auch *spaccasassi,* den ›Steinbrecher‹, weil er so

Zürgelbaum, Europäischer
Zürgelbaum, Südlicher
Zürgelbaum, Nesselbaum
Celtis australis
Familie der Hanfgewächse, Cannabaceae

Verbreitung und Standort
Ursprüngliche Heimat: Südeuropa, Kaukasus, Türkei, Nordafrika, Teile des Himalajas, in Australien und Kalifornien eingebürgert. Ursprünglich in Steppen und Trockenwäldern, liebt sonnige, helle bis halbschattige, heiße Standorte, trockene, kalkreiche, auch sandige Böden in wärmebegünstigten Gebieten, verträgt keine Staunässe.

Arten
Der Gattung gehören etwa 100 Arten an. Sommergrüne Arten kommen in nördlichen gemäßigten Zonen vor, immergrüne in den Tropen. Die meisten Zürgelbaum-Arten gedeihen in Ostasien. Zwei Beispiele:
Celtis laevigata, Glattblättriger Zürgelbaum
Celtis sinensis, Chinesischer Zürgelbaum

Beschreibung
Mittelgroßer bis großer, stattlicher, 10 bis 25 m hoher, breiter Laubbaum mit gleichmäßig runder, breit ausladender, im Alter schirmförmiger, oft unregelmäßig geformter Krone, Tiefwurzler. Kann 200 bis 300 Jahre alt werden.

kräftige Wurzeln hat, dass er in den Fels eindringen und ihn sprengen kann.« »Respekt«, meinte ich, »das sieht man ihm gar nicht an.« Ich blickte wieder nach oben. Dieser Baum hatte nichts Brachialisches, Steinsprengendes an sich. Ich nahm mir vor, in Zukunft nach Zürgelbäumen Ausschau zu halten.

Von da an begegnete ich diesem schönen Baum in Italien immer wieder. Aber auch in Lissabon entdeckte ich ihn als häufig gepflanzten Straßenbaum, wo er im Sommer in den Häuserschluchten angenehmen Schatten spendet. Weiter nördlich, in Südtirol, kennt man den Zürgelbaum von einer ganz anderen Seite. Dort werden seine Früchte »Zürgeln« genannt und zu Süßspeisen, Backwaren und Likör verarbeitet. Aus Tirol stammt daher auch der deutsche Name Zürgelbaum. Die erbsengroßen, beerenartigen dunkelblauen Steinfrüchte schmecken dattelartig, sind von mehliger Konsistenz und sehr nahrhaft. Sie hängen mehrere Monate am Baum und stehen deshalb bis in den Winter hinein zur Verfügung. Sie liefern in der kalten Jahreszeit ein wertvolles Futter für Vögel und eignen sich auch gut zur Lagerung.

Die Früchte der in Amerika heimischen Zürgelbaum-Arten, besonders des Amerikanischen Zürgelbaums, *Celtis occidentalis,* und des Glattblättrigen

Blätter | Sommergrün, wechselständig, Brennnesselblättern ähnlich, scharf gezähnt, am Blattgrund dreinervig, oberseits dunkelgrün, unterseits graugrün und weich behaart, gestielt, fest, Blattstiel 5 bis 15 mm lang, flaumig behaart.

Blüten | März bis Mai, unscheinbar, eingeschlechtlich und überwiegend zwittrig, weibliche Blüten 3 mm groß, vorwiegend einzeln an behaarten Stielen in den Blattachseln, zart grüngelb bis blaugrün, fein behaart, kurz vor und während Laubaustrieb blühend, männliche Blüten in Büscheln.

Früchte | September bis Oktober, kugelige, erbsengroße Steinfrüchte, gestielt, zuerst rotorange, dann gereift dunkel purpurbraun, essbar.

Rinde | Stammborke graugrün, grau, glatt wie bei Buchen, reißt erst im höheren Alter schuppig auf.

Holz | Triester Holz genannt, hart, zäh, elastisch. Für Kunst, Drechslerarbeiten, Sportgeräte, Haushaltsgeräte, Angelruten, Wagenräder.

Zürgelbaums, *Celtis laevigata,* wurden dort von den Ureinwohnern als wertvolles Nahrungsmittel geschätzt. Die heute als »Hackberrys« oder »Sugarberrys« bekannten Zürgelbaumfrüchte wurden zerstampft und zu Brei gekocht oder mit Fleisch, Mais und Kräutern zu einem nahrhaften Powerfood, dem Pemmikan, verarbeitet. Aus den zerquetschten fettreichen Steinfrüchten, die mit Wasser angesetzt einige Stunden stehen gelassen und dann gekocht wurden, erhielt man eine gehaltvolle Baummilch, die noch heute als »hackberry milk« bekannt ist. Die Indigenen verarbeiteten Rinde, Blätter und Früchte des Baumes zu geschätzten Heilmitteln für viele Erkrankungen.

Die Verwendung des Zürgelbaumes als Speise ist jedoch viel älter. In der Öküzini-Höhle in der Türkei, nordwestlich von Antalya gelegen, wurden bei archäologischen Ausgrabungen an einstigen Feuerstellen verkohlte Reste von Zürgelbaumfrüchten gefunden.[51] Sie stammen aus einer vor etwa zwanzigtausend Jahren beginnenden Übergangszeit von der altsteinzeitlichen Jäger-und-Sammlerinnen-Kultur zu bäuerlichen jungsteinzeitlichen Siedlungen. Wahrscheinlich wurden damals die Zürgelbaumfrüchte am Feuer geröstet und gegessen.

Wenn Sie es sich im Frühjahr oder Frühsommer während der Blütezeit unter dem Zürgelbaum gemütlich machen, werden Sie dieses Refugium möglicherweise mit unzähligen Bienen teilen. Diese werden Sie jedoch nicht behelligen, denn sie sind viel zu beschäftigt damit, den Nektar aus den grünlichgelben Blüten zu sammeln. Die Bienen sind schließlich Hauptbestäuberinnen des Zürgelbaums. Sie besuchen die etwas unscheinbaren weiblichen und männlichen Blüten. Aus ihnen entwickeln sich während des Sommers die etwa erbsengroßen Steinfrüchte, die sich zum Herbst hin von Rot bis in ein schwarz-dunkles Purpur verfärben. Die Blätter des Baumes haben Ähnlichkeit mit jenen der Nessel. Besonders in England wird der Zürgelbaum deshalb auch Nesselbaum genannt.

Welche Art von Holz besitzt ein Baum, der sogar Fels aufbrechen kann? Man kann es sich schon denken: Das Holz des Zürgelbaums, auch Triester Holz genannt, ist hart und zäh, dabei gleichzeitig elastisch. Es findet Verwendung für Drechslerarbeiten und Sportgeräte, schwingt in Blasinstrumenten, dreht sich in Wagenrädern, ergibt solide Fußbodenbretter, widersteht als Ruder der Feuchtigkeit und wird in Bildhauerarbeiten zu Kunst. Fest und elastisch wie Eschenholz, eignet es sich sehr gut für Angelruten und schwingt als Peitschenstiel elastisch mit.

Nur einen kleinen Nachteil besitzt der famose Zürgelbaum: Er ist – besonders in der Jugend – frostempfindlich. Wenn Sie in einer wärmebegünstigten Region leben, haben Sie aber gute Chancen, den Zürgelbaum unter den Stadtbäumen oder im Park zu entdecken.

Ökologie
Nektar- und Pollenpflanze. Der in den Steinfrüchten enthaltene Samen dient als Nahrung für verschiedene Vogelarten, auch im Winter. Früchte meist durch Vögel verbreitet, auch über Wasserläufe. Bienenweide: Bestäubung vor allem durch Bienen. Durch das abgeworfene Laub bodenverbessernd und humusbildend.

Klimabaum
Stadttauglicher Klimabaum, für breite Straßen und Alleen geeignet, als Solitärbaum für Parks, große Gärten, Friedhöfe, Industriegebiete. Anspruchslos, gedeiht auf trockenen, sandigen Böden, auch in steinigen Böden, hitzetolerant, schnelles Wachstum, Schattenspender, mit schöner gelber Herbstfärbung. Gilt als Alternative zu kränkelnden Platanen und Ulmen. Gut geeignet zur Luftreinigung: filtert viel Staub aus der Luft. In den USA verbreiteter Forstwaldbaum, in Kanada Mischwaldbaum. In der Jugend etwas frostempfindlich, später frosthart bis minus 20 Grad. Langsam wachsend. Keine Krankheiten bekannt.

Zur kulinarischen Verarbeitung werden die dunklen Beeren im Herbst geerntet. Sie können frisch oder getrocknet verarbeitet werden.

ZÜRGELMILCH

Sie ist sehr schmackhaft, wie Hafermilch mit einer Pflaumen-Dattel-Note.

1 Tasse Zürgelbeeren
1–2 Tassen Wasser

Die Zutaten im Mixer etwa 10 Minuten pürieren, bis sich die Samen aufgelöst haben und eine cremige, weißlich braune Milch entstanden ist. Abseihen. Hält sich im Kühlschrank bis zu 3 Tage.

ZÜRGELMUS AUS TIROL

Zürgelbeeren
Wasser
Zucker
Zitrone

Die Zürgelbeeren abwiegen, in einem Topf mit Wasser übergießen und 3 Tage stehen lassen. Das halbe Gewicht der Zürgeln an Zucker sowie etwas klein geschnittene Zitrone hinzufügen und alles bei milder Hitze so lange kochen, bis die Hälfte des Wassers verdampft ist. Die Masse im Mixer pürieren, durch ein Sieb streichen und in Gläser füllen. Eignet sich zur Weiterverarbeitung in Süßspeisen, Backwaren, zu Pfannkuchen, in Gebäck.

WEITERE KLIMABÄUME

Neben den ausführlich beschriebenen Klimabäumen gibt es weitere Bäume, die aktuell erprobt, geprüft und gepflanzt werden. Hier eine Auswahl:

AHORN
Chinesischer Spitzahorn, *Acer truncatum*
Dreizahnahorn, *Acer buergerianum*
Eschenahorn, *Acer negundo*
Feldahorn, *Acer campestre*
Französischer Ahorn, *Acer monspessulanum*
Italienischer Ahorn, *Acer opalus*

APFEL
Wollapfel, Scharlachapfel, *Malus tschonoskii*

DOUGLASIE
Douglasie, *Pseudotsuga menziesii*

EICHE
Spanische Eiche, *Quercus x hispanica*, 'Wageningen'
Ungarische Eiche, *Quercus frainetteo*
Zerreiche, *Quercus cerris*

ERLE
Italienische Erle, *Alnus cordata*
Purpurerle, *Alnus x spaethii*

EUCOMMIA
Guttaperchbaum, Gummiulme, *Eucommia ulmoides*

HARTRIEGEL
Kornelkirsche, *Cornus mas*

KASTANIE
Esskastanie, *Castanea sativa*

KIEFER
Waldkiefer, *Pinus sylvestris*

LINDE
Amerikanische Linde, *Tilia americana* 'Redmond'
Amurlinde, *Tilia amurensis*
Silberlinde, *Tilia tomentosa* 'Brabant'

MAMMUTBAUM
Urwelt-Mammutbaum, *Metasequoia glyptostroboides*

MEHLBEERE
Breitblättrige Mehlbeere, *Sorbus latifolia* 'Henk Vink'

PAPAU
Indianerbanane, *Asimina triloba*

TROMPETENBAUM
Prächtiger Trompetenbaum, *Catalpa speciosa*

TUPELOBAUM
Schwarzer Tupelobaum, *Nyssa sylvatica*

ULME
Rebona-Ulme, *Ulmus* 'Rebona'
Lobel-Ulme, *Ulmus* 'Lobel'
Sibirische Ulme, *Ulmus pumila*

WACHOLDER
Virginianischer Wacholder, *Juniperus virginiana*

ZEDER
Atlaszeder, *Cedrus atlantica*
Libanonzeder, *Cedrus libani*
Weihrauchzeder, *Calocedrus decurrens*

DIE GESCHICHTE DER VERLORENEN WÄLDER

»Tief im Inneren, am molekularen Herzen des Lebens, sind die Bäume und wir essenziell identisch.«

– CARL SAGAN [52]

Im Netz der komplexen Ökosysteme der Erde, das Myriaden von Lebewesen miteinander verbindet, sind wir Menschen mit den Wäldern eng verflochten. Sie haben unsere Evolution und unsere Geschichte begleitet. Wir sind letztlich noch immer Waldmenschen, auch wenn wir jetzt vorwiegend in Städten zuhause sind. Ohne Eingriffe des Menschen in die Natur wäre der größte Teil Europas noch immer von Wäldern bedeckt, in Mitteleuropa wären es Buchen- oder Buchen-Eichen-Mischwälder. Dieser alte Wald lebt noch in Mythen und Märchen in unserer Seele fort und nährt unsere Sehnsucht nach Wildnis und Verbundenheit mit der Natur.

Lange bevor die Geschichte der Menschheit ihren Ursprung hatte, besiedelten Pflanzen den Planeten. Vor rund dreihundert Millionen Jahren entstanden die ersten Bäume. Davon profitieren wir heute. Die ursprünglichen Wälder von globaler Ausdehnung, die zur Zeit des Karbon und des Perm den Planeten mit riesenhaft großen Arten von Schachtelhalmen, Bärlapp und Farnen bedeckten, gediehen prächtig in dem damals feuchten und warmen Klima. Nach ihrem Absterben im Lauf von Jahrmillionen verdichteten sich ihre Abbauprodukte zu Kohle, die heute in den Schichten der Erde gelagert ist – vor Jahrmillionen von Bäumen eingesammelte Sonnenenergie. Jetzt befeuern wir damit unsere Zivilisation, verheizen die fossile Energie längst versunkener Wälder, setzen so ihr damals gebundenes Kohlendioxid in großen Mengen wieder frei. Das Verbrennen dieser Energieträger erzeugt die derzeitige Erhitzung der Erdatmosphäre durch die frei gewordenen Treibhausgase mit all ihren lebensbedrohlichen Auswirkungen.

Vor zweihundertsiebzig Millionen Jahren veränderte sich das Klima, es wurde trockener, das Baumkleid der Erde aus den urtümlichen ersten Baumarten verschwand und machte Platz für neue Bäume, die unseren heutigen Nadelbäumen ähnelten. Die Zeit der damaligen Nadelbäume währte zweihundert Millionen Jahre. In diesen Wäldern hätte man einen alten Bekannten getroffen, den wir heute als Klimabaum in die Städte holen: den Ginkgo. Er ist ein Fossil aus längst vergangenen Waldzeiten und gilt als Übergangsart zwischen Nadel- und Laubbaumarten. Die Laubbäume entwickelten sich vor rund einhundert Millionen Jahren und wurden zur vorherrschenden Waldform.

Vor 2,6 Millionen Jahren änderte sich die Situation: Das quartäre Eiszeitalter setzte mit extremen Klimaschwankungen und periodisch wiederkehrenden Eiszeiten ein. Es dauert bis heute an. Mächtige Gletscher schoben sich über den Kontinent, begruben das Leben unter den Eismassen, zogen sich in einer Warmzeit wieder zurück, um das Land für die Entstehung neuen Lebens freizugeben. Die ersten Vertreter der Gattung Homo erreichten vor etwa achthunderttausend Jahren von Afrika aus Europa. Sie erlebten den Wechsel von Warmzeiten und Eiszeiten – und unterschiedliche Klimata mit verschiedenen Bewaldungen.

In einer Warmphase zwischen zwei Eiszeiten führt uns die Geschichte der Wälder und Menschen Europas auf eine erste Spur: ein eiszeitliches Jagdlager vor rund dreihunderttausend Jahren. Wir beobachten Jägerinnen und Jäger, wie sie mit Steinklingen Holzstäbe bearbeiten. Sie stellen sich hölzerne Jagdwaffen her. Bei Ausgrabungen im Braunkohletagebau in Schöningen, im Landkreis Helmstedt im Norden Deutschlands, legte man unter etwa zehn Meter mächtigen Ablagerungen diesen sensationellen Fund frei: ein perfekt erhaltenes Jagdlager am Ufer eines Sees, wo Wildpferde erlegt wurden. Neben Steinwerkzeugen wurden auch neun hölzerne Wurfspeere und eine Stoßlanze aus der Zeit des Homo heidelbergensis gefunden. Sie gelten als die ältesten Holzwaffen der Menschheitsgeschichte.

Die altsteinzeitlichen Speere sind aus jungem Fichtenholz, einer aus Kiefernholz gefertigt und stehen in ihren ballistischen Eigenschaften dem heutigen modernen Wettkampfspeer nicht nach, sie zeugen von hohem technischem Können.[53] Die Auswahl des Holzes für die Speere ist klimatisch bedingt und zeigt, dass sich die Menschen schon damals mit dem Werkstoff Holz hervorragend auskannten. Die altsteinzeitlichen Menschen verfügten über hohe technologische Fertigkeiten. Die Fichtenholz-Speere sind wie Treibgut aus den Anfängen der Geschichte von Mensch und Baum.[54] Die Originalspeere können im Forschungsmuseum Schöningen bestaunt werden.

SPIELBALL DER TEMPERATUREN

Während der Eiszeiten waren Wälder und Menschen Spielball des kontinuierlichen Wechsels der Temperaturen. In Kaltzeiten war der eisfreie und vegetationsarme Streifen zwischen den Gletschern aus dem Norden und dem Süden mit seinen Dauerfrostböden von kälteerprobten Gehölzen bewachsen. Während der letzten Kaltzeit starben viele Baumarten aus oder suchten Zuflucht in wärmeren Refugien an den Ufern des Mittelmeers, wo sie jahrtausendelang ausharrten. Nicht alle Baumarten kehrten aus der Verbannung zurück.

Die letzte dieser Kaltzeiten, die jedes Mal von Neuem das Landschaftsbild grundlegend veränderten, begann vor hundertfünfzehntausend Jahren. Sie währte lange: achtzigtausend Jahre. Die robusten Neandertalerinnen und Neandertaler stellten sich erfolgreich den Herausforderungen. Die Vertreter unserer eigenen Art, Homo sapiens, die modernen Menschen, die vor etwa fünfzigtausend Jahren aus Afrika (Äthiopien) über den Nahen Osten (Fundstellen in Israel) nach Europa einwanderten, konnten sich an das Leben in den Eiszeittundren anpassen.

Der Wald – unsere ursprüngliche Heimat.

Bäume und Menschen haben in Europa bereits mehrere Kalt- und Warmzeiten miteinander verbracht, das Auf und Ab der Temperaturen überlebt und so gemeinsame Geschichte geschrieben. Vor etwa fünfzehntausend Jahren bewegte sich die Klimauhr erneut und zeigte eine bedeutende Zeitenwende an: einen großen Umschwung für Wälder und Menschen. Die (bisher) letzte Eiszeit, die Würm-Eiszeit endete, die Sonne gewann an Kraft, das Land und das Leben lösten sich aus der Starre der Kälte, ließen das Reich des Eises hinter sich. Das Erbe der Vergletscherung war eine kalte Tundra-Landschaft, bewachsen mit Heideflächen, Zwergweiden, Wacholder und Birken, bevölkert von der prähistorischen Megafauna wie Mammut, Wollnashorn und Moschusochsen. Vor neuntausendachthundert Jahren stiegen die Temperaturen global innerhalb weniger als einer Dekade um sieben Grad. Die größeren Bäume kehrten jetzt zaghaft und in unterschiedlicher Geschwindigkeit zurück, um die zunächst fast baumlose Tundra zu besiedeln. Es waren kälteerprobte, anspruchslose Baumpioniere wie Birken, Fichten und Kiefern, die sich mit den noch kargen Böden zufriedengaben. Analysen von in Mooren konservierten Pollen zeigen wie in einer Chronik diese wechselvolle Geschichte: Der Wald unterlag ständigem Wandel und wird es, wie die ganze natürliche Welt, immer tun. In unserer gemeinsamen Geschichte war es nun auch für die Menschen Zeit, die Tundren und später die mit Baumgruppen und lichten Wäldern bestandenen Landschaften neu zu erobern. Sie folgten der sich langsam wieder ausbreitenden Vegetation, die den zurückgekehrten Wildpferden, Mammuts, Wisenten und Rentieren Nahrung bot. Das Holz der zunächst wenigen Bäume war sehr wertvoll, es lieferte Material für Brennstoff, Werkzeuge, Waffen, schenkte Wärme, Schutz, Heilung und Kochmöglichkeiten. Das Feuer war soziales Zentrum der Clans. Holz bedeutete Überleben.

IN DEN RENTIERWÄLDERN

Vielleicht liegt dort, an den eiszeitlichen Feuerstellen, der Ursprung unserer besonderen Beziehung zu Bäumen. Es könnte sein, dass die Menschen der Altsteinzeit einzelne Bäume, wie sie es auch mit Steinformationen an besonders exponierten Orten taten, verehrten und sie zu bedeutenden Markierungspunkten auf ihren Wanderungen über den Kontinent gemacht haben – zu einem Platz, wo Ahnen verehrt wurden. So jedenfalls wird es noch heute bei indigenen Gruppen überall auf der Welt, wo es Bäume gibt, gelebt. Noch in unserer Zeit verehren indigene Völker wie die Sami, die Rentiernomaden in der europäischen Arktis, einzelne Bäume als Sitz der Ahnen, als Orte, an denen sich Menschen- und Geisterwelt geheimnisvoll miteinander verbinden. Diese Bäume sind für sie Tore zu einer anderen Bewusstseinsebene. Die Sami besuchen auf ihren Wanderungen mit den Rentierherden bestimmte heilige Bäume, die oft an markanten Steinformationen stehen, sprechen dort Gebete und lassen Opfergaben zurück. Solche Orte der Einkehr in der Natur, bei ihnen Sieidi genannt, gehören zu ihrer spirituellen Tradition. Die Sami leben noch heute in einer innigen Vertrautheit mit der Natur, so wie damals die Jäger und Sammlerinnen an der Fundstelle in Schöningen. Nur so können sie, ihrer Erfahrung nach, unter den extremen Bedingungen, die der Lebensraum im hohen Norden Europas an sie stellt, überleben. Die längste Zeit der Menschheitsgeschichte haben wir in Europa, wie heute noch die Sami, als Teil der Natur gelebt. Sie sind die letzte indigene Volksgruppe, die sich – trotz Verfolgung und Diskriminierung bis in die 1970er-Jahre hinein – in Europa erhalten hat. Sie bewahren ein altes Erbe indigenen Wissens vom achtsamen und wertschätzenden Umgang mit der Natur. Für sie sind die Natur und alle ihre Lebewesen beseelt und heilig.

Jetzt kämpfen die Sami gegen die in Nordschweden von großen Forstunternehmen durchgeführten Abholzungen der alten Naturwälder ihres Landes, die ungebremst die Weidegründe ihrer Rentierherden zerstören. Ein Großteil des Holzes landet, wie das »Robin Wood Magazin« (1/2022) berichtet, in der Papierproduktion. Die Sami und ihre Rentiere sind zu hundert Prozent von diesen Wäldern abhängig. Um auf ihre bedrohte Lebensweise aufmerksam zu machen, produzierten sie einen Film, der ihre Situation beschreibt: »The Muonio Story«.[55] In ihrem Kampf für die Rettung ihrer Wälder, ihrer Kultur und ihrer Rechte werden sie unter anderem von der Organisation Robin Wood unterstützt. Wie wichtig der Schutz der alten Wälder des borealen Waldgürtels für den ganzen Kontinent ist, wie sich die Sami gegen deren Abholzung stemmen und weitere inspirierende Geschichten zum Schutz der Wälder hat Judith D. Schwartz für ihr Buch *The Reindeer Chronicles* gesammelt.

VOM HASELNUSS-ZEITALTER

Verlassen wir die Rentiernomaden Europas und folgen wir weiter der wechselvollen Geschichte von Wäldern und Menschen in Europa. Diese wurde weiterhin von Klimaschwankungen diktiert. Es wurde wärmer, und es begann eine Zeit, die einem noch heute bekannten Strauch gewidmet ist, der Haselnuss. Die Haselnusszeit begann in unseren Breiten (Nordwesteuropa) mit dem Boreal vor etwa zehntausendsechshundert Jahren und endete vor etwa neuntausendzweihundert Jahren mit dem Ankommen von Eichen und Linden.

Der Haselnussstrauch kehrte aus seinem südlichen Refugium zurück und eroberte große Teile des Kontinents, die bis dahin anspruchslose Pioniere wie Birken, Kiefern, Espen und Weiden besiedelt hatten. Es wird vermutet, dass die aus den wärmeren Rückzugsgebieten zurückkehrenden Menschen die Haselnuss von dort mitbrachten, ihre Rückkehr unterstützten, sie auf ihren Wanderungen vielleicht durch Stecklinge pflanzten und so, wie Pollenanalysen zeigen, ihre schnelle Ausbreitung förderten; später haben sie die Haselnussbestände sogar bewirtschaftet.[56]

Das war wahrscheinlich das allererste Projekt in der Menschheitsgeschichte, das man zu den in unserer Zeit so geschätzten Agroforstpflanzungen rechnen könnte. Es wird heute als »Subsistenzstrategie der Mittelsteinzeit« angesehen, wie es Daniela Holst vom Institut für prähistorische Archäologie an der Universität Köln in ihrer gleichnamigen Arbeit beschreibt.[57] Das Klima bot dem Haselnussstrauch optimale Bedingungen – er toleriert Kälte wie Feuchtigkeit –, und so ergriff er seine Chance. Dabei half dem Strauch auch eine besonders enge symbiotische Verbindung seiner Wurzeln mit hilfreichen Pilzgeflechten. Deshalb eignet sich der Haselnussstrauch auch gut zur Trüffelzucht.

Einige wenige andere Baumarten, wie Ulme, Linde und Eiche, gesellten sich später zur Hasel. Je nach Region herrschte über Jahrhunderte, teilweise über Jahrtausende hinweg in nordeuropäischen Wäldern das »Haselzeitalter«. Wie Funde zeigen, haben die Menschen des Mesolithikums, der Mittelsteinzeit, die wohlschmeckende und reichlich vorhandene Nussnahrung geschätzt und als gut verfügbar mit in ihren Speiseplan aufgenommen. Haselnüsse bestehen immerhin zu sechzig Prozent aus Fett und zu je zwanzig Prozent aus Kohlenhydraten und Proteinen.[58] Einige Handvoll davon helfen, den Energiebedarf für den Tag zu decken. Der hohe Kalorienwert der Nüsse macht sie auch zu einer Leibspeise der Eichhörnchen und anderer Tiere, die den steinzeitlichen Jägern und Sammlerinnen während der Erntezeit der kostbaren Nüsse wahrscheinlich oft zuvorkamen. Das brachte sie auf eine schlaue Idee: Sie sammelten die Haselnüsse noch in grünem Zustand, bevor ihre Nahrungskonkurrenten zugegriffen hatten. An der Feuerstelle wurden die Nüsse in heißem Sand langsam geröstet und ergaben so eine fettreiche und bekömmliche Nahrung. Durch das Rösten werden die Nüsse schmackhafter und zudem für Monate haltbar. Sie waren für die Menschen der Mittelsteinzeit ein Geschenk der Natur. Drei Tage Arbeit mit Haselnussrösten soll einen Marschvorrat für einen Monat ergeben. Bei archäologischen Grabungen fand man an den Siedlungsplätzen massenweise verkohlte Haselnussschalen. Das leicht verfügbare und hochwertige Holz der Hasel, das nach dem Schneiden schnell wieder nachwächst, diente als Feuerholz. Es ist dicht und brennt heißer als Birken- oder Weidenholz.

Die vielen Mythen und Märchen um die Haselnuss, die sich weit zurückverfolgen lassen und teilweise heute noch bekannt sind, könnten hier ihren Ursprung haben. Dem Haselnussstrauch wiesen die Kelten sogar magische Kräfte zu. Davon erzählt das Grimmsche Märchen von Aschenputtel und die zur Weihnachtszeit so beliebte Verfilmung: »Drei Haselnüsse für Aschenbrödel« (mehr zur Haselnuss finden Sie in meinem Buch *Blätter von Bäumen*).

Haselnusssträucher werden heute in vielen verschiedenen Sorten und Arten für die Pflanzung in klimaresistenten Agroforstprojekten wie den essbaren Waldgärten sehr geschätzt.

Als es wärmer wurde, neue Baumarten einwanderten und die Haselnussbestände zurückdrängten, versiegte für die Menschen diese reichlich sprudelnde Nahrungsquelle, und sie waren gezwungen, sich andere Ressourcen zu erschließen.

WÄLDER: HEIMAT DER MENSCHEN

Verlassen wir die Haselnusszeit und folgen wir weiter dem wandelvollen Lauf des Klimas. Europa bewaldete sich zunehmend mit größeren Baumarten. Dichte Wälder dehnten sich aus, die Wasserläufe unterstützten ihre Ausbreitung. Die bisher weithin vorherrschenden Graslandschaften gaben ihr Verbreitungsgebiet an die Wälder ab. Großwildherden, die Lebensgrundlage der nomadisierenden Stämme, fanden so keinen geeigneten Lebensraum mehr und zogen nordwärts, den schmelzenden Gletschern und der Tundra nach. Die damaligen Menschen mussten sich entscheiden: Teilweise zog es sie nach Norden, den großen Tierherden nach. Andere blieben und passten sich dem neuen Waldleben an. Wie hätten Sie sich entschieden?

Die Bewaldung erforderte neue Jagdtechniken, Pfeil und Bogen ersetzten die Speerschleuder, der Fischfang gewann an Bedeutung. Die weit ausgedehnten Wälder Mitteleuropas mit ihren neuen großen Bäumen waren nun die Heimat der

Menschen, prägten ihr Leben, formten ihre Träume und Visionen. Die steigenden Temperaturen ließen vor siebentausenddreihundert bis dreitausendsiebenhundert Jahren weitere Bäume wie Eichen, Ulmen, Linden und Erlen und in den Gebirgsregionen Lärchen, Fichten und Kiefern zurückkehren.

Schließlich kamen, begünstigt durch eine weitere Klimaerwärmung, die letzten Bäume aus ihrer südlichen Zuflucht nach Mitteleuropa zurück, etwa Esche, Buche und Hainbuche. Die Linden zogen sich zurück, die Buchen-Eichen-Zeit begann. Ab 450 v. u. Z. herrscht Buchenzeit, die bis heute andauert.

SESSHAFT WERDEN

In der Jungsteinzeit, die in Mitteleuropa vor etwa fünftausendfünfhundert Jahren begann, wurden die Menschen, bedingt durch die damalige Erwärmung, sesshaft. Aus dieser Zeit stammen auch die ersten Getreidepollen im »Archiv« der uralten Moore. Die neolithische Revolution, der Übergang vom Nomadenleben zur Sesshaftigkeit, bescherte Menschen wie Bäumen große Veränderungen.

In der wechselvollen Geschichte, in der die Wälder die Menschen begleiten und versorgen, wendete sich nun das Blatt zu Ungunsten der Wälder – für sie eine bis heute andauernde Katastrophe. Seit dem Neolithikum schwinden die Wälder, auch die Gebirgswälder, beständig, die Wildnis wurde und wird zurückgedrängt, das Landschaftsbild veränderte sich grundlegend. Langsam setzte das Artensterben ein. Seit der Zeit dieser Agrarrevolution hin zu einer Lebensform, die noch heute unser Leben prägt, hat sich unsere Haltung gegenüber der Natur massiv gewandelt. Wir sind aus der engen Verbindung mit der Natur herausgetreten, sie wurde zur »Umwelt«, die wir für uns nutzbar machen.

Zivilisationen entstehen durch Rodungen, wie bereits Giambattista Vico, ein italienischer Geschichtsphilosoph, im 17. Jahrhundert feststellte: »Die Ordnung der menschlichen Dinge schritt so vorwärts: Zunächst gab es die Wälder, dann die Hütten, darauf die Dörfer, später die Städte und schließlich die Akademien«.[59] Für die Menschen hieß dieses Kapitel ihrer Geschichte: von der Natur zur Zivilisation, verbunden mit viel Arbeit in Ackerbau und Viehzucht. Für die Wälder bedeutete es den Beginn ihres Niedergangs. Die Wildnis schrumpft seither beständig. Dass der Umzug aus der freien Natur in die Hütten der ersten Siedlungen und später in die Städte für die Menschen nicht nur ein Vorteil war,

Baumpersönlichkeit »Eiche«.

erzählt James C. Scott in seinem Buch *Die Mühlen der Zivilisation. Eine Tiefengeschichte der frühesten Staaten.*[60] Die Möglichkeit, große Getreidevorräte anzulegen, ließ Reichtum entstehen; eine Aufspaltung der Gesellschaft in Arm und Reich war die Folge. Später führte die Bevorratung mit großen Getreidemengen zuerst im Mittleren Osten zur Überschussproduktion und zur Entstehung der ersten Stadtstaaten. Dieser Entwicklungsschritt ließ die Bevölkerung schnell anwachsen und brachte auch Sklaverei und Kriege mit sich. Das enge Zusammenleben der Menschen, meist unter einem Dach mit den Nutztieren, erhöhte die Gefahr ansteckender Krankheiten und ließ die ersten großen Seuchen aufkommen.

Es wurde viel Holz gebraucht: zum Bau der Hütten, für Ställe, Häuser und für viele verschiedene Gebrauchsgegenstände, außerdem zum Heizen und Kochen. Das Töpfern, eine Kunst, die im Kielwasser der Jungsteinzeit vom Mittleren Osten nach Zentraleuropa gelangte, forderte ebenfalls viel Brennholz. Der Anbau von Getreide und Feldfrüchten verlangte zudem großflächige Kahlschläge. Schweine, Rinder, Ziegen und Schafe wurden zum Weiden in den Wald getrieben, das Laub für die Ställe als Einstreu und zur Fütterung als Laubheu dem Wald entnommen. Es begann die Schneitelwirtschaft[61]: Die Bäume wurden immer wieder stark zurückgeschnitten. Äste und Blätter dienten als Viehfutter, die dicken Äste als Brennmaterial zum Kochen und Backen. Diese Praxis des wiederholten Beschneidens der Bäume über Jahrhunderte hinweg hinterließ große Schäden am Wald und dezimierte unter anderem die Ulmen bis fast zu ihrem Aussterben. Der Wald wurde maßlos dezimiert.

Mit Beginn der Metallzeit, die in Mitteleuropa etwa 3000 v. u. Z. mit der Kupferverarbeitung begann und tausend Jahre später in die Bronzezeit überging, stieg der Holzbedarf nochmals enorm, da die Metallverarbeitung Holzkohle zur Hitzeerzeugung benötigt. Ganze Wälder verschwanden dafür. Die Verhüttung von Eisenerz zur Eisenherstellung ab etwa 800 v. u. Z. forderte weitere riesige Holzmengen. Das Eisen erlaubte nun auch die Herstellung von Äxten, mit denen Bäume besonders gut gefällt werden konnten. Die Menschen wandelten die Wälder, in denen damals die Buchen dominierten, immer mehr nach ihren Bedürfnissen in landwirtschaftliche Flächen um.

BAUM-PERSÖNLICHKEITEN

Im letzten Jahrtausend vor unserer Zeit, als die Germanen ab 200 v. u. Z. in die bisher von den Kelten besiedelten Gebiete einwanderten, standen noch viele mächtige Eichen in den Wäldern, Relikte der ursprünglichen Eichenwälder, die allmählich durch Buchen und Tannen verdrängt wurden. Es waren ehrfurchtgebietende, himmelwärts aufragende Baumpersönlichkeiten, die von den Menschen verehrt und als Sitz ihrer wichtigsten Gottheiten angesehen wurden.

Für die Römer, die ab etwa 100 v. u. Z. in das Land der germanischen und keltischen Stämme eindrangen und es eroberten, waren die Wälder »schreckliche Urwälder, zwischen denen sich schreckliche Sümpfe dehnen«. So schrieb es Tacitus, der römische Historiker, der im 1. Jahrhundert nach der Zeitenwende lebte. Er selbst hatte die germanischen Wälder allerdings nie gesehen und stützte seine Beschreibungen auf Erzählungen und Berichte anderer. Die Römer hatten zu Hause im Mittelmeergebiet, insbesondere für ihren Flottenbau, schon große Kahlschläge der Wälder vorgenommen und riesige öde, entwaldete Gebiete hinterlassen. Diese regenerierten sich nicht zu ihrer einstigen Größe, denn die klimatischen Bedingungen ließen keine Wälder in der Art der ursprünglichen mehr entstehen. Zudem verhinderte die Beweidung durch Ziegen- und Schafherden das Aufkommen höherer Bäume und Sträucher. Die einst riesigen mediterranen Wälder aus verschiedenen Eichenarten und anderen Baumarten waren verloren. Die Mittelmeerregion mit ihren Inseln hat den Preis der Entwaldung für den Aufstieg der antiken und späteren Zivilisationen bezahlen müssen. Eine sorgsame Wiederaufforstung, wie sie dort heute in verschiedenen Regionen versucht wird, benötigt viel Zeit und Engagement, bis sich die Ökosysteme nachhaltig wiederaufbauen. Es braucht einen tragenden Humusaufbau und Wasserretentionskonzepte.

Trotz der Abholzung der Wälder verehrten alle antiken Kulturen bestimmte heilige Bäume und sprachen sie Göttinnen und Göttern zu. Je nach Baumart wurden in ihnen Baumnymphen, die in der griechischen Mythologie Baumdryaden genannt wurden und die seelischen Kräfte der Bäume verkörpern, verehrt.

Eine Bereicherung der Baumwelt brachte die Besetzung der Länder nördlich der Alpen durch die Römer zumindest mit sich: Bäume, die einst vor der Eiszeit hier heimisch waren, wie Apfel, Walnuss, Pflaume oder Esskastanie, brachten die Römer wieder zurück.

WEITERE GROSSE RODUNGEN

Das Mittelalter zeichnete sich durch weitere großflächige Rodungen aus. In zwei Abholzungsphasen (500 bis 800 und 1100 bis 1300) wurden die Wälder verheerend dezimiert. Fast der ganze Wald verschwand. Besonders die mächtigen Buchenwälder fielen, denn ihr Holz wurde zur begehrten Holzkohle verarbeitet. Auch die Herstellung von Pottasche, die zur Glasherstellung benötigt wird, sowie die Gerberei, die Eichen- und Buchenrinde sowie Holz braucht, forderten große Anteile der Wälder. Für die Herstellung von Pfeilbögen wurde die Eibe in Europa nahezu ausgerottet.

Die Schiffe der großen Handelsflotten, die die Kontinente in Übersee ansteuerten, verschlangen ebenfalls enorme Holzmengen. Die Menschen dezimierten die Wälder ohne Rücksicht. Die ursprüngliche Verehrung der Natur und die damit verbundene Schonung der Wälder war Vergangenheit. Die Kirche hatte viel dazu beigetragen, verbot bei Todesstrafe, heilige Bäume aufzusuchen, und unterdrückte brutal die ursprünglich tief empfundene, heilige Verbindung zwischen Mensch und Natur.

Ab dem 17. Jahrhundert waren die Wälder so dezimiert, dass Holzknappheit herrschte. Nie zuvor hatte sich der Wald in solch einem erbärmlichen Zustand befunden. Im 18. Jahrhundert kam zum ersten Mal das Konzept einer »nachhaltigen« Forstwirtschaft auf. Es sollte dem Wald nur so viel entnommen werden, wie man wieder aufforsten konnte. Hier liegen die Ursprünge unseres heutigen mitteleuropäischen Waldes, einem angelegten Wirtschaftswald.

Zu dieser Zeit gab es schon keine wirklich wilden Wälder mehr. Ein Wald, der sich wie zuvor aus riesigen Baumpersönlichkeiten und Bäumen jeden Alters zusammensetzte, war unbekannt. Nur Märchen erzählten noch davon. Ein kompletter Wald, der sich selbst überlassen ist, existiert seit damals in Mitteleuropa nicht mehr. Bis heute nicht. Erst im 19. Jahrhundert kam das Bewusstsein für einen Waldschutz auf. Viele Menschen, die im industriellen Zeitalter oft fern der Natur in Städten lebten, entdeckten die Kostbarkeit der Wälder, sehnten sich nach Natur. Erste Naturschutzzonen entstanden. Dennoch ging die fortwährende Rodung bis heute weiter. Die letzten großen Wälder der Erde, wie die

Regenwälder im Amazonas, in Borneo, in Indonesien oder die borealen Wälder der nördlichen Hemisphäre, sind von nicht zu unterschätzender Bedeutung für das gesamte Ökosystem des Planeten. Leider hindert uns das nicht daran, ihre Zerstörung fortzusetzen. Sie werden weiterhin großflächig abgeholzt. Ab 1945 setzte eine weltweite Rodung der tropischen Wälder ein, um Platz zu machen für ausgedehnte Palmölplantagen. Die Auslöschung riesiger Waldgebiete in den Tropen hält bis heute an.

Obwohl zurzeit viele Aufforstungsprojekte rund um den Erdball initiiert und durchgeführt werden, überwiegt die Fläche der Rodungen noch immer jene der Aufforstungen. Die industrielle Landwirtschaft trägt derzeit viel zur weiteren Zerstörung der Natur bei.

Die einstigen Urwälder Europas sind verschwunden, die Geschichte von den verlorenen Wäldern erzählt davon. Nun befinden wir – Wälder und Menschen – uns wieder am Beginn eines großen Wandels, der wie immer mit einer Klimaveränderung einhergeht. Die derzeitige Klimakrise bedroht unseren gemeinsamen Lebensraum. Diesmal ist der Klimawandel menschengemacht und könnte sogar in das sechste Massensterben auf unserem Planeten münden.[62]

Wie könnte die Geschichte der verlorenen Wälder der Erde doch noch gut ausgehen? Welche Geschichten können wir erzählen, um den Wald vor uns zu retten? Lassen Sie mich einige versuchen.

EIN WALD FÜR DIE SEELE

»Bäume sind Heiligtümer. Wer mit ihnen zu sprechen, wer ihnen zuzuhören weiß, der erfährt die Wahrheit. Sie predigen nicht Lehren und Rezepte, sie predigen, um das Einzelne unbekümmert, das Urgesetz des Lebens.«

– HERMANN HESSE [63]

Am Rand des kleinen Parks mitten in der Stadt steht ein großer Baum. Seine ausgebreiteten Äste spenden lichten Schatten, seine würdevolle Ausstrahlung ist schon von Weitem erkennbar. Nähert man sich dem Baum, ist sein starkes Kraftfeld zu spüren. Unter der Krone und im weiteren Umkreis sitzen, locker auf der Wiese verteilt, Menschen. Manche scheinen zu meditieren, andere sitzen still und betrachten die Landschaft. Jemand hat sich an den Baumstamm gelehnt. Weiter außen im Kreis haben einige Yogamatten ausgebreitet und geben sich ihren Übungen hin. Alle sind still, entspannt und in sich gekehrt. Eine wohltuende, kontemplative Ruhe umgibt sie.

Ein Baumheilplatz lädt zum Verweilen ein.

Auch Sie nähern sich dem Baum, tauchen in seine Stille ein, packen eine kleine Sitzunterlage und Ihre Wasserflasche aus und lassen sich nieder. Der Baum hat Sie in seine ruhige und verlässliche Präsenz aufgenommen. In einer Sprache, die älter ist als Worte, lädt Sie der Baum ein zu verweilen. Sie haben die Hektik der Großstadt, die nur ein paar Gehminuten entfernt liegt, hinter sich gelassen. Sie unterbrechen die Zeit, die Sie für Besorgungen in der Stadt eingeplant hatten, um innezuhalten, durchzuatmen, sich zu regenerieren. Sie werden dabei unterstützt von diesem Baum und der Atmosphäre, die aus der meditativen Absicht und Stille der Menschen in seinem Umkreis entsteht.

Dieser Baum gehört zu einer Reihe von Baumheilplätzen (*tree spirit places*) der Stadt, sie werden von besonders dafür ausgewählten Bäumen inspiriert und bieten die Möglichkeit zum seelischen Entspannen. Im virtuellen Stadtplan sind diese Bäume mit einem Symbol gekennzeichnet: ein kleiner Baum mit einem Heiligenschein über der Krone. Diese Baumheilplätze werden von verschiedenen Yogazentren der Stadt kostenlos betreut, wie eine Informationstafel am Baum bekannt gibt. Nach einiger Zeit verlassen Sie gestärkt diesen angenehmen Ort und begeben sich wieder in die Innenstadt.

Einige der Klimabäume, die ich in diesem Buch porträtiert habe, wie die Japanische Zelkove, der Perlschnurbaum und der Ginkgo, sind in ihrer ursprünglichen Heimat in Asien als heilige Bäume bekannt. Sie werden als Tempelbäume, Pagodenbäume, lebendige Schreine oder heilige Stätten verehrt, gepflegt und von vielen Menschen aufgesucht. Manche stehen in der Stadt, andere etwas abseits, oft an Klöstern und Schreinen. Heilige Bäume sind nicht nur in Asien, sondern überall auf der Welt Teil der spirituellen Tradition und der menschlichen Kulturgeschichte.

Was aber bedeutet es, wenn einem Baum der Status »heilig« zugeordnet ist? Vermögen wir Menschen der Moderne wie unsere Vorfahrinnen und Vorfahren Bäumen mit Respekt und Dankbarkeit, mit einem religiösen Empfinden zu begegnen? Erfahren wir noch Trost von Bäumen? Und hat dieser für uns noch eine Bedeutung, wie Günther Eich in seinem Gedicht »Ende eines Sommers« schreibt: »Wer möchte leben ohne den Trost der Bäume?«[64]

Selbst mitten in der belebten Stadt verbreiten diese heiligen Bäume in Asien in einem oft begrenzten Umfeld eine Aura des Heiligen, strahlen Würde und Erhabenheit aus. Sie sind Inseln in einer hektischen Welt. Bei näherer Betrachtung offenbaren sie noch etwas anderes Bemerkenswertes: Sie stehen außerhalb dekorativer, funktionaler oder kommerzieller Konzepte und Stadtplanungen. Ihre Gaben sind Geschenke. Es sind spirituelle Orte in einer Welt, in der fast alles auf kommerzielle Werte reduziert wurde. Das allein schon macht sie zu etwas Besonderem. Sie sind Boten aus einer Welt, von der sich die meisten innerlich entfernt haben. Sie erinnern uns daran, dass unserer modernen Lebensweise etwas Wesentliches abhandengekommen ist. Es scheint, als hüteten diese heiligen Bäume Teile einer alten, gereiften Weisheit, die in unserer heutigen Kultur des angesammelten Wissens fast verloren gegangen ist. Manche dieser Bäume – teils über tausend Jahre alt – sind wie Meisterinnen und Hüter der Zeit und teilweise so groß, dass wir uns neben ihnen ganz klein vorkommen. Mit diesen besonderen Bäumen haben die Menschen vor langer Zeit Fäden der Freundschaft und Verbindung gewoben.

Die Bäume, die in ihrer Heimat als heilig gelten und nun als Klimabäume in unseren Städten angekommen sind, erinnern uns daran, dass einst auch in unserer Kultur seelische Bande zwischen Baum und Mensch bestanden haben und gelebt wurden. Vielleicht können wir an diese Tradition anknüpfen. Das Wissen aus dem Reich der heiligen Bäume geht zurück bis zu den Ursprüngen unserer evolutionären lebendigen Verbundenheit mit der Natur. Wir sind im Innersten mit einer wohlwollenden Vertrautheit mit der Natur ausgestattet, die jedoch im Laufe unserer Kulturgeschichte mehr und mehr verschüttet wurde.

Diese Verbundenheit und Freude an der Natur können Kinder unvoreingenommen leben. Viele von uns erinnern sich an Bäume der Kindheit, an besondere Begebenheiten mit ihnen – meist glückliche. Wir wollten hinaufklettern, in Baumhäusern schlafen, Äpfel ernten und herunterwerfen, Vögel beobachten, durchs Laub rascheln, Kastanien aufsammeln. Kindliche Freude und Abenteuerlust haben uns mit Bäumen verbunden. Sie sind die Grundlage des Erfolges der vielen Waldkindergärten, wo Spielen und Lernen in der Natur besonders Spaß machen. Mit diesen teilweise noch lebendigen Erinnerungen einer frühen Verbindung zu Bäumen und Wäldern, mit Staunen und unvoreingenommener Neugier können wir uns auf den Weg machen, unsere Verbindung zu den geheimnisvollen heiligen Bäumen (wieder) zu entdecken.

EINE LANGZEITBEZIEHUNG MIT BÄUMEN

Meist begegnen wir dabei Bäumen in Einzelstellung. Als »Solisten« können sie ihre Form, ihren Charakter und ihre Persönlichkeit gut zur Entfaltung bringen und zeugen augenfällig sichtbar von einem Jahrhunderte währenden Baumleben. Als Solitärbäume außerhalb der Waldgemeinschaft verfügen sie über genügend Raum, um die typischen Eigenschaften ihrer Art voll und ganz auszubilden. Sie

sind dem Wetter, Stürmen, Regen oder Hagel, ausgesetzt, ohne den Schutz anderer sie umgebender Bäume. Nur die widerstandsfähigsten können so überleben. Von Elementen und Zeit geformt, verleihen sie sonst leer erscheinenden Kulturlandschaften und gesichtslosen Stadtteilen Charakter. Solche Bäume können das ganze Leben eines Menschen, der sich mit ihnen verbindet und sie wahrnimmt, begleiten. Zwischen Mensch und Baum entsteht eine starke psychische Verbindung, eine Langzeitbeziehung.

Dies ist auch mit Stadtbäumen möglich, wie mir viele Gespräche mit Menschen, die in der Stadt leben, zeigten. Ich fragte sie, ob es in der Nähe ihrer Wohnung, im nächsten Park, am Weg zur Arbeitsstätte einen Baum gäbe, der ihre Aufmerksamkeit anzieht, der ihnen etwas bedeutet und mit dem sie eine Geschichte verbindet. Und sehr viele berichteten mir dann davon.

Die Weisheit, die diese Bäume ausstrahlen, ist in einer langen Zeitspanne herangewachsen, sie entwickelte sich aus den über Jahrhunderte andauernden Herausforderungen des Standorts und in Verbindung mit den kosmischen Kräften. Bäume wie natürlich auch Wälder besitzen eine unmittelbare Wirkung auf die menschliche Psyche und tragen zum Wohlbefinden bei. Eine uralte Erfahrung, die in unserer Zeit durch viele wissenschaftliche Studien belegt wird. Wir können sie selbst erleben, wenn wir uns den Bäumen nähern.

Wann haben Sie das letzte Mal einen Baum berührt?

Wann haben Sie sich von einem Baum berühren lassen?

PILGERREISE ZU BAUMPERSÖNLICHKEITEN

Selbst in einer »Steinwüste« gedeihen Bäume und spenden Schatten.

Zu den in diesem Buch beschriebenen Klimabäumen können wir eine virtuelle oder gedankliche Pilgerreise unternehmen. Reisen wir zunächst (mit Videos, die wir im Internet finden, mit Fotos oder Texten) nach Japan, wo bei zahlreichen buddhistischen Tempeln und an Shinto-Schreinen beeindruckende, heilige Bäume stehen. Statten wir zunächst der tausendjährigen japanischen Zelkove, die am Noma-Schrein in der Nähe von Osaka steht, einen Besuch ab. Sie ist eine imposante Baummatriarchin, die viel erzählen könnte und ihre Weisheit freiwillig und großzügig teilt. Sie wird seit Generationen verehrt und aufgesucht. Der dortige Schrein ist einer ursprünglichen Landschaftsgottheit gewidmet.[65] Allein schon der Aufenthalt in ihrer Nähe, so heißt es dort, reinigt den Geist und sorgt für innere Harmonie. Um in den Zustand zu gleiten, in dem es keine Grenzen zwischen Mensch, Natur und spiritueller Welt gibt, braucht es eine aufgeschlossene Unvoreingenommenheit. Heilige Bäume, dort *shinboku* genannt, besitzen die Fähigkeit, Menschen in diesen meditativen Zustand zu geleiten.

Auch die evolutionsgeschichtlich uralten Ginkgobäume gehören in Japan zu den heiligen Bäumen. Es sind oft riesige Exemplare.[66] Am Tempel von Housenbou, nahe der Abwurfstelle der Atombombe auf die Stadt Hiroshima 1945, steht der Ginkgo, der aus den Baumüberresten neu austrieb. Er ist nicht wie viele andere berühmte Ginkgobäume in Japan Jahrhunderte alt, sondern ein relativ junger Baum, der durch seine Bedeutung, die ihm die Menschen seit 1945 zuweisen, und durch seine ungeheure Geschichte verehrungswürdig ist. Der Baum steht für Hoffnung und das Weiterbestehen des Lebens, auch unter den extremsten Bedingungen, er zeigt, dass Bäume unsere Vorstellungen und Wünsche symbolisch darstellen und in ihrem Wachstum und ihrer Form verankern können.

In vielen Ländern Asiens, wie in Indien, Thailand, Sri Lanka und Myanmar, ist die Tradition, Bäume als heilig anzusehen, noch im Alltag der Menschen gegenwärtig. In diesen Ländern suchte ich auf meinen Reisen viele dieser schönen Baumheiligtümer auf. Die besondere Ausstrahlung dieser Bäume war stets intensiv zu spüren. Fast in jedem Dorf, in jeder Stadt, an Klöstern und Tempeln bilden sie einen Ort gelebter Spiritualität. Jedes Mal, wenn ich einen dieser Bäume wieder verließ, blieb ein Teil von mir in Gedanken dort.

Im Himalajagebiet lebt die Tradition der heiligen Bäume ebenfalls. Ich bin dort großen, manchmal windzerzausten Bäumen begegnet, die nicht nur an Klöstern, sondern auch an besonderen Wegkreuzungen und auf Passübergängen stehen. Oft wehen bunte Gebetsfahnen an ihren Ästen im Wind. Diesen Bäumen sind besondere Schutzgottheiten zugeordnet, an welche die Menschen ihre Wünsche richten. Ich erlebte, wie Taxifahrer in Bhutan dort kurz anhielten, um ein Gebet zu sprechen oder eine kleine Opfergabe zu hinterlassen.

Besonders beeindruckt haben mich die heiligen Bäume in Indien. Sie sind in eine jahrtausendealte religiöse Tradition eingebunden und werden schon in den Veden gepriesen, der ältesten Sammlung hinduistischer religiöser Texte. Sie gehörten schon zum Erbe der viel älteren Indus-Kulturen (bis 3000 v. u. Z.). Die Unesco hat die vedischen Texte in die Sammlung der Meisterwerke des immateriellen und mündlichen Erbes der Menschheit aufgenommen. In den Veden werden die Bäume an vielen Stellen angesprochen: als Symbol für ein spirituelles

Leben und für den geistigen Weg, den wir Menschen gehen können. Es heißt, sie vermitteln Vertrauen, da sie von hilfreicher göttlicher Energie umgeben sind. Sich in der Nähe von Bäumen, insbesondere den heiligen Bäumen, aufzuhalten, kann innere Stärke und Gelassenheit entstehen lassen.

HEILIGE FEIGENBÄUME

Auf einer meiner Baumpilgerreisen besuchte ich vor einigen Jahren den wahrscheinlich berühmtesten der heiligen Bäume Indiens, den Bodhibaum (*Ficus religiosa*), der mit dem Leben des historischen Buddhas verbunden ist. Er wird auch Pipalbaum genannt und in Indien, aber auch in Sri Lanka, Myanmar, Nepal und Darjeeling von Hindus wie von Buddhisten hoch verehrt. Er gehört zur Gattung *Ficus* und ist ein schnell wachsender Laubbaum mit markanten rundlichen Blättern, die in einem Fortsatz spitz zulaufen. Aus seinem Holz wurden in vedischen Zeiten, so erzählen die Mythen, die Schalen angefertigt, aus denen die Götter den heiligen Somatrank der Unsterblichkeit einnahmen. Das heilige Feuer des Lebens soll mit seinem Holz entfacht worden sein. Die Seele dieses Baumes, so heißt es, ist ein Avatar, eine Inkarnation des Göttlichen.

Vor mehr als zweitausendsechshundert Jahren besuchte Prinz Siddhartha, des luxuriösen Lebens am Hof seines Vaters überdrüssig, auf seiner Suche nach Weisheit und Wahrheit das uralte Baumheiligtum in Bodh Gaya im heutigen Bihar in Indien. Unter einem Baum erlangte er das Wissen der höchsten und unbedingten Wahrheit, die Erleuchtung. Er berührte mit seiner Hand die Erde, die Wurzeln des Baumes, damit sie Zeuge von seinem Erleben sein sollten. Nun war aus Siddhartha Buddha geworden, der Erleuchtete. Der Pipalbaum, die Pappelfeige, der ihn auf diesem geistigen Weg unterstützte, wurde zum Bodhibaum, zum Symbol für die Ausgeglichenheit des Geistes und die Möglichkeit, diesen spirituellen Weg zu beschreiten. Die Veden wie auch Buddha nennen Bäume als besonders geeignet für Meditation und Kontemplation.

Das Leben des historischen Buddhas (560–480 v. u. Z.) ist eng mit heiligen Bäumen verknüpft.[67] Er fand nicht nur Erleuchtung unter dem Bodhibaum, sondern wurde auch unter einem Baum geboren, lehrte zum ersten Mal im heiligen Baumhain von Sarnath und verschied unter einem Baum. Bäume können ein menschliches Leben bedeutungsvoll begleiten und innere geistige Fähigkeiten wecken. Die heiligen Bäume Asiens sind meist bestimmten Gottheiten gewidmet, welche die dem Baum innewohnenden Kräfte repräsentieren. Bäume gelten dort sogar direkt als Lehrerinnen und Lehrer auf dem spirituellen Weg.

Der Baum, unter dem Buddha Erleuchtung erlangte, soll noch im 7. Jahrhundert in Bodh Gaya gestanden haben. Im 3. Jahrhundert sandte König Ashoka einen Ableger des Baumes an den König von Sri Lanka, der ihn dort einpflanzte. Dieser Baum steht noch immer und außer ihm viele andere heilige Bodhibäume, Ableger des ersten Baumes, der Sri Lanka erreichte.

Das Titelbild dieses Buches zeigt einen Feigenbaum, den chinesischen Banyan, auch Chinesische Feige genannt, *Ficus microcarpa.* Es ist ein Baum, der in Indien, Nepal, Burma und China auch als Schattenspender an Straßen, in Parks und in Gärten gepflanzt wird. In feuchtwarmen Regionen Nord-, Mittel- und Südamerikas ist er ein bekannter, robuster Straßenbaum.

In ganz Südostasien wird eine weitere Feigenart als heilig verehrt. Die Banyan-Feige, *Ficus benghalensis,* die bei uns auch als Zimmerpflanze bekannt ist, kann sich zu einem imposanten Baum entwickeln. Die Luftwurzeln des etwa zweihundertfünfzig Jahre alten eindrucksvollen Great Banyan Tree, der im Indian Botanical Garden nahe Kolkata steht, bilden zusammen einen so großen Raum und die Krone einen so weiten Baldachin, dass darunter zwanzigtausend Menschen Platz finden.[68]

Auch in der europäischen Kultur, besonders in der Antike, wurden Feigen, hier *Ficus carica,* als ganz besondere Bäume verehrt, man verband sie mit verschiedenen Gottheiten und Legenden. Auf unserem Kontinent standen Feigenbäume bei Heiligtümern, wie zum Beispiel auf Kreta, wo diese Bäume bis heute nahe bei Klöstern wachsen. Im antiken Griechenland waren die Feigenbäume dem Gott Dionysos und der Göttin Demeter geweiht. Sie stehen dort für Fruchtbarkeit, Fülle und Glück. Die Verehrung der Feige reicht aber noch viel weiter zurück. In den vorgriechischen Kulturen war der Feigenbaum der Muttergöttin geweiht und Symbol für die nie versiegende Fürsorge der Natur. Am Eingang zum Höhlenheiligtum Amnissos auf Kreta, ein Pilgerort und eine Kultstätte der bronzezeitlichen minoischen Göttin Eileithya, die später in der hellenistischen Kultur zu einer Tochter von Zeus gemacht wurde, wacht noch heute ein Feigenbaum. Diese Göttin stand für Fruchtbarkeit und galt als Beschützerin gebärender Frauen.

Ein Feigenbaum mit Ausstrahlung.

HEILENDE WÄLDER AUF REZEPT

Die kulturell verankerte Würdigung der Bäume entwickelte sich in Japan in neuester Zeit in Verbindung mit wissenschaftlichen Herangehensweisen zur Disziplin des Waldbadens, die auch in den westlichen Ländern großen Zuspruch gefunden hat. »Heilig« und »heilend« kommen sich hier nicht nur vom Wort her nahe. Seit Anfang der 1980er-Jahre existiert in Japan die offiziell anerkannte therapeutische Disziplin des Waldbadens, Shinrin Yoku, eine Methode der Prävention und Behandlung von Krankheiten. Dieses Baden in der Atmosphäre des Waldes möchte den Wald mit allen Sinnen erlebbar machen und unterstützt eine tiefe Begegnung mit seinen heilsamen Kräften. Die erweiterte Wahrnehmung ermöglicht ein intensives und heilendes Naturerlebnis. Der Atem wird dabei vertieft und verlangsamt, der Herzschlag reguliert. Körper wie Seele werden regeneriert.

Seit 2012 wird in Japan die »Forest Medicine« als universitärer und klinischer Forschungszweig angeboten, der die Heilkräfte des Waldes wissenschaftlich untersucht. Dabei hat sich gezeigt, dass die Terpene, Duftstoffe des Waldes, eine starke Wirkung auf unser Immunsystem und auf verschiedene Organe besitzen. Der Wald kann zum Beispiel heilend und unterstützend bei Schlafstörungen, depressiver Stimmung und Angstgefühlen wirken. Die in der Abwehr von Krankheiten benötigten Killerzellen, lymphatische Zellen unseres unspezifischen Immunsystems, nehmen bereits nach einem Tag im Wald um vierzig Prozent zu. Auch krebshemmende Stoffe werden aktiviert, der Spiegel des Stresshormons Cortisol senkt sich schon nach einem Spaziergang im Wald. Das Herz wird gestärkt, der Pulsschlag stabilisiert sich.

Allein die wunderbare Vielfalt der Grüntöne des Waldes hat einen positiven Einfluss auf unsere Gesundheit. Studien zeigten, dass sich Patienten, die im Krankenhaus durch ein Fenster ins Blätterwerk von Bäumen blicken, um zehn Prozent schneller erholen als jene, die auf Mauerwerk schauen.

Baum und Mensch – eine heilende Verbindung.

Waldbaden, das sich diese gesundheitsfördernden Effekte zunutze macht, gewinnt auch außerhalb Japans mehr und mehr Interesse und wird im deutschsprachigen Raum in Form von Waldgängen, Seminaren und Ausbildungsmöglichkeiten angeboten. Einige Gemeinden und Städte verfügen bereits über Waldbadepfade, andere planen einen kommunalen Erholungswald mit Waldbadepfaden und Orten der Ruhe, dazu Heilungsbäume in den Stadtparks. Die Deutsche Akademie für Waldbaden und Gesundheit bietet Waldbaden-Lehrgänge sowie Ausbildungen an. [69]

Die einstigen heiligen Haine Europas, die von Kelten und Germanen angelegt wurden und vor über zweitausend Jahren Raum für eine heilige und heilende Verbindung mit den übernatürlichen Kräften der Natur boten, kehren in verschiedenen Formen zurück, zum Beispiel eben als »Wälder der Seele« oder als »Erholungswälder«.

Auch ohne wissenschaftliche Studien spüren wir instinktiv, dass der Wald uns guttut. Wir fühlen uns wohl, wenn wir ihn achtsam betreten, in seine heilende Atmosphäre eintauchen. Wir atmen tief, die Waldluft erfrischt und stärkt uns. Der Wald bietet belebende Sinneswahrnehmungen, die auch unsere Psyche erreichen. Das »Parfüm« des Waldes, seine ätherischen Öle, die den Bäumen, Pflanzen und dem Boden entströmen, nehmen wir beim Einatmen auf. Die flüchtigen Duftstoffe gelangen in unsere Nase und treten dort mit den Duftrezeptoren der Riechzellen unserer Riechschleimhaut im oberen Teil der Nasenhöhle in Kontakt. Die chemischen Reize werden in elektrische Reize umgewandelt und ins Gehirn geleitet. So stehen die Duftstoffe, in diesem Fall die der Bäume, in direktem Kontakt mit unserem Nervensystem. Sie werden zum limbischen System tief im Gehirn geleitet, das für Emotionen, Erinnern und Lernen zuständig ist. Dort liegen auch Steuerungszentren für Körperfunktionen, die wir kaum aktiv beeinflussen können, wie Herzschlag, Verdauung, Körpertemperatur und so weiter. Der Wald kann mit seinen Düften tief in unser Leben hineinwirken und Wohlbefinden schaffen. Wir nehmen ihn quasi in unseren Körper auf. Der Wald als Lebens- und Heilraum bietet eine faszinierend große Diversität an Sinneseindrücken aus Farben, Düften, Formen, Bewegungen, die jedoch alle ganzheitlich auf uns wirken. In Japan wird aufgrund dieser Heilwirkung die »Waldmedizin«, der achtsame und heilsame Aufenthalt im Wald, therapeutisch geschätzt und medizinisch verordnet.

Wie die bereits genannten Veden berichten, unterstützt der Wald und die Nähe eines Baumes auch die Wirkung von Meditation, Atemübungen und Yoga. Es bietet sich an, dort eine Yogamatte auszubreiten und sich bei den Übungen von den Bäumen und ihrem heilsamen Feld begleiten und unterstützen zu lassen. Die Wald-Yoga-Expertin Andrea Wichterich beschreibt in ihren Büchern die Praxis des Yoga im Wald oder unter einem Baum als besonders tief wirksam. Dabei tragen auch die Wahrnehmung der Jahreszeiten, die Düfte der Natur, die

Stimmen der Vögel, das angenehme Federn des Waldbodens zur sinnlichen Bereicherung bei. [70]

Weitere Heilmethoden wie Qigong oder Tai-Chi, chinesische Meditations-, Konzentrations- und Bewegungsformen, werden durch die Präsenz von Bäumen unterstützt. Hangab, eine Methode, die Rücken und Wirbelsäule entspannt, wird direkt an Bäumen praktiziert. [71]

VOGELMEDIZIN

Einen Teil der Heilkraft der Wälder tragen die Tiere dieses Lebensraumes bei. Besonders der Gesang der Vögel belebt den Erholungsraum Wald. Wissenschaftliche Studien haben gezeigt, dass sich Vogelgesang stabilisierend auf unsere Psyche auswirkt. Nicht nur ihr Gesang fasziniert uns, sondern es ist auch ihre Leichtigkeit, die Fähigkeit zu fliegen, ihre Ungebundenheit, die uns instinktiv berühren und heiter stimmen. Ihre Nähe erfüllt uns bewusst oder unbewusst mit Freude. Ihr Gesang erreicht uns, berührt unsere Gefühle. Große Städte besitzen heute teilweise eine größere Vielfalt an Vögeln als das umliegende Land. Auch in den Metropolen ist ein Zusammenleben mit wilden Tieren und speziell mit Vögeln möglich. Vögel sind im Wald wie in der Stadt allgegenwärtig, sie begleiten uns ständig. Es eröffnet sich eine neue lebendige Welt, wenn wir unsere Aufmerksamkeit auf die Vögel richten. Jede Baumart steht mit den Vögeln in einer besonderen Beziehung, mit ihren Samen und Früchten stellen sie Nahrung zur Verfügung, bieten Raum für Schutz und Brut.

Entdecken Sie die Stadtbäume einmal in Verbindung mit ihren singenden Gefährten. Zur Bestimmung der Arten, von Bäumen wie Vögeln, bei einem Stadtspaziergang stehen viele Bestimmungs-Apps für das Handy zur Verfügung. Inzwischen gibt es in vielen Städten auch Gruppen, die sich zur Vogelbeobachtung treffen. Dieses »Urban Birding« erfreut sich zunehmender Beliebtheit. Die Aufmerksamkeit, die wir den Vögeln und den Bäumen dabei geben, schenkt uns eine heilsame Begegnung mit dem Lebendigen.

BAUMWEISHEIT EUROPAS

Bäume nehmen in vielen Kosmologien der Völker einen zentralen Platz ein. Auch unsere vorchristlichen Ahnen verehrten die Bäume, der Wald war eng mit ihrer kulturellen Identität verknüpft. Um dem Heiligen, den übernatürlichen Kräften zu begegnen, konnten sie sich keinen passenderen Ort vorstellen als den Wald oder einzelne Bäume. In ihrer Vorstellung war ein Baum wie eine Welt im Kleinen, symbolisierte einen ganzen Kosmos. Die nordische Mythologie erzählt von der Weltenesche Yggdrasil, in deren Krone, Stamm und Wurzeln neun verschiedene Welten beheimatet sind, ähnlich den Bewusstseinsebenen des menschlichen Lebens. Wir Menschen leben in der mittleren Ebene, in Mittelerde, ein Begriff, den J. R. R. Tolkien aufgriff, als er seinen erfolgreichen Roman *Herr der Ringe* schuf.

Die Tradition der Verehrung der heiligen Bäume reicht jedoch viel weiter zurück ins alte Europa und hat ihre Wurzeln vermutlich bereits in der Altsteinzeit. In der monumentalen megalithischen Tempelanlage Mnajdra auf Malta, die während der Endphase der Jungsteinzeit (3800 bis 2500 v.u.Z.) aus tonnenschweren Kalksteinquadern errichtet wurde, stieß ich auf das uralte Symbol des Lebensbaums, das dort auf eine faszinierende Weise ins Licht gestellt wurde: Zur Zeit eines exakt vorherberechneten Sonnenstands dringt an einem bestimmten Tag ein Lichtstrahl durch eine kleine Öffnung in der riesigen steinernen Außenmauer, gleitet an verschiedenen Altären vorbei, um am Ende seines Weges durch den heiligen Bezirk im Zentrum auf das Relief eines Lebensbaumes zu treffen, das in den steinernen Altar gemeißelt ist.

Der Lebensbaum ist das uralte und universelle Symbol für Integration und Wachstum, für das Leben selbst. Dies verbirgt sich auch hinter der Verehrung der Bäume. Die Abbildung des Lebensbaumes erschien mir in diesem Tempel wie ein Urbild unserer Seele, ein Archetypus, ein universelles Bild, das in unsere Seele eingeschrieben und allen Menschen zugänglich ist. Eine Neubelebung unserer alten Verbindung zu Bäumen kann auf dieses in unserer Seele verborgene, wirksame Symbol einen Lichtstrahl senden und uns so wieder mit dem Lebensbaum und der Urkraft des Lebens verbinden.

Die Bäume und ihre magische Kraft, die Wälder als Hüter einer spirituellen Verbundenheit, waren auch Jahrtausende nach der Steinzeitepoche auf Malta ein Thema der Menschen und ihrer sakralen Bauten. Die Innenräume der hoch aufstrebenden gotischen Kathedralen beispielsweise greifen das Motiv der hallenartigen Räume auf, die alte Buchenwälder bilden. Ein heiliger Hain aus Stein, der den Zauber des Waldes auf seine eigene Weise erlebbar macht.

HEILIGE HAINE

Unsere keltischen Ahninnen und Ahnen waren mit der Tradition der heiligen Haine tief verbunden. In der Waldeinsamkeit konnten sie sich von der Natur und ihren übernatürlichen Kräften berühren, inspirieren und heilen lassen. Die heiligen Haine waren meist bestimmten Gottheiten geweiht, die die Energien dieses Platzes symbolisierten und bündelten. Gehütet wurden diese heiligen Plätze oft von Priesterinnen. Es wurden dafür besondere Waldstücke ausgewählt und mit Hecken aus Weißdorn oder Schlehdorn eingefasst. Diese Naturstätten durften nicht durch Fällungen entweiht werden, die Natur blieb unberührt und bestimmte selbst über Wachsen und Gedeihen. Die Haine waren so die ersten Naturschutzgebiete der Menschheit. Oft sprudelte dort eine Quelle, deren Wasser als heilkräftig galt, oder der Platz wurde von einer besonderen Stein- oder Felsformation oder einer Höhle geprägt. Den Mittelpunkt des heiligen Waldes bildete oft ein großer alter Baum, bei Kelten wie Germanen vorzugsweise eine Eiche. Die heiligen Haine waren die Waldkathedralen der Menschen jener Zeit, hier fühlten sie sich dem Heiligen nahe. Diese Orte, Schutzgebiete für den Wald wie für die menschliche Seele, ließen die Natur heilend auf die Menschen einwirken und nicht die Menschen auf die Natur. Sie suchten diese Plätze auf, um mit dem Heiligen in Kontakt zu treten, Kraft zu tanken, Segen zu erbitten, Antworten für eine wichtige Entscheidung zu finden, sich mit den Ahnen zu verbinden, Sorgen loszuwerden oder um Heilung zu suchen.

In die Moderne übersetzt und entsprechend gestaltet, könnten heilige Haine auch in unserer hektischen Zeit Orte sein, wo wir zur Ruhe kommen, tief entspannen und Kraft schöpfen. Es reicht dazu schon ein kleines Waldstück, eine Baumgruppe in einem Park, an einem See oder Flussufer, die man zu einem heiligen Hain erklären kann. Ein Platz, den man mit Dankbarkeit und Achtsamkeit

betritt, um sich dort mit der Natur und mit sich selbst zu verbinden: sich an einen Baum setzen, den Vögeln lauschen, das Rascheln der Blätter im Wind und das feine Summen der Insekten wahrnehmen, sich der Schönheit der Bäume öffnen. Auch in industriell geprägten Landschaften gibt es kleine Naturoasen, die uns aufnehmen. Unsere innere Haltung macht aus ihnen heilige, heilende Haine.

Ich staunte nicht schlecht, als mir kürzlich bei einem meiner Seminare eine Teilnehmerin aus Estland berichtete, dass in ihrem Heimatland seit den 1980er-Jahren die Tradition der heiligen Haine neu belebt wird und viel Zuspruch findet. Das Land verfügt über mehr als achthundert dieser spirituellen Naturorte aus vorchristlicher Zeit, von denen viele jetzt geschützt sind und gern besucht werden. Es sind Orte für stille Einkehr, für Gebete, aber auch für Jahreskreisfeste, Kreistänze, zum gemeinsamen Singen und Picknicken. Diese Haine sind inzwischen zu bedeutsamen Orten im sozialen Leben der Gemeinden geworden. Es gibt sogar einen Film über diese neue Kultur in Estland; der 2013 von dem estnischen Filmemacher Rein Maran produzierte Film »Hiite Lummus« (»Der Charme heiliger Haine«) fängt in wunderschönen und ruhigen Bildern den Zauber ein, der diese Waldheiligtümer und Wälder für die Seele umgibt. [72]

Eine Verbundenheit mit der heimischen Natur zu pflegen und traditionelle Konzepte wie beschrieben wiederaufzunehmen, hat nichts mit patriotischer Ausgrenzung oder rechtsorientierter Gesinnung zu tun, sondern kann im Gegenteil Verständnis und Achtung zwischen Menschen verschiedener Herkunft fördern und entstehen lassen.

LINDEN – ORTE DER BEGEGNUNG

Die Traditionen Europas in Verbindung mit Bäumen könnten viele Bücher füllen. Einen Baum möchte ich aus der Fülle an Beispielen herausgreifen, da seine Tradition besonders mit dem menschlichen Leben verbunden war und sich in unserer Zeit fortsetzen könnte. Die Linde, der in der Eichen-Mischwaldzeit vorherrschende Baum, steht in der menschlichen Gunst weit oben. Sie ist von zauberhafter Schönheit, war bei den Germanen der Liebesgöttin Freya geweiht und bei ihnen ebenso wie über viele Jahrhunderte bis in unsere Zeit hinein ein Baum, der den Mittelpunkt des gesellschaftlichen Lebens bildete und zum sozialen Ge-

Linden begleiten unsere Wege.

webe der Gemeinschaft gehörte. Die Linde ist eng verbunden mit der europäischen Kultur. Sie gilt als Baum, der Mitgefühl und Fürsorge, Sinnlichkeit und Liebe repräsentiert.

Als Dorflinde im Zentrum von Dörfern und Städten war dieser Baum Treffpunkt und Versammlungsort sowie Schutz- und Familienbaum der Gemeinden.[73] Unter ihm wurde auch verbindlich Recht gesprochen. Sie war Treffpunkt für Feste. Besonders die Tanzlinden nahmen einen wichtigen Platz im Dorfleben ein und bildeten unter ihrem Blätterdach beliebte Tanzsäle im Grünen. Die Tanzfläche befand sich oft sogar erhöht auf einem Podest in der Krone des Baumes. Zur Zeit der lieblichen Lindenblüte fanden dort Tanzveranstaltungen statt. Der Duft wirkt, wie die Aromatherapie heute lehrt, sinnlich stimulierend, ausgleichend und antidepressiv. Er lindert Herzschmerz. Die Linden mit ihrem zarten Blattaustrieb, der duftenden Blütenpracht und den herzförmigen Blättern, die sich im Herbst sanft braun einfärben, lassen uns den Rhythmus der Jahreszeiten heilsam erleben. Den Tanzlinden ist sogar ein eigenes Museum gewidmet, das Deutsche Tanzlindenmuseum in Limmersdorf.

Linden waren in früheren Zeiten quasi Baum-Dating-Portale, Hotspots der Kommunikation und des entspannten Zusammenseins und könnten auch heute – eingebunden in kommunikationsfördernde Konzepte – helfen, die soziale Anonymität in der Stadt aufzuweichen. Die Dorflinden sind zum größten Teil verschwunden, sie wichen Bauten, Einkaufszentren, Straßen. Doch jede bestehende Linde bezeugt noch die ursprüngliche Verbundenheit zwischen Mensch und Baum und kann »reaktiviert« werden. Linden könnten den klimabezogenen Anforderungen, mehr Bäume in der Stadt zu pflanzen, entsprechen und zugleich als neue soziokulturelle Treffpunkte an eine alte Tradition anknüpfen.

Bäume, die angenehmen Schatten bieten, wunderbar duften, von Schönheit zeugen und gleichzeitig charaktervolle Persönlichkeiten darstellen wie die Linden, eignen sich ideal dafür, in die neue Stadtplanung aufgenommen zu werden. Die Klimabäume aus Asien können uns dazu inspirieren, eine alte einheimische Baumtradition wiederzubeleben und helfen, Oasen der Entspannung sowie des Zusammenseins im hektischen Stadtleben zu schaffen.

Einige Lindenarten haben sich als stadtklimafest erwiesen, wie die Silberlinde *Tilia tomentosa* aus Südosteuropa oder die mongolische Linde *Tilia mongolica* aus der Mongolei und Nordchina. Sie könnten, wie die anderen Klimabäume auch, zu Baumheilplätzen werden, und – auch wenn dies kühn klingt – einen Hauch vom Heiligen der Natur in die Städte bringen.

VERSPRECHEN AM BAUM

In der Stadt Kassel fallen Besuchern Bäume auf, die breite gelbe Bänder um den Stamm tragen mit der Aufschrift »Feld der Begegnung«. Diese Bäume sind Teil des gleichnamigen Projektes. An einigen dieser Bäume sitzen oder stehen manchmal Menschen und unterhalten sich. Interessierte aus der Stadt werden eingeladen, sich einen Stadtbaum für eine partnerschaftliche Verbindung auszuwählen. »Schaffe einen Ankerpunkt auf diesem Planeten – in Partnerschaft mit einem Baum –, um dir selbst, anderen und der Welt zu begegnen«, lautet die Einladung. In Partnerschaft mit einem Baum entsteht ein Ort der Begegnung, der Kraft und Inspiration gibt. Dieser Baumplatz soll zu einem Ort werden, an dem man darüber nachdenken kann, wie wir in der Welt leben wollen. Und er dient auch dazu, Entscheidungen zum weiteren Handeln zu treffen. An einem solchen Ort der Begegnung kann ein Versprechen dafür abgelegt werden. Das Projekt trägt zur Schaffung eines größeren vernetzten Feldes der Begegnung bei und kann in einem Dorf, einer Stadt, in einer Region sichtbare Zeichen des Willens schaffen, sich für den Erhalt des Lebens einzusetzen und die Zerstörung des Planeten nicht mehr zuzulassen. Die gelben Bänder an den Bäumen verbinden Menschen gleicher Gesinnung, die sich zu einem Aktionsfeld zusammenschließen können. Das Projekt wurde im Rahmen der University of Trees initiiert und wird in Kassel von UOT Microlab betreut. [74]

VON DER BESEELTEN WELT

Es würde sicher unsere Fantasie beleben und die entzauberten Städte bereichern, wenn charakteristische Bäume, deren Geschichte von einem Hauch der Magie umweht ist, an entsprechenden Plätzen gepflanzt würden, vielleicht als Teil eines »Märchenwaldes« in der Stadt. Die Kinder des Viertels oder der Straße könnten im Kindergarten den Bäumen, die sie besuchen, Namen geben. Es gäbe dann

Feenbäume, Zwergentürme oder Schmetterlingswelten. Und für die Erwachsenen vielleicht Tanzbäume, Bäume der Stille, Bäume der Diskussionen, Großmütterbäume, Weisheitsbäume, Philosophenbäume.

Nicht jeder Baum hat das Zeug zum heiligen Baum, besitzt die Fähigkeit, Menschen in eine kontemplative Stimmung zu versetzen, sie dazu zu bewegen, sich an seinen Stamm zu lehnen, sich unter ihn zu legen und der Entspannung hinzugeben, tief durchzuatmen, zu meditieren, gesund zu werden. Sie müssen sorgsam ausgewählt werden. Manche Bäume sind zu »ungestüm« oder können ihren Charakter, ihre Persönlichkeit nicht voll entfalten. Wenn es die örtlichen Gegebenheiten zulassen, können bereits vorhandene ältere Bäume die eher meditativeren Aufgaben übernehmen. Vielleicht ist zu beobachten, dass sich oft Menschen unter ihrem Blätterdach entspannen, gern dort verweilen, sich wohl- und mit dem Baum verbunden fühlen. Diese Bäume haben sich dann bereits als heilend und heilig erwiesen. Auch Neupflanzungen von geeigneten Baumarten, bei denen der Baum seiner Aufgabe zum Beispiel als Heilbaum zugewiesen und gewidmet wird, sind möglich.

Schließen wir am Ende dieses Kapitels über die heiligen Bäume den Kreis, und kehren wir nach unserer Pilgerreise zu besonderen Bäumen zur anfänglichen Frage zurück: Was bedeutet heilig in Verbindung mit Bäumen und Wäldern in unserer Zeit, mehr als zweitausend Jahre, nachdem sich Prinz Siddhartha unter einen Baum setzte und Erleuchtung fand? Welche spirituellen, kontemplativen Eigenschaften wünschen wir uns, welche brauchen wir? Was kann uns der Aufenthalt unter einem heiligen und heilenden Baum oder in einem Erholungswald heute geben?

In unserer hektischen Zeit, in der nicht nur Wälder brennen, sondern auch viele Menschen unter Burnout leiden, sind es die leisen, einfachen und elementaren Dinge, die unserer Psyche, unserer Seele guttun, die uns mit dem Heiligen und Heilsamen der Natur verbinden. Der achtsame Aufenthalt bei Bäumen oder in Wäldern, eine »Waldzeit«, kann uns eine unmittelbare Erfahrung der Natur schenken, uns helfen, eine tragende Verbindung zur Natur entstehen zu lassen. Sie öffnet uns für die Schönheit und Kostbarkeit der Natur, vermittelt Faszination und Demut, hebt den Gegensatz zwischen Mensch und Natur auf und verbindet uns zugleich mit unserer eigenen inneren Natur. Zu dieser Rückverbindung können Bäume inspirieren und ein ganzheitliches Erleben ermöglichen. Ihre Form und Präsenz lehren uns, dass Wachstum in die Höhe wie auch in die Tiefe führt. Einen Ort im Außen mit einem ruhigen Ort in sich selbst zu verknüpfen, schenkt uns innere, meditative Ruhe. Die Bäume als Symbol des Lebens haben die Kraft, uns mit dem Leben selbst wieder stärker in Verbindung zu bringen. Einen Baum als heilig zu bezeichnen, verändert ihn nicht, es verändert jedoch unseren Umgang mit ihm. Wir werden den Baum mehr schätzen und schützen. Die Wertschätzung, eine gemeinsame Ebene des Lebendigseins, ermöglicht eine empathische Verbindung. Vielleicht empfinden wir Dankbarkeit, nicht nur für den einen Baum, sondern für die ganze Natur. Diese kostbare Erfahrung geschieht oft ganz absichtslos, sie widerfährt uns. Manchmal reicht es, sich ruhig und dankbar an den Stamm eines Baumes zu lehnen.

WAS KÖNNEN WIR TUN?

»Vom Anbeginn der Zeiten waren die anderen Arten ein Rettungsboot für die Menschen. Jetzt müssen wir es für sie sein.«

– ROBIN WALL KIMMERER [75]

Die Auswirkungen des Klimawandels erscheinen uns manchmal so groß, dass es uns entmutigen könnte und es uns schwerfällt, daran zu glauben, dass wir etwas bewirken können, um die Klimakatastrophe aufzuhalten und abzuwenden. Wir fragen uns: Was können wir tun?

Es gibt unzählige Projekte und Aktivitäten, die Hoffnung machen und zum Handeln inspirieren. Sich einzusetzen, schafft das Gefühl einer sinnerfüllten Selbstwirksamkeit, wirkt gegen Angst und Verzagen und kann viel zum Erhalt des Lebens auf der Erde beitragen.

Die gegenwärtige Klimaerwärmung, die gesellschaftliche und ökologische Krisensituation führt dazu, dass wir die Grenzen unserer Zivilisation erkennen, nach den tieferen Ursachen der Krise suchen und uns für Lösungen und Antworten öffnen. Die Klimakrise zwingt uns dazu, unseren bisherigen Lebensstil zu hinterfragen und zu verändern. Die Pandemie zeigte 2020 und 2021, wie verletz-

lich unser Leben, unsere Zivilisation auf diesem Planeten und wie bedeutend die Natur für uns Menschen ist. Wir verstehen: Wenn wir für die Natur sorgen, sorgt sie auch für uns, da wir ein Teil von ihr sind.

Viele Menschen in unserer Zeit entwickeln als Vordenkerinnen und Vordenker Lösungsansätze und neue Narrative für die Zukunft. Sie sprechen sich für ein achtsames Zusammenleben der Menschen und ein Miteinander mit der Natur aus, für globale Gerechtigkeit und das Zulassen der Regeneration der Ökosysteme.

Neben neuen Konzepten zu diesen Themen können wir auf einen wertvollen Wissens- und Erfahrungsschatz der Menschheit zurückgreifen. Vor einer Neuorientierung lohnt es sich oft, noch einmal zurückzublicken, um die Zukunft in der Herkunft zu verankern. Das tradierte Wissen, auf das wir dabei unsere Aufmerksamkeit lenken können, ist besonders mit den indigenen Völkern verbunden, die es trotz Verfolgung und überwiegender Ausrottung ihrer Kulturen über Jahrhunderte hinweg bewahrt haben. Auch unsere Vorfahrinnen und Vorfahren im vorchristlichen Europa besaßen dieses Wissen von einem achtsamen Leben in und mit der Natur. Es steht uns teilweise noch zur Verfügung.

Um wieder daran anzuschließen, sind wir dazu aufgefordert, die Welt mit anderen Augen zu sehen, aus unserer Voreingenommenheit herauszutreten, die Mühlen unserer Zivilisation hinter uns zu lassen und uns für eine ursprüngliche, »wilde« Art der Wahrnehmung der Welt zu öffnen. Unsere Seele, die ganz natürlich mit dem Land, auf dem wir leben, verbunden ist, gehört noch immer zur Grundausstattung auch des modernen Menschen. Hier knüpft die Aussage von Robin Wall Kimmerer zu Beginn dieses Kapitels an: Sie spricht von einer Ethik des Verbundenseins und der gegenseitigen Fürsorge – Grundlagen des indigenen Blicks auf die Welt.

In unserer Menschheitsgeschichte waren die Wälder wie verwandte, fürsorgliche Begleiter, die unsere Zivilisation erst entstehen und wachsen ließen. Nun kehrt sich das Verhältnis um: Wir müssen Maßnahmen einleiten, um die Wälder zu schützen und zu bewahren. Da wir im selben Boot Erde sitzen, denselben Planeten bewohnen, darf uns bewusst sein, dass wir dabei auch uns selbst retten.

Gemüsegärten und eine Baumschule mitten in der Stadt.

WIE KONNTEN WIR IN DIESE KRISENSITUATION KOMMEN?

In Regionen, die seit Langem und kontinuierlich von indigenen Gruppen bewohnt werden, sind die Ökosysteme weitgehend noch intakt, die Biodiversität hoch. David Suzuki, emeritierter kanadischer Professor für Genetik und Umweltaktivist, vertritt die Ansicht, dass das ursprüngliche Wissen indigener, naturnah lebender Menschen den größten Beitrag zur Heilung der Erde beitragen kann. Deren Weltsicht kennt keine »Umwelt«, sondern nur eine »Mitwelt«, in der die Menschen mit der Natur verbunden sind. Die Natur nehmen sie als beseelt und heilig wahr. Alle Lebewesen sind miteinander verwandt und mit einem »Band der Gegenseitigkeit«, wie Robin Wall Kimmerer es nennt, verbunden. Daraus ergibt sich eine gegenseitige Verantwortung, die es nicht zulässt, Ressourcen gierig und rücksichtslos auszubeuten.

Als in Standing Rock, einem Indianerreservat in den US-Bundesstaaten North und South Dakota, die Bewohner des Reservats gegen den Bau der Dakota Access Pipeline protestierten, die über ihr Land führen sollte und die natürlichen Wasserspeicher zu gefährden drohte, setzten sie ihren Widerstand unter das Motto »Defend the Sacred« (Schützt das Heilige) und das Lakota-Motto *Mni wiconi* (Wasser ist Leben).[76]

Der indigenen Weltanschauung, dass die Natur wie das Leben selbst heilig ist, steht die moderne Kultur der Abspaltung von der Natur gegenüber, in der es möglich ist und wir es zulassen, dass die Profitgier einiger Unternehmen die Natur plündert und zerstört. Eine radikale und revolutionäre Neuorientierung, eine empathische Hinwendung zum Lebendigen führt uns zu der Frage, was wir geben können. Der buddhistische Zen-Meister, Lehrer und Friedensaktivist Thich Nhat Hanh fasst dies so zusammen: »Wir brauchen eine Revolution, sie beginnt damit, dass wir uns neu in die Erde verlieben.«[77]

Ein künftiger Naturschutz und eine Bewältigung der derzeitigen Krisen wird nur dann effektiv sein, wenn ein allmählicher Bewusstseinswandel stattfindet, wenn wir die Welt wieder vermehrt gewissermassen mit indigenen Augen sehen und dem Mythos von ewigem Wachstum und der unbegrenzten Verfügbarkeit der natürlichen Ressourcen eine verantwortungsvolle Verbundenheit mit der Erde, der Natur und ihren Schätzen entgegenstellen.

Tijjani Muhammad-Bande, 2019/2020 Präsident der UN-Generalversammlung, formulierte anlässlich des International Mother Earth Day[78] die indigene Lebenshaltung in der Sprache unserer Zeit folgendermaßen: »Wir werden Mutter Erde nur durch einen Paradigmawechsel von einer menschenzentrierten Gesellschaft zu einem erdzentrierten globalen Ökosystem erhalten. Dies erfordert, dass wir uns mit jedem auseinandersetzen, auch mit jungen Menschen, die diesen Planeten erben werden. Bildung ist entscheidend für den Schutz von Mutter Erde: Schulungen über Harmonie mit der Natur und erdrechtliche Ansätze werden wesentlich sein, um eine widerstandsfähige Welt für alle und überall zu schaffen. Ich lobe die Mitgliedstaaten, die Lehren aus uralten Kulturen fördern, welche eine tiefe Verbundenheit mit der Natur haben.«

Der Wunsch, der Zerstörung der Natur etwas entgegenzusetzen, hat bereits unzählige Menschen bewegt. Das macht Mut, gibt Hoffnung und kann zum Mitwirken inspirieren. Der engagierte Einsatz für den Erhalt der Umwelt zum Beispiel durch »Fridays for Future« hat Menschen aller Altersklassen zum Handeln motiviert. Luisa Neubauer, Klimaaktivistin und eine der Hauptorganisatorinnen von »Fridays for Future« in Deutschland, antwortete auf die Frage, ob das Leben einen Sinn habe: »Ja. Nicht zuletzt, weil wir Liebe spüren. Weil wir fähig sind, uns wild zu begeistern für Dinge und Menschen, die vergänglich sind. So lassen wir uns auf den Kampf gegen ökologische Katastrophen ein. Der könnte vergebens sein – aber wir tun es trotzdem, weil es diese kleine Chance gibt, dass es am Ende gut wird.«[79]

Auf den folgenden Seiten möchte ich Ihnen eine Auswahl von Projekten, Aktionen und Visionen zum Schutz und Erhalt der Wälder und Bäume, der Natur überhaupt, vorstellen zur Inspiration und zum Mitmachen. Adressen für weitere Informationen dazu finden Sie am Ende des Buches.

WILDNIS SCHÜTZEN UND ZURÜCKHOLEN

»Wenn wir auf die Regierung warten, ist es zu spät. Wenn wir allein handeln, ist es zu wenig. Aber wenn wir alle gemeinsam ins Tun kommen, ist es genau das Richtige zur rechten Zeit.«

– ROB HOPKINS, GRÜNDER TRANSITION TOWN BEWEGUNG [80]

Die Urwälder der Erde, die letzten wilden Plätze, sind von unschätzbarem Wert für die Regeneration der Natur, für die Erhaltung der Tier- und Pflanzenwelt, und sie sichern auch unser Überleben. Wir »sollten die Wildnis zurückkehren lassen, die Rodungen sofort stoppen«, wie es Sir David Attenborough, der renommierte britische Naturforscher und Tierfilmer in seinem Film »A Life on our Planet«[81] 2020 forderte. »Jeder Flecken unberührte Natur trägt zum Erhalt und der Regeneration der Natur und zur Erhaltung der Artenvielfalt bei«, heißt es dort.

E. O. Wilson, der bekannte Biologe, widmete sein jüngstes Buch *Die Hälfte der Erde. Ein Planet kämpft um sein Leben* der Forderung, die Hälfte der Natur, Land wie Ozeane, zu erhalten und unter Schutz zu stellen, damit eine Regeneration der Natur tatsächlich noch möglich ist. Die Organisation »Nature Needs Half« verfolgt dieses ambitionierte Ziel.[82]

Eine global tätige Organisation mit dem Namen »Rewilding«[83] setzt sich ebenfalls für die Rückkehr der Wildnis auf unserer Erde ein. Sie möchte blaue und grüne Bänder der Wildnis auf dem Planeten weben und hat eine Charta für die Rückkehr der Wildnis erstellt, in der die Schritte zur Wiederbelebung der Ökosphäre aufgeführt sind. »Global Forest Watch«[84] liefert neueste Daten und Karten auf seiner Website, informiert in einem Newsletter über den Zustand der Wälder und veröffentlicht Anleitungen, wie diese geschützt werden können. Im deutschsprachigen Raum können bei www.waldreport.de Waldschäden und Waldkonflikte gemeldet werden.

Es gibt viele große und erfolgreiche Organisationen wie Greenpeace, Robin Wood, Bund Naturschutz, aber auch kleinere Zusammenschlüsse und Aktionen, die sich für den Erhalt der Urwälder und der Umwelt lokal und global einsetzen. Sie können durch Spenden und Mitarbeit unterstützt werden.

Die Urwälder Europas, die ursprüngliche Wildnis, die das Land bedeckte, ist bis auf winzige Relikte verschwunden. Mit der Ausbreitung unserer Zivilisation haben wir sie verdrängt. Wie eine Studie der European Wilderness Society mit Sitz in Österreich zeigt, sind nur noch zwanzig bis vierzig Prozent der Erdoberfläche in einem relativ guten Zustand, letztendlich sind jedoch nur drei Prozent davon vom Menschen unberührt und als Ökosystem noch intakt. Die European Wilderness Society hat es sich zur Aufgabe gemacht, die letzten Wildnisgebiete Europas zu schützen und Menschen mit zahlreichen Projekten und einem umfangreichen Ausbildungs- und Informationsprogramm für das Verschwinden der Wildnis zu sensibilisieren.[85]

Die Regierungen europäischer Länder möchten sich darum bemühen, die Wildnis teilweise zurückzuholen. Nach einem Beschluss der deutschen Bundesregierung von 2007 sollten bis 2020 zwei Prozent der Landesfläche wieder der Natur überlassen werden. Dieses Ziel wurde verfehlt, wir sind noch weit davon entfernt. Der ungezähmten Natur gewähren wir hierzulande derzeit gerade 0,6 Prozent der Landesfläche.

Wo befinden sich diese 0,6 Prozent verbliebener Wildnis in Deutschland? Die Organisation Greenpeace hat in ihrem Magazin diese Plätze unter der Überschrift »Ein paar Fleckchen Natur« aufgelistet und beschrieben.[86] Es sind Auwälder, Hochmoore, Landschaften im Hochgebirge und an Seeufern. Unsere knapp ein Drittel der Landesfläche bedeckenden Wälder gehören nicht dazu, sie sind keine Wildnis, keine unberührte Natur, sondern Wirtschaftsforst. Zur Erreichung des Zwei-Prozent-Ziels hat die Bundesregierung inzwischen einen Wildnisfond angelegt. Seit 2019 sollen mit jährlich zwanzig Millionen Euro Flächen angekauft werden, die dann allein der Natur zur Verfügung stehen.

Die Zerstörung der natürlichen Lebensräume konnte nicht gebremst werden. Zersiedelung, Straßenbau, landwirtschaftliche Nutzung unter Einsatz von Pestiziden und Dünger nehmen zu. Der Schutz der Natur ist also dringender denn je. Wie Rob Hopkins, der Gründer der Transition Town Bewegung meint, sollten wir die Rettung der Wälder und Bäume nicht einfach den Regierungen überlassen, sondern uns selbst aktiv dafür einsetzen.

SICH AUF-BÄUMEN

»Das Klima ändert sich. Du auch?«

– WANDGRAFFITI

Nicht nur die Urwälder der Welt, sondern auch die noch vorhandenen lokalen Wälder und Bäume sind kostbar. Auch sie können helfen, die Biosphäre ins Gleichgewicht zu bringen. Sie sind ebenfalls Teil des lebenswichtigen Wasserkreislaufs der Erde und Speicher für CO_2. Immer mehr betroffene und engagierte Bürgerinnen und Bürger stemmen sich gegen die weitere Abholzung in ihrer Region, bäumen sich gegen Rodungspläne auf. Verschiedenste Aktionsmöglichkeiten wurden bisher dazu entwickelt: Bürgerinitiativen, Protestaktionen, Unterschriftensammlungen für Petitionen, Waldspaziergänge, Waldsonntage, Baumbesetzungen, Waldbesetzungen. Es gibt auch hier Möglichkeiten zur Unterstützung und Beteiligung.

Eine besonders inspirierende Geschichte des persönlichen Einsatzes für einen Baum ist die Baumbesetzung von Julie Butterfly Hill, die in Kalifornien einen riesigen Mammutbaum vor der Abholzung rettete: Sie verbrachte dazu 738 Tage hoch in den Wipfeln des eintausendfünfhundert Jahre alten Redwood-Baumes namens Luna.[87] Die Geschichte dieser jungen Frau erinnert mich an die Erzählungen von heiligen Wäldern und Bäumen aus vorchristlichen Zeiten, die unter allen Umständen geschützt werden mussten. Die heiligen Wälder unserer Zeit sind vielleicht jene, die wir jetzt schützen und die uns bewusst machen, wie kostbar die Natur und unser Leben sind.

Es gibt viele weitere inspirierende Geschichten von Menschen, die Bäume teilweise mit großem Einsatz schützen. Zu den aktuellen Besetzungen von Wäldern in Deutschland gehören der Hambacher Forst, der Dannenröder Forst, der Wald bei Nauberg, der Reinhardswald, der Wald bei Saarbrücken-Gersweiler, der Leipziger Auwald, der Altdorfer Wald. Sicher werden noch viele weitere Baumbesetzungen folgen.

WÄLDER UND BÄUME PFLANZEN

»Warum ich Bäume pflanze? Stellen Sie sich einmal eine Welt ohne diese großen, ruhigen Wesen vor, die den Schatten und den Klang ihres Laubs mit uns teilen und in viel längeren Rhythmen als wir mit und über uns leben – es wäre eine Parkplatzwelt.«

– URSULA K. LE GUIN[88]

Wie das Pflanzen von Bäumen eine ganze Landschaft und das Leben vieler Menschen verändern und verbessern kann, zeigt der wunderschöne, mit einem Oscar prämierte Zeichentrickfilm »Der Mann, der Bäume pflanzte«. Der Film basiert auf einer 1953 erschienenen Kurzgeschichte des französischen Schriftstellers Jean Giono, der damit die Liebe zum Pflanzen von Bäumen fördern wollte. Es ist ihm gelungen, denn er hat unzählige Menschen dazu inspiriert.[89]

Die spektakulärsten Baumpflanzaktionen, die fast unwirklich erscheinen, aber tatsächlich durchgeführt wurden, sind Begrünungen von Wüsten durch Aufforstungen. Ein Ehepaar aus der inneren Mongolei, Yin Yuzhen und ihr Mann, waren so bitterarm, lebten so entlegen und karg, dass sie beschlossen, sich umzubringen. Nach einem vierzig Tage währenden Sandsturm entdeckte Yin eines Tages in der Ferne einen Menschen. Er verschwand, als sie auf ihn zu rannte. Seine Fußabdrücke aber waren ein so kostbarer Beweis für die Existenz anderer Menschen in der Gegend, dass Yin eine Schüssel darüberstülpte, um zumindest einen davon zu bewahren. Diese Begebenheit ließ Yin Yuzhen den Entschluss fassen, ihr Leben zu ändern. In der weit entfernten Stadt kaufte das Ehepaar vom Brautgeld eine trächtige Kuh und vom Erlös des Kalbes Baumsamen und Setzlinge. 1959 begannen sie, Bäume zu pflanzen und zu pflegen, und bis 2011 waren schon fünftausend Hektar Wüste bepflanzt. Es wurde die Geschichte einer beispiellosen Begrünung unfruchtbaren Bodens durch Baumpflanzungen. Gleichzeitig erzählt sie, wie eine Aktion für die Natur das Leben zweier Menschen und dann einer ganzen Region retten und bereichern kann. Mehrere Filme dokumentieren das Hoffnung spendende Projekt.[90]

Die »Mutter der Bäume« Wangari Maathais, eine Biologin aus Kenia (1940–2011), hat Tausende afrikanische Frauen dazu inspiriert, im Rahmen des Projekts Green Belt Movement Bäume zu pflanzen.[91] Eine weitere von ihr gegründete Organisation, Plant for the Planet, eine internationale Baumpflanzbewegung, gibt Kindern und Jugendlichen die Möglichkeit, sich bei Aufforstungen aktiv zu beteiligen. Monokulturen hatten in Kenia den Boden ausgelaugt, es gab keine Holzbestände mehr, die Brennmaterial für die arme Bevölkerung hätten liefern können. Wüsten dehnten sich aus, eine Versteppung trat ein. Wangaris Vision war es, in diesen Regionen Kenias fünfzehn Millionen Bäume zu pflanzen. Sie schaffte noch viel mehr und initiierte weltweite Aufforstungskampagnen. Diese Aktivitäten machten große Gebiete wieder fruchtbar und verbesserten die Lebensbedingungen Tausender Menschen.

Der US-amerikanische Filmemacher und Aufforstungsexperte John D. Liu zeigt die Regeneration weiterer unfruchtbarer Gegenden wie des großen Lößplateaus in China. Auf YouTube finden Sie einige seiner Filme wie »Greening China's Loess Plateau«, »Hope in a Changing Climate« und »Green Gold«.[92] Diese Filme geben Hoffnung und zeigen anschaulich, welchen Wert Aufforstungen und Baumpflanzungen besitzen.

Der Permakultur-Designer Goeff Lawton, der seine Farm und ein Ausbildungszentrum in Australien betreibt, hat bewiesen, dass es mit Permakultur-Wissen möglich ist, Wüstengebiete neu zu beleben. Er startete in Jordanien an einem extrem trockenen Ort ein Agroforstprojekt und pflanzte viele verschiedene Bäume. Er erklärt, dass deren Fähigkeit, mit ihrem Blattwerk Tau aus der Luft zu sammeln und an den Boden abzugeben, einen großen Teil der benötigten Wassermenge liefern kann. Die Bäume verhindern zudem das weitere Austrocknen des Bodens.[93]

Eine Aufforstungsbewegung, die vor allem mit Freiwilligen arbeitet, ist das Bergwaldprojekt, eine internationale Umwelt- und Naturschutzorganisation zum Schutz, Erhalt und der Pflege des Waldes. Die Organisation ist in Deutschland und Spanien als unabhängiger Verein, in der Schweiz als Stiftung und in Österreich unter dem Dach des Österreichischen Alpenvereins organisiert. Das Bergwaldprojekt bietet zahlreiche Möglichkeiten zur Beteiligung an Aufforstungsinitiativen an, darunter Freiwilligeneinsätze, Familienprojekte und Jugendprojekte.[94]

Jede kleine Aufforstung ist wertvoll für das Klima.

Es gibt noch viele weitere hoffnungsvolle und außergewöhnliche Geschichten von Aufforstungen, initiiert von einzelnen mutigen Menschen, wie dem damals neunjährigen Felix Finkbeiner, der 2007 eine große, bald internationale

Kinder-Baumpflanzbewegung startete.[95] Von zahlreichen weiteren Baumpflanzprojekten berichtet das Buch *Die Wiederbegrünung der Welt* von Jochen Schilk und seine Website www.planetenpflege.de, auf der sich auch eine umfassende Linksammlung zum Thema findet.

EIN EIGENES WALDSTÜCK PFLEGEN

Berührt Sie das Waldsterben? Suchen Sie in diesem Bereich nach Lösungen? Möchten Sie lernen, einen Wald nachhaltig zu pflanzen und zu pflegen? Möchten Sie ein Waldstück besitzen und naturnah bewirtschaften? Dem Wald ganz nah sein, sein Wachsen begleiten, Zeit im Wald verbringen, sich körperlich betätigen, Holz ernten?

Vom Waldkauf, der Wahl der Bäume über Waldbautätigkeiten, nachhaltige Bewirtschaftung bis zum Holzverkauf begleitet Sie der bekannte Förster Peter Wohlleben in seinem Buch *Mein erstes Waldstück – naturnah und nachhaltig bewirtschaften.* Wenn Sie Ihren eigenen Wald in dieser Weise pflegen, wirken Sie nicht nur auf die Bäume, sondern auch auf das Bodenleben, auf Flora und Fauna regenerierend ein. Sie werden wahrscheinlich auch andere dazu inspirieren, es Ihnen gleichzutun, und die Fläche nachhaltig bewirtschafteten Waldes nimmt so zu. Waldpflanzen ist ein generationenübergreifendes, enkeltaugliches Projekt.

INDIGENE WALDWIRTSCHAFT

Zu Pflege und Erhalt der Wälder existiert ein fast verschwundenes indigenes Wissen, das in verschiedenen Regionen bekannt war und gelebt wurde. Auch in unserer Kultur hat sich darüber einiges erhalten. Der emeritierte Schweizer Professor für Holzwissenschaften Ernst Zürcher hat dazu viel interessantes Wissen in seinem Buch *Die Bäume und das Unsichtbare* zusammengetragen. Der Forstexperte Christian Küchli, der ebenfalls aus der Schweiz stammt, forschte weltweit nach Dorfgemeinschaften, nach Frauen und Männern, die Wälder nachhaltig bewirtschaften und so behandeln, dass sie diese intakt an ihre Kinder weitergeben können. Er besuchte indigene Gruppen in Indonesien, die sich gegen Dattelpalmen-Monokulturen zur Wehr setzen und die Wälder ihrer Tradition gemäß nachhaltig bewirtschaften, außerdem Aufforstungsprojekte in Kenia und Ecuador. In seinem Buch *Wälder der Hoffnung* und in der gleichnamigen dreiteiligen Filmserie, die als Schulfilm konzipiert ist, gibt Küchli tiefe Einblicke in ein traditionelles nachhaltiges Waldwissen und in Projekte wie traditionelle Waldgärten, die auch unsere Aufforstungsarbeit und unsere Sichtweise auf Wälder inspirieren können.[96]

Rolf Bökemeier und Michael Friedel berichten in ihrem Buch *Reportagen aus dem Garten Eden. Vom Ursprung des ökologischen Wissens* von der indigenen Bewirtschaftung von Wäldern und Gärten und von den Ursprüngen der aktuellen nachhaltigen Landwirtschaft. Die Autoren besuchten auf teilweise sehr strapaziösen und abenteuerlichen Reisen indigene Menschengruppen und Naturvölker und zeigen bisher verborgene Zusammenhänge von nachhaltiger Landwirtschaft, Waldpflege, Kultur und Gemeinschaftsbildung. Als Fazit schreiben sie über unsere heutige industrielle Agrarwirtschaft: »Alle moderne Agrarwirtschaft ist im Grunde monostrukturiert: die Weizenflächen in der Ukraine wie die Maisfelder im amerikanischen Mittelwesten, die Gummibaumhaine in Malaysias Bundesstaat Sabah wie die Erdnussplantagen in Senegal an der afrikanischen Westküste, die Ananaspflanzungen in Hawaii wie die Rübenäcker in der norddeutschen Tiefseeebene – Monotonie, so weit das Auge reicht. Die landschaftskosmetische Einfalt spiegelt die Einseitigkeit des Denkens wider. Es will nichts von Naturschutz wissen, sondern ist allein auf schnellen Profit ausgerichtet (…) Am Ende steht als logische Konsequenz die Monokultur: ein anderer Begriff für Diktatur.«[97] Dieser Aussage stellen die Autoren die indigene Art, Gärten und Wälder nachhaltig zu bewirtschaften, gegenüber.

Weltweit gibt es viele alternative Ökodörfer, die wie die beschriebenen indigenen Stämme größere Aufforstungsprojekte als Gemeinschaft tragen. Ihrer Ansicht nach braucht es zunächst eine ermutigende zwischenmenschliche Erneuerung, um mit Kooperation statt Ausbeutung – wie im bisherigen System – Projekte zur Regeneration der Wälder auszuführen. In einigen dieser Gemeinschaften konnte ich die Aufforstungsarbeiten miterleben: Die Gemeinschaft Sólheimar, Heimat der Sonne, in Island zum Beispiel besteht seit 1930 und gilt in Europa als eine der ersten intentionalen Gemeinschaften, Gemeinschaften also, die auf einer bestimmten Absicht, einer Intention beruhen.[98] Das Ökodorf pflanzt Bäume in der kargen Lavalandschaft. Island ist weitestgehend ohne Wälder und Bäume, besitzt jedoch Europas größtes derzeitiges Wiederbegrünungsprojekt. Die Pflanzaktion ist wie eine Wiedergutmachungsgeste: Zur Zeit der Landnahme Islands vor tausendeinhundert Jahren durch die Wikinger war die Insel zu dreißig Prozent mit Moor- und Zwergbirken und Kriechwacholder bewaldet. Die Siedler brauchten Feuer- und Bauholz und holzten den Wald fast komplett ab. Ihre mitgebrachten Weidetiere, Schafe und Pferde ließen ein erneutes Aufkommen von Wäldern nicht zu. Mittlerweile ist Kahlschlag verboten, und die Aufforstung geschieht vorwiegend mit Sibirischer Lärche, Birken, Pappeln, Espen und Erlen. Sólheimar betreibt eine eigene Baumschule und gehört zu den Pionieren der Wiederaufforstungskampagne in Island.

Im Süden Europas, im Alentejo, lebt die Gemeinschaft Tamera.[99] In dieser sehr trockenen Region Portugals haben die Menschen auf ihrem Land eine weitläufige Wasserretentionslandschaft, bestehend aus großen Seen (fluktuierenden Wasserretentionsbecken), temporären Teichen, Retentionsgräben auf Kontur (Swales), Pflanzgräben und Weiteres mehr geschaffen. Diese Maßnahmen dienen dazu, das Wasser, insbesondere das Regenwasser auf dem Land zu halten, und bilden die Grundlage zur Regeneration der Landschaft und der Aufforstung. Neben ausgedehnten Gartenanlagen wurden inzwischen mehr als zwanzigtausend Bäume gepflanzt. Auch eine kleine Baumschule zur Wiederaufforstung wird betrieben.

Die Geschichte von Auroville, der »Stadt der Morgenröte«, einer visionären Zukunftsstadt auf der Grundlage ethisch-spiritueller Werte, begann ebenfalls mit einer spektakulären Aufforstung. Die Stadt wurde im Südosten Indiens an der Koromandelküste in einem völlig trockenen Gebiet gegründet. Wo einst immergrüner tropischer Trockenwald wuchs, dehnte sich tote, ausgedorrte Erde unter der sengenden Sonne aus. Ab Ende der 1960er-Jahre begannen die Gründerinnen und Gründer mit dem Bau von Dämmen, um das Wasser auf dem Land zu halten. In der eigens gegründeten Baumschule zogen sie Zehntausende von Bäumen für die Wiederbegrünung heran. Heute sind etwa achthundert Hektar Land mit rund drei Millionen Bäumen zum Teil mit Permakulturmethoden bepflanzt worden.[100] In Auroville leben zurzeit etwa zweitausendfünfhundert Menschen, und in einer kleinen angegliederten Stadt sind es rund zehntausend. Das Projekt besitzt eine große Ausstrahlungskraft. Viele, die dort Wissen über die Aufforstung erworben haben, setzen ihre Fähigkeiten an anderen Orten erfolgreich zur Aufforstung ein. In einer armen Region in Haiti entsteht gerade auf der

Grundlage des in Auroville erworbenen Wissens ein Aufforstungsprojekt von beeindruckender Größe. Eine Gruppe aus regionalen und internationalen Freiwilligen hat bereits einen »Essbaren Waldgarten« aus achtzigtausend Bäumen und Sträuchern gepflanzt. Das Projekt bietet ein umfangreiches Schulungsprogramm zu Themen wie Agroforst und Wasserretention für die einheimische Bevölkerung an.[101]

Eine einfache und wirkungsvolle Unterstützung der weltweiten Aufforstung ist übrigens, die Suchmaschine Ecosia zu verwenden. Das Team startet vom Firmensitz in Berlin aus weltweite Baumpflanzaktionen, unter anderem auch ein Aufforstungsprojekt zur Begrünung einer Wüste in Burkina Faso.[102] Mit jedem Klick werden Baumpflanzungen finanziert.

MEIN GARTEN IST EIN NATIONALPARK

Neben den großen Aufforstungsinitiativen sind es kleine grüne Plätze, die zur Rettung der Artenvielfalt einen Beitrag leisten können. Gärten, die klimagerecht und mit genügend Artenvielfalt angelegt sind, wirken wie »Biodiversitäts-Taschen«, die Arten bewahren und von denen aus eine Ausbreitung von Pflanzen und Insekten ausgehen kann. Auch kleine Gärten und sogar naturnahe Balkonpflanzungen sind hilfreiche Mosaiksteinchen der lebendigen Landschaft. Jeder Quadratmeter, der mit hoher Biodiversität bepflanzt ist, hilft.

Wie der Professor für Entomologie und Wildnisökologie Douglas Tallamy in seinem Buch *Nature's best hope* leidenschaftlich propagiert, können selbst kleine Gärten helfen, die Artenvielfalt zu konservieren. »In der Vergangenheit haben wir von unseren Gärten nur eines erwartet: Sie müssen schön sein. Jetzt sollen sie den Erhalt des Lebens unterstützen; Kohlenstoff speichern, Bestäuber füttern und das Wasser managen.«[103] Auf seiner Website und in seinem Blog gibt Tallamy viele nützliche und umsetzbare Tipps, um einen selbstgepflanzten »Nationalpark« einzurichten.[104]

Bäume und Gehölze spielen zum Erhalt der Artenvielfalt, des Wasserkreislaufs und der Bodenfruchtbarkeit eine große Rolle. Auch im kleinsten Garten finden sie Platz. Von vielen Baumarten gibt es kleinwüchsige Sorten, wie Obstbäume, die gut in einen Hausgarten passen. Manche Obstbäume können auch als

Spalier – flach direkt an der Hauswand – wachsen. Statt einem Zaun aus Metall oder anderen Materialien bietet eine lebende Hecke vielen Tieren Schutzraum und trägt zu einem guten Klima im Garten bei. Dazu eignen sich einheimische Gehölze wie Schlehe, Weißdorn, Sanddorn, Kornelkirsche, Haselnuss, Liguster, Hartriegel, aber auch der Maulbeerbaum. Die Hecke liefert Beeren, die Äste Stützen für Gemüsepflanzen und Stauden. Manche Bäume und Sträucher können durch einfaches Rutenstecken selbst gezogen werden, wie etwa Pappel, Weide und Haselnuss.

Auch Totholz ist nicht nur im Wald, sondern auch für das Leben im Garten wertvoll. Es speichert Wasser, bildet Humus und bietet unzähligen Tieren Lebensraum. Gewähren Sie der Wildnis in Ihrem Garten Raum, räumen Sie nicht zu viel weg, lassen Sie Holz und Äste auch mal liegen, der gestapelte Schnitt von Bäumen und Sträuchern bietet vielen Tieren Unterschlupf.

Verwenden Sie abgeschnittene Äste, die bei der Auslichtung der Sträucher anfallen, für eine naturnahe Hecke, die Benjes-Hecke, die aus dünnerem Gehölzschnitt besteht. Sie bietet Vögeln und anderen Tieren Schutz und Nahrung, und die Tiere liefern mit ihrem Kot den mit der Zeit neu wachsenden Sträuchern in der Hecke Dünger.

Nicht wenige Menschen beherzigen solche Hinweise längst. Neulich fragte mich eine Bekannte, ob ich ihre Baumschule besichtigen wolle. Ich war erstaunt und erkundigte mich, wo sie diese gegründet habe. Sie führte mich ans äußerste Ende ihres Grundstücks, wo unter einer alten Eiche und teilweise unter einem mit Strohmatten überdachten Gestell zahlreiche kleine Pflänzchen in Töpfen standen. Hier wurden neue Bäume verschiedener Arten aus Samen und Stecklingen herangezogen. Es gab eine Ecke mit Erde zum Eintopfen und einen Komposthaufen. Mit gesammeltem Regenwasser und Oberflächenwasser wurden die Bäume gegossen.

Auf diesem kleinen Raum hatte Annelieke van der Slujs vor einigen Jahren mit Freunden ihre Mini-Baumschule gegründet. Die selbst gezogenen Bäume werden abgegeben, um Pflanzungen und Projekte der Gruppe sowie verschiedene Aufforstungsprojekte anderer Initiativen zu unterstützen. Auch Privatpersonen bekommen Bäume zur Verfügung gestellt, um diese zu pflanzen. Informationen über die Gewächse und das Vermehren von Bäumen sowie deren Nutzen für Klima, Boden, Wasser und Tierwelt verteilt die Gemeinschafts-Baumschule zusammen mit den jungen Bäumen in der Region. Einmal in der Woche gibt es einen gemeinsamen Arbeitsmorgen, an dem Interessierte mitmachen und lernen können. Immer wieder wird ein Tag der offenen Tür angeboten, mit der Möglichkeit, Samen und Setzlinge zu tauschen. Die Baumschule wird nebenberuflich mit geringem Zeitaufwand, aber viel Freude betrieben und ist mit der Organisation »eco Interventions«, einem Verein zur Regeneration natürlicher Ökosysteme, verbunden, der auf seiner Facebookseite Tipps zu Baumschulen und Baumpflanzungen in portugiesischer, englischer und deutscher Sprache gibt.[105] Die Grundlagen für den Aufbau der kleinen Baumschule, den Weg vom Laien zum Experten, erarbeitete sich die Gruppe im Selbststudium und durch Austausch mit anderen Baumschulprojekten. Eine Initiative, die zum Nachmachen anregt.

Das Wissen, das zur Wiederherstellung der Landschaft gebraucht wird, eine Einsicht in die natürlichen Kreisläufe der Erde stellt die Onlineplattform Ruvival der Technischen Universität Hamburg in einem kostenlosen Online-Studiengang zur Verfügung.[106] Das von Professor Ralf Otterpohl geleitete Institut betreibt verschiedene Regenerationsprojekte, beispielsweise in Südäthiopien. Eine frei zugängliche und sehr informative Toolbox mit Informationen über weltweite Wasserressourcen, Regenwassermanagement, Agroforst und Weiteres findet sich auf der Website von Ruvival.

BÄUME PFLANZEN IN DER STADT

»Bäume verändern die Grammatik einer Stadt«, schreibt die Autorin Jane Borden.[107] Sie formen die Sprache, in der Menschen und Natur miteinander kommunizieren. Bäume machen diese Kommunikation grüner, lebendiger und lebenswerter.

Die Artenvielfalt in der Stadt ist oft höher als auf dem Land. Flurbereinigung, der Einsatz von Pestiziden, die industrielle Landwirtschaft mit ihren Monokulturen haben sie im ländlichen Raum enorm dezimiert. Der städtische Raum bietet hingegen viele Möglichkeiten für Pflanzungen von Bäumen, ein erster Schritt zur bewaldeten Stadt. Viele Aktionen, die Stadt vermehrt zu begrünen, kommen aus der Bevölkerung heraus, wie zum Beispiel die urbanen Waldgärten. Sie werden meist nach Permakultur-Prinzipien angepflanzt, mit einer großen Vielfalt an Bäumen mit unterschiedlichen Ansprüchen, wie Flach- und Tiefwurzler, hochwachsende und niedrigwachsende, Starkzehrer und Schwachzehrer. Viele urbane Waldgartenprojekte bieten die Möglichkeit mitzumachen, meist mit einem niederschwelligen Einstieg.

Essbare Waldgärten legen den Schwerpunkt auf die Pflanzung von Frucht und Nuss tragenden Bäumen und Sträuchern. Der erste innerstädtische Essbare Waldgarten in Deutschland befindet sich in Kassel. Er wurde mit viel Einsatz und Beharrlichkeit gegründet und aufgebaut und besteht nun seit über zehn Jahren. Träger ist der Verein Essbare Stadt e. V.[108] Ziel dieses Projekts ist die Stärkung lokaler Resilienz unter anderem durch eine Erhöhung des Selbstversorgeranteils mit pflanzlichen Erzeugnissen. Dies wird durch das Pflanzen von essbaren Bäumen wie Walnuss, Esskastanie und vieler verschiedener Obstgehölze erzielt. Auf der Website essbare-stadt.de finden Sie viele Informationen zum Thema Essbarer Waldgarten und Essbarer Park. Es werden außerdem Online-Ausbildungen zur Selbstversorgung und zur Ernährungssouveränität in der Stadt angeboten. Das Projekt hat inzwischen in größeren Bereichen der Bevölkerung Interesse geweckt und wird sicher weitere Kreise ziehen und zu neuen Gründungen führen. Mitmachen und Nachmachen sind ausdrücklich erwünscht.

Ein Waldgarten bietet viele Möglichkeiten für eine naturnahe Selbstversorgung und ein ganzheitliches Erleben der Zyklen der Natur. Wenn es die örtlichen Gegebenheiten möglich machen, können im Waldgarten mit einfachen Mitteln Speisepilze gezüchtet und Bienenkästen aufgestellt werden. Die große Artenvielfalt an Blumen im Park, auf der Terrasse oder in Blumenkästen bietet den Bienen in der Stadt ein großes Trachtangebot. Speziell für die urbane Imkerei wurde die sogenannte Bienenkiste entwickelt. Informationen dazu stehen beim Verein Mellifera bereit.[109]

Die Universität Potsdam hat das Projekt »Urbane Waldgärten« ins Leben gerufen, das sich der Erforschung, Entwicklung und Erprobung dieses Konzeptes widmet.[110] Waldgärten werden in Zukunft immer mehr zur Begrünung der Stadt beitragen. Die Kommunikation zwischen Menschen und Bäumen, die alte Sprache der Natur, die beide verbindet, hat schon zu unzähligen Pflanzaktionen auf kommunaler, regionaler und globaler Ebene geführt. Ebenso zu den »Mitmach-Konferenzen«, die ein Werkzeug für den ökologisch-sozialen Wandel in der eigenen Region bieten können. In einem neuen Großprojekt »Mitmach-Regionen«[111] kommen viele Menschen zusammen, um sich für die Zukunftsfähigkeit ihrer Region einzusetzen. Engagiert sind hier unter anderem die Organisationen und Vereine wirundjetzt e. V. und Pioneers of Change.[112]

Neben den großen Aktionen gibt es viele Möglichkeiten in unserem unmittelbaren persönlichen Leben, eine positive Auswirkung auf die Wälder und die Natur allgemein zu erzielen – wie die Unterstützung des biologischen Landbaus, weniger Fleischkonsum, um die Urwälder der Welt zu schützen, die Reduzierung von CO_2-Emissionen durch eine geringere Verwendung fossiler Energien, das Upcycling alter Möbel und Kleidungsstücke, das Verteilen überschüssiger Lebensmittel und vieles mehr. Kurz zusammengefasst könnte es heißen: Weniger ist mehr.

Das Pflanzen von Bäumen und Wäldern lässt uns jedenfalls die große Regenerationskraft der Natur miterleben und bindet uns wieder in ihre Kreisläufe ein. Wir spüren eine tiefe Verbundenheit mit dem Lebendigen und werden Zeugen des beständigen Bestrebens der Natur, sich selbst zu regulieren und auszubalancieren. Während wir uns für die Natur einsetzen, kann ihre heilende Kraft auch unsere innere Natur bewegen und uns helfen, resilienter zu werden. Wir sind dabei ein Teil der fein verknüpften Lebensräume von Pflanzen, Tieren und Menschen. Eingebunden in das Lebensnetz, das alle verbindet. Dies schenkt Kraft und innere Ausgewogenheit und lässt uns auch Teil des Konzeptes der »Bäume der Hoffnung« werden.

GLOSSAR

AGROFORST

Als Agroforst werden landwirtschaftliche Kultivierungssysteme bezeichnet, bei denen Gehölze in Feldkulturen eingemischt sind. Agroforstsysteme werden außerhalb des Waldes angelegt. Dabei kann je nach Auswahl der Gehölzstruktur teilweise in mehreren Stockwerken geerntet werden, zum Beispiel parallel Früchte der Bäume, unter den Bäumen Obst von Sträuchern und zwischen den Gehölzen Kräuter. Zwischen und teils auch an den Gehölzen ist Beweidung möglich. Solch ein System kann über Jahre bodenverbessernd, humusaufbauend und wasserspeichernd wirken. Bodenerosion kann weitgehend vermindert oder gar gänzlich verhindert werden. Neben der ökologischen Anreicherung wird die Flächenproduktivität gesteigert. Diese traditionelle Anbauweise geriet durch die industrielle Landwirtschaft vielerorts in Vergessenheit und wird aktuell wiederbelebt und weiterentwickelt.

ANTHROPOZÄN

»Das Zeitalter der Menschen«, die Epoche, in der die Menschen die Erde stärker umgestaltet haben als die Natur. Sie ist gekennzeichnet durch Massensterben der Arten und von massivem Klimawandel und zeigt sich in den geologischen Schichten bereits in Form von Plastikpartikeln, Schwermetallen, Radioaktivität und anderen langfristigen menschlichen Hinterlassenschaften. Die Auswirkungen des Anthropozäns sind nicht nur im Kleinen, sondern auch bereits großräumig sichtbar.

ARBORETUM

Abgeleitet von *arbor* (lat. »Baum«). Eine meist öffentlich zugängliche Pflanzung von verschiedenen Gehölzen, teilweise auch exotischen. Die Bäume und Sträucher eines Arboretums wachsen nicht in Pflanzgefäßen, sondern im Mutterboden, in gewachsener Erde.

BIODIVERSITÄT

Vielfalt der biologischen Arten sowie ihre komplexen Wechselbeziehungen und ihre genetische Vielfalt. Biodiversität gilt in der Biologie als Bewertungsmaßstab für die Fülle von Leben.

BODENEROSION

Die Abtragung von Boden, oft verursacht durch unangepasste menschliche Landnutzung wie Überweidung und Abholzung. Der Oberboden, der fruchtbarste Teil der Böden, der sehr viel Leben enthält und maßgeblich zur Ernährung des Menschen beiträgt, wird besonders durch die industrielle Landwirtschaft zerstört. Der Abtrag durch Wasser und Wind führt zu massivem Verlust von Boden und letztlich zu einer markanten Einschränkung der landwirtschaftlichen Nutzbarkeit und Produktivität von Flächen.

BOREALE WÄLDER

Als borealer Nadelwald werden die Wälder der kaltgemäßigten Klimazone der Nordhalbkugel bezeichnet. Es sind ausgedehnte Nadelwaldgebiete, vorwiegend bestehend aus Fichten, Kiefern und Lärchen sowie den Pionierbaumarten Birke und Espe.

CO_2-WERT

Der Kohlendioxidgehalt der Luft wird meist in der Einheit ppm (parts per million, Anteile pro Million) oder auch in Prozent oder Volumenprozent angegeben. Vor Beginn der Industrialisierung betrug der CO_2-Gehalt der Luft 280 ppm, bis heute ist er auf über 400 ppm angestiegen. Laut Greenpeace-Magazin (Ausgabe 2/22) liegt der aktuelle Wert bei 417,9 ppm. Der Ausstoß von Kohlendioxid nimmt kontinuierlich zu. Im Jahr 2020 lag er bei 34,8 Milliarden Tonnen. Kohlendioxid und Methan sind die beiden Treibhausgase, die an erster Stelle für die menschenbeeinflusste (anthropogene) Erderwärmung verantwortlich sind.

ENDEMISCHE PFLANZEN
Arten, Gattungen oder Familien von Pflanzen, die nur in einem bestimmten, begrenzten Verbreitungsgebiet vorkommen, häufig an isolierten Standorten oder in einem Habitat mit speziellen Bedingungen.

FLACHWURZLER
Bäume oder andere Pflanzen, deren Wurzeln sich (im Gegensatz zu jenen der Pfahlwurzler) in den oberen Bodenschichten ausbreiten. Dazu gehören alle Fichtenarten, ebenso Hainbuchen und Weiden. Bei Sturm sind sie windwurfgefährdet.

HABITAT
Leitet sich ab von *habitare* (lat. »[be]wohnen«) und bedeutet Lebensraum. In der Biologie wird damit ein Bereich bezeichnet, der charakteristisch für bestimmte Pflanzen- und Tierarten ist.

HERZWURZLER
Herzwurzler, wie zum Beispiel Buchen oder Linden, besitzen sowohl Wurzeln, die pfahlartig in die Tiefe reichen, wie auch solche, die sich tellerförmig ausbreiten und im oberen Bereich des Bodens Nährstoffe und Wasser aufnehmen können. Dadurch können Herzwurzler die Bodensysteme optimal ausnutzen.

KAMBIUMSCHICHT
Die Wachstumsschicht zwischen Splintholz (jüngste, äußere Zone des Baumstamms) und Rinde. Diese Gewebeschicht des Baumes ist für das Dickenwachstum zuständig.

KARBON
Das Erdzeitalter Karbon begann vor etwa 358,9 Millionen Jahren und endete vor etwa 298,9 Millionen Jahren. Ausgedehnte Wald- und Sumpflandschaften ließen große Vorräte an Steinkohle entstehen.

KLIMAERWÄRMUNG
Die globale Klimaerwärmung (Erderwärmung, Klimawandel) bezeichnet den Anstieg der Durchschnittstemperatur der erdnahen Atmosphäre sowie des Meeres. Diese Erwärmung mit verstärkter Emittierung von Treibhausgasen findet seit Beginn der Industrialisierung statt und ist ein menschengemachter (anthropogener) Klimawandel.

MEGAFAUNA
Damit wird jener Teil der Tierwelt bezeichnet, der in einem Lebensbereich die körperlich größten Organismen stellt. Zur Megafauna im nördlichen Eurasien der Eiszeit gehörten Mammut, Wollnashorn und Moschusochse. Das Mastodon (Amerikanisches Mammut) gehört zur Megafauna von Nordamerika.

ÖKOSYSTEM
Ein Ökosystem besteht aus einer Lebensgemeinschaft von Organismen mehrerer Arten in einem gemeinsamen Lebensraum.

PERM
Das Perm begann vor etwa 298,9 Millionen Jahren und endete vor etwa 251,9 Millionen Jahren.

Im Perm geschah das größte bekannte Massenaussterben der Erdgeschichte. Es herrschte vorwiegend trockenes und kühles Klima. Im Perm entstanden große Salzlagerstätten.

PERMAKULTUR
Permakultur ist eine nachhaltige und dauerhafte Landwirtschafts- und Gartenbaumethode (von *permanent,* »dauerhaft«, und *(agri)culture,* »Landwirtschaft«), die in den 1970er-Jahren von den Australiern Bill Mollison und David Holmgreen entwickelt wurde. Dabei geht es darum, natürliche Ökosysteme und Kreisläufe zu beobachten und nachzuahmen, um so kreative neue Ökosysteme für die Basisversorgung der Menschen zu schaffen. Grundlage bilden die ethischen Prinzipien: sich um die Erde kümmern, sich um die Menschen kümmern, gerechte Verteilung. Permakultur bezeichnet nicht eine bestimmte Anbaumethode, sondern eine Planungsmethode, die auf systemischem Denken beruht und auf die Gestaltung von Gärten, landwirtschaftlichen und anderen Betrieben, Gesellschaften wie auch auf das persönliche Leben anwendbar ist.

PFAHLWURZLER
Bäume oder andere Pflanzen, deren Wurzeln im Gegensatz zu jenen von Flachwurzlern, senkrecht tief in das Erdreich hinabreichen.

PIONIERBÄUME
Zu den Pionierbaumarten gehören Espe, Saalweide, Sandbirke, Vogelbeere und Traubenkirsche. Sie haben eine verhältnismäßig kurze Lebensdauer, stehen am Anfang der Waldbesiedlung (Waldsukzession) und besiedeln Kahlschläge und Sturmwurfflächen. Sie samen sich leicht aus, besitzen eine gute Regenerationsfähigkeit, ein schnelles Jugendwachstum und haben wenig Ansprüche an den Standort.

PLEISTOZÄN
Dieser Zeitabschnitt der Erdgeschichte begann vor 2,5 Millionen Jahren und endete vor etwa 11700 Jahren mit dem Beginn unserer Jetztzeit, dem Holozän. Im Verlauf des Pleistozäns herrschten mehrere Eiszeiten.

REGENERATIVE LANDWIRTSCHAFT
Landwirtschaftsform, in der die Regeneration und Lebendigkeit des Bodens sowie die Biodiversität im Mittelpunkt der Bewirtschaftung stehen. Damit sollen neben günstigen Bodeneigenschaften (z.B. stabile Krümelstruktur) auch der Nähr- und Vitalstoffgehalt der Ernte und die dauerhafte Kohlenstoffbindung in den Böden verbessert werden. Diese Landwirtschaftsform bedient sich bei Ansätzen aus der ökologischen Landwirtschaft, Permakultur, Agrarökologie, Agroforstwirtschaft und dem Holistischen Management.

REGENWASSERMANAGEMENT
Ziel des Regenwassermanagements ist es, Regenwasser so lange wie möglich breitflächig im Gelände zu halten und möglichst langsam versickern zu lassen. Die Verweildauer des Wassers soll verzögert werden, sodass es langsam in den Boden und ins Grundwasser eindringt. Dies kann erheblich zur Verbesserung des Bodenlebens, des Pflanzenwachstums wie des Mikroklimas beitragen. Der natürliche Wasserkreislauf wird dadurch wiederhergestellt und unterstützt.

SCHNEITELWIRTSCHAFT
Bezeichnet die Nutzung von Hecken, Bäumen und Sträuchern zur Viehfuttergewinnung. Die jungen Triebe samt Blättern werden geschnitten (geschneitelt) und dem Vieh verfüttert. Auch zur Brennholzgewinnung diente der Rückschnitt

von Bäumen. Dafür wurden besonders Bäume wie Esche, Weide und Hainbuche verwendet.

SCHWACHZEHRER

Pflanzen werden in Schwach-, Mittel- und Starkzehrer eingeteilt. Schwachzehrer sind anspruchslos und brauchen nur geringe Mengen an Pflanzennährstoffen. Sie gedeihen auch auf kargen Böden. Zu dieser Pflanzengruppe gehören Olivenbäume, Robinien, auch die meisten Kräuter wie Thymian und Koriander sowie Gartenpflanzen wie Erbsen und Bohnen. Schwachzehrer eignen sich im Garten als letzte Einsaat in der Fruchtfolge.

STARKZEHRER

Nehmen viel Stickstoff auf, da sie im Laufe ihres Wachstums einen hohen Nährstoffbedarf haben. Zu den Starkzehrern gehören Kohlsorten, Tomaten, Kartoffeln und Mais.

SWALES

Wassergräben, auch Sickermulden oder Retentionsgräben genannt, die parallel zu den Höhenlinien (Kontur) des Geländes verlaufen. Besonders in der Permakultur werden sie für ein nachhaltiges Regenwassermanagement eingesetzt. Diese Wassergräben verhindern, dass ablaufendes Regenwasser und mit diesem abgetragenes organisches Material zu schnell den Abhang hinabläuft und dieser dadurch erodiert.

TERTIÄR

Dieses Erdzeitalter begann am Ende der Kreidezeit vor 66 Millionen Jahren und dauerte bis vor 2,6 Millionen Jahren. Es herrschte vorwiegend ein Warmklima.

TIEFWURZLER

Pflanzen, die eine primäre Hauptwurzel ausbilden, die senkrecht tief in die Erde hineinreicht und so einen Zugang zu tiefer gelegenem Wasser in der Erde ermöglicht.

WALDGÄRTEN

Stabile Ökosysteme nach einer ursprünglichen, indigenen Anbaumethode in Wäldern der Tropen, wie sie heute noch in Nepal, Südindien, Tansania, Sri Lanka und Java angelegt werden. In der Permakultur werden Waldgärten als Nutzgärten aus vorwiegend essbaren Pflanzen gestaltet. Sie weisen im Aufbau der Vegetationsschichten Merkmale eines jungen Waldes auf. Die vertikale Struktur und Schichtung über verschiedene Stockwerke von hohen Bäumen bis zu niedrigen Pflanzen bietet eine besonders hohe Biodiversität. Waldgärten sind Agroforstsysteme im gärtnerischen Maßstab.

WALDUMBAU

Bezeichnet eine forstwirtschaftliche Maßnahme zum Umbau eines Waldes, zum Beispiel eines reinen Nadelholzwaldes in einen Mischwald. Dabei kann die Verteilung der Baumarten sowie deren Altersklassen verändert werden. Ziel ist, mehr natürliche Waldstrukturen zu schaffen und standortfremde Baumarten zu ersetzen.

WASSERRETENTION

Ziel der Wasserretention ist, dass Niederschlagswasser nicht direkt in Kanäle oder Flüsse abfließt, sondern langsam im Boden versickert; dadurch kann es den Grundwasserspiegel erhöhen und erhalten und natürliche Quellen speisen. Dies wirkt der derzeitigen Austrocknung der Böden entgegen.

ANMERKUNGEN

1 Sloterdijk, Peter: Du musst dein Leben ändern. Über Anthropotechnik, Suhrkamp 2012

2 Beschrieben zum Beispiel in Wohlleben, Peter: Das geheime Leben der Bäume, Ludwig 2015

3 Schrader, Christopher: www.riffreporter.de/de/umwelt/schrader-seelische-gesundheit und https://cschrader.eu (zuletzt abgerufen am 26. April 2022)

4 Reimer, Nick, Staud, Toralf: Deutschland 2050, Kiepenheuer & Witsch 2021

5 Pearce, Fred: Die neuen Wilden. Wie es mit fremden Tieren und Pflanzen gelingt, die Natur zu retten, oekom verlag 2016

6 Whittle, Tyler: Pflanzenjäger. Die abenteuerliche Suche nach dem Grünen Gold, Prestel 1971

7 Haskell, David George: Der Gesang der Bäume, Antje Kunstmann 2017

8 Haskell, David George: Der Gesang der Bäume, Antje Kunstmann 2017

9 Zu finden unter: rimma.org/the-atlas-of-the-human-planet (zuletzt abgerufen am 26. April 2022)

10 Gabriel, Katharina M. A., Endlicher, Wilfried R.: Urban and rural mortality rates during heat waves in Berlin and Brandenburg, Germany, Science Direct, Environmental Pollution, Volume 159, Issues 8–9, 2011, 2044–2050, https://doi.org/10.1016/j.envpol.2011.01.016 (zuletzt abgerufen am 26. April 2022)

11 Schauberger, Viktor und Jörg: Das Wesen des Wassers. Original-Texte, AT Verlag 2006

12 Millán M. Millán: Every Drop counts, zu finden unter: https://ec.europa.eu/environment/archives/greenweek2012/professor-millan-m-millan.html (zuletzt abgerufen am 26. April 2022)

13 Pöschl, U., et al.: Rainforest aerosols as biogenetic nuclei of clouds and precipitation in the Amazon, Science 329 (5998), 10.12.2021, https://pubmed.ncbi.nlm.nih.gov/20847268 (zuletzt abgerufen am 26. April 2022)

14 Kravčík, Michal: The New Water Reality, Vortrag, zu finden unter https://www.youtube.com/watch?v=g-uVE9lPD4s (zuletzt abgerufen am 26. April 2022)

15 www.harvestingrainwater.com (zuletzt abgerufen am 26. April 2022)

16 Beresford-Kroeger, Diana: Arboretum America. A Philosophy of the Forest, University of Michigan Press 2003; Trailer zum Film unter https://vimeo.com/158976411 (zuletzt abgerufen am 26. April 2022)

17 Mehr dazu auch in Fischer-Rizzi, Susanne: Das Geheimnis deines Ortes, Kosmos 2020

18 www.pocketforests.ie und www.changex.org/ie/pocket-forest
(beide zuletzt abgerufen am 26. April 2022)

19 Mehr zum Pocket Forest, Miyawaki Model: www.crowdforesting.org/miyawaki-model (zuletzt abgerufen am 26. April 2022)

20 Mehr dazu in Schilk, Jochen: Die Wiederbegrünung der Welt, Drachen Verlag 2019 sowie unter www.7000eichen.de und www.vimeo.com/15749968 (beide zuletzt abgerufen am 26. April 2022)

21 Mollison, Bill: Permaculture. A Designer's Manual, Tagari Publications 2016

22 Fischer-Rizzi, Susanne: Das Buch vom Räuchern, AT Verlag (2001) 2016

23 Stoltenberg, Annemarie, Kischel, Tanja: Die Magie des Lesens, Reclam 2021

24 Whitman, Walt: Grashalme, Anaconda Verlag (1855) 2009

25 Einige Informationen zum Ziehen einer Baumhasel unter www.waldwissen.net/de/waldwirtschaft/waldbau/waldumbau/die-baumhasel (zuletzt abgerufen am 26. April 2022)

26 Tatschl, Siegfried: 555 Obstsorten für den Permakulturgarten und -balkon, Löwenzahn 2015

27 Lazzarini, Ennio, Lonardoni, Anna R.: La manna salute della natura, Edizioni Mediterranee 1984; Raimondo et al.: Una presentazione dei resti della coltura del frassino da manna nel Mediterraneo, L'Eco di Gibilmanna 1995, Seite 157–164

28 Mündliche Mitteilung von Wulf Hein

29 Hein, Wulf, Lund, Marquardt: FlintHandWerk, Angelika Hörnig 2017; zudem mündliche Mitteilung von Wulf Hein. Halligan, J., et al.: Pre-Clovis occupation 14 550 years ago at the Page-Ladson site, Florida, and the peopling of the Americas, Science Advances 2016, Vol. 2, Issue 5, www.science.org/doi/10.1126/sciadv.1600375 (zuletzt abgerufen am 26. April 2022). Wang, Y., et al.: Late Quaternary dynamics of Arctic biota from ancient environmental genomics, Nature 600, 2021, Seite 86–92, www.nature.com/articles/s41586-021-04016-x (zuletzt abgerufen am 26. April 2022)

30 Goodall, Jane: Das Buch der Hoffnung, Goldmann 2021 (Persönlicher Besuch ihres Vortrags 2004)

31 Fischer-Rizzi, Susanne: Das große Buch der Pflanzenwässer. Pflegen, heilen, gesund bleiben mit Hydrolaten, AT Verlag 2014

32 Tree of Heaven: An Exotic Invasive Plant Fact Sheet, www.ecolandscaping.org/05/invasive-plants/tree-of-heaven-an-exotic-invasive-plant-fact-sheet/ (zuletzt abgerufen am 26. April 2022)

33 www.forschung-und-lehre.de/forschung/die-invasion-des-goetterbaums-2159 (zuletzt abgerufen am 26. April 2022)

34 Pearce, Fred: Die neuen Wilden, oekom 2016

35 www.urbiseco.com/blog/2018/3/15/the-majestic-ghetto-palm-aka-tree-of-heaven-5em93-s7w93 (zuletzt abgerufen am 26. April 2022)

36 Fischer-Rizzi, Susanne: Blätter von Bäumen. Heilkraft und Mythos einheimischer Bäume, AT Verlag (1980) 2021

37 Oeggl, Klaus: Die letzte Mahlzeit des Mannes aus dem Eis, in: Die Gletschermumie aus der Kupferzeit, Schriften des Südtiroler Archäologiemuseums 1, 1999, Seite 98–110

38 www.youtube.com/watch?v=2OwoiFCM2UE (zuletzt abgerufen am 26. April 2022)

39 Merian, Maria Sibylla: Neues Blumenbuch, Insel 2013

40 www.deutschlandfunk.de/aequatortaufe-vor-250-jahren-die-weltumseglerin-jeanne-baret-100.html (zuletzt abgerufen am 26. April 2022): Weimer, S.: Die Botanikerin, welche die Welt als Mann verkleidet umsegelte, Tagesanzeiger, 07.01.2012

41 www.spektrum.de/news/franzoesische-botanikerin-erhaelt-spaete-anerkennung/1138091 (zuletzt abgerufen am 26. April 2022); Schieblinge, L.: Schöne Geister. Frauen in den Anfängen der modernen Wissenschaft, Klett-Cotta 1993

42 Asada, Sir Attenborough: The private life of Plants, BBC Two, Time Traveller, www.youtube.com/watch?v=OoJ-M6UMiJo (zuletzt abgerufen am 26. April 2022)

43 Pfindel, Judith; Meier, Heinz-Dieter: Die Pflanzenwelt der Mainau, Hampp 2005

44 Aus: Helm, Eve Marie: Feld-, Wald- und Wiesenkochbuch, Heimeran 1978

45 Kimmerer, Robin Wall: Geflochtenes Süßgras, Aufbau Verlag 2021

46 Johnson, Hugh: Das große Buch der Bäume, Hallwag 1974

47 So fand ich es einmal auf www.ackerbaum.de, einer Baumschule, die auf Permakultur, Agroforstwirtschaft und regenerative Landwirtschaft spezialisiert ist. Der Inhalt findet sich dort nicht mehr, die Seite könnte aber weiterhin interessant sein.

48 Simard, Suzanne: Finding the Mother Tree: Uncovering the Wisdom and Intelligence of the Forest, Allen Lane 2021; Film: Simard, Suzanne, Defrenne, Camille, TED-ed: The Secret Language of Trees, 2019, www.ted.com/talks/camille_defrenne_and_suzanne_simard_the_secret_language_of_trees?language=en (zuletzt abgerufen am 26. April 2022)

49 How to harvest and crack black walnuts: www.youtube.com/watch?v=w5wjt10Rmvw. How to shell black walnuts: www.youtube.com/watch?v=GTI4SpJon-I. How to make black walnut syrup: www.youtube.com/watch?v=2eVSqh-DHgZI (alle zuletzt abgerufen am 26. April 2022)

50 Stammel, Heinz J.: Die Apotheke Manitous, Wunderlich 1986

51 Martinoli D.: Food plant use, temporal changes and site seasonally at Epipalaeolithic Öküzini and Karain B caves, southwest Anatolia, Turkey, Paléorient 2004, 30/2, Seite 70

52 Sagan, Carl: Cosmos, Ballantine Books 2013

53 Terberger, Thomas, Böhner, Utz, et al.: 300000 Jahre Spitzentechnik. Der altsteinzeitliche Fundplatz Schöningen und die frühesten Speere der Menschheit, Edition Theiss 2018

54 Haßmann, Henning: Die ältesten Holzwaffen der Welt, in: Bewegte Zeiten. Archäologie in Deutschland, Michael Imhof 2018

55 The Muonio Story: www.youtube.com/watch?v=oSPejPbS-oWk (zuletzt abgerufen am 26. April 2022)

56 Tallantire, P. A.: The Early Holocene-Spread of Hazel in Europe North and West of the Alps. An Ecological Hypothesis, Holocene 12, 2002; Haskell, David George: Der Gesang der Bäume, Antje Kunstmann, 2017

57 https://www.resilience.org/stories/2020-10-08/the-lost-forest-gardens-of-europe/ www.academia.edu/803913/_Eine_einzige_Nuss_rappelt_nicht_im_Sacke_Subsistenzstrategien_in_der_Mittelsteinzeit (zuletzt abgerufen am 26. April 2022)

58 So angegeben bei Haskell, David George: Der Gesang der Bäume, Antje Kunstmann 2017

59 Fischer-Rizzi, Susanne: Mit der Wildnis verbunden. Zwölf Wege in die Natur. Kraft schöpfen, sich sicher in der Natur bewegen, Kosmos (2007) 2016

60 Scott, James C.: Die Mühlen der Zivilisation, Suhrkamp 2009; siehe auch: Tudge, Colin: Neanderthals, Bandits & Farmers, Yale University Press, 1999

61 Machatschek, Michael: Laubgeschichten, edition bohlissimo 2002

62 Kolbert, Elizabeth: Das 6. Sterben. Wie der Mensch Naturgeschichte schreibt, Suhrkamp 2017

63 Hesse, Hermann: Bäume, Insel 2014

64 Eich, Günther: Sämtliche Gedichte, Suhrkamp 2006

65 www.nippon.com/en/views/b05307/ (zuletzt abgerufen am 26. April 2022)

66 www.monumentaltrees.com/de/fotos-ginkgo/ (zuletzt abgerufen am 26. April 2022)

67 Siehe zum Beispiel Hanh, Thich Nhat: Wie Siddharta zum Buddha wurde. Eine Einführung in den Buddhismus, dtv 2005

68 www.monumentaltrees.com/de/ind/bihar/westbengal/5498_acharyajagadishchandraboseindianbotanicgarden/ (zuletzt abgerufen am 26. April 2022)

69 Akademie für Waldbaden: https://waldbaden-akademie.com/ (zuletzt abgerufen am 26. April 2022); Schall, Rainer:

Waldbaden mit allen Sinnen. Die Heilkraft der Natur erleben, Kosmos 2019

70 Wichterich, Andrea: Wald-Yoga im Jahreskreis, Synergia 2021, und Waldverbunden: Eintauchen in die Präsenz des Waldes, Neue Erde 2018

71 Hangab-Zentrum, Bodensee: www.hangab.de (zuletzt abgerufen am 26. April 2022)

72 Hiite Lummus: www.gaviafilm.ee/et/content/hiite-lummuses-2013 (zuletzt abgerufen am 26. April 2022)

73 Fischer-Rizzi, Susanne: Blätter von Bäumen. Heilkraft und Mythos einheimischer Bäume, AT Verlag (1980) 2021

74 University of Trees, https://universityofthetrees.org/news/2019/feld-der-begegnung-kassel (zuletzt abgerufen am 26. April 2022)

75 Kimmerer, Robin Wall: Geflochtenes Süßgras, Aufbau Verlag 2021

76 Grace Foundation (Hg.): Defend the Sacred, Meiga 2019; Stand with Standing Rock: https://standwithstandingrock.net (zuletzt abgerufen am 26. April 2022)

77 https://www.shift.is/2018/04/we-need-a-revolution-it-starts-with-falling-in-love-with-the-earth/ (zuletzt abgerufen am 26. April 2022)

78 UN International Mother Earth Day 22. April Message, www.un.org/en/observances/earth-day/message (zuletzt abgerufen am 26. April 2022)

79 Luisa Neubauer in einem Interview in chrismon, Das evangelische Magazin, 04.2022

80 www.robhopkins.net/about/ (zuletzt abgerufen am 26. April 2022)

81 A life on our planet, https://vimeo.com/475032145 (zuletzt abgerufen am 26. April 2022)

82 www.natureneedshalf.org (zuletzt abgerufen am 26. April 2022)

83 Rewilding Charter Working Group: Global Charter for Rewilding the Earth, The Ecological Citizen, https://rewildingeurope.com/news/global-rewilding-charter-strengthens-worldwide-call-for-nature-recovery/ (zuletzt abgerufen am 26. April 2022)

84 www.globalforestwatch.org (zuletzt abgerufen am 26. April 2022)

85 https://wilderness-society.org/ (zuletzt abgerufen am 26. April 2022)

86 greenpeace magazin, 2/2022, Seite 14–29

87 Butterfly Hill, Julia: Die Botschaft der Baumfrau, Riemann 2000

88 www.friendsoftrees.org/images/stories/pdf/ursula_k._le_guin.pdf (zuletzt abgerufen am 26. April 2022)

89 Giono, Jean: Der Mann, der Bäume pflanzte, Hanser 2007 Film »Der Mann, der Bäume pflanzte« von Frédéric Back, 1987, https://vimeo.com/150193975 (zuletzt abgerufen am 26. April 2022)

90 Zum Beispiel: www.youtube.com/watch?v=VoZaJlLE1vY (zuletzt abgerufen am 26. April 2022)

91 www.greenbeltmovement.org (zuletzt abgerufen am 26. April 2022)

92 www.youtube.com/channel/UCwMgzrr9_MJS70p2EbdYtBg, www.youtube.com/watch?v=UAmai36XJDk, www.youtube.com/watch?v=oYnfyZQWJgQ und https://www.youtube.com/watch?v=YBLZmwlPa8A (alle zuletzt abgerufen am 26. April 2022)

93 www.permaculturenews.org/2014/02/01/desert-oasis-4-years-jordan (zuletzt abgerufen am 26. April 2022)

94 www.bergwaldprojekt.de (zuletzt abgerufen am 26. April 2022)

95 https://a.plant-for-the-planet.org/de/trillion-trees/ (zuletzt abgerufen am 26. April 2022)

96 Siehe auch www.youtube.com/watch?v=JparZjey7K8 (zuletzt abgerufen am 26. April 2022)

97 Böckemeier, Rolf, Friedel, Michael: Reportagen aus dem Paradies. Vom Ursprung des ökologischen Wissens, Otto Maier 1990

98 www.solheimar.is (zuletzt abgerufen am 26. April 2022)

99 www.tamera.org (zuletzt abgerufen am 26. April 2022)

100 www.auroville.org und www.sadhanaforest.org (beide zuletzt abgerufen am 26. April 2022)

101 www.edenprojects.org/haiti (zuletzt abgerufen am 26. April 2022)

102 https://blog.ecosia.org/burkina-faso/ (zuletzt abgerufen am 26. April 2022)

103 Tallamy, W. Douglas: Natures best Hope, Timber Press 2019

104 https://homegrownnationalpark.org (zuletzt abgerufen am 26. April 2022)

105 www.facebook.com/eco.interventions.portugal (zuletzt abgerufen am 26. April 2022)

106 www.ruvival.de/toolbox/ (zuletzt abgerufen am 26. April 2022)

107 Borden, Jane: I totally meant to do that, New York 2011

108 www.essbare-stadt.de (zuletzt abgerufen am 26. April 2022); siehe auch Zeitschrift Oya Nr. 67, 03/2022, Seite 84/85, www.oya-online.de (zuletzt abgerufen am 26. April 2022)

109 www.mellifera.de (zuletzt abgerufen am 26. April 2022); siehe auch Klein, Erhard Maria: Die Bienenkiste. Selbst Honigbienen halten – einfach und natürlich, pala 2012

110 https://urbane-waldgaerten.de/ (zuletzt abgerufen am 26. April 2022)

111 https://mitmach-region.org (zuletzt abgerufen am 26. April 2022)

112 https://wirundjetzt.org/mitmach-konferenz/ und https://pioneersofchange.org/ (beide zuletzt abgerufen am 26. April 2022)

LITERATUR UND QUELLEN

Aas, Gregor, Riedmiller, Andreas: GU Naturführer Bäume. Laub- und Nadelbäume Europas erkennen und bestimmen, Gräfe und Unzer 1987

Alexandersson, Olof: Lebendes Wasser und das Geheimnis natürlicher Energie, Ennsthaler 2021

Beresford-Kroeger, Diana: To speak for the trees. My life's journey from ancient Celtic wisdom to a healing vision of the forest, Penguin Random House 2019

Beresford-Kroeger, Diana: The global forest, Penguin Books 2011

Beresford-Kroeger, Diana: Arboretum America: A Philosophy of the Forest, University of Michigan Press 2003

Berry, Wendell: Körper und Erde. Essay über gutes Menschsein, thinkOya 2016

Bökemeier, Rolf, Friedel, Michael: Reportagen aus dem Garten Eden. Vom Ursprung des ökologischen Wissens, Otto Maier 1990

Böll, S., Körber, K., Schönfeld, P.: Forschungsprojekt Stadtgrün 2021 – Neue Bäume braucht das Land, Bayerische Landesanstalt für Weinbau und Gartenbau, Institut für Stadtgrün und Landschaftsbau (Hg.), Veitshöchheim 2016

Borden, Jane: I totally meant to do that, New York 2011

Bruns Pflanzen Export, Sortimentskatalog 2021/2022, Druck- und Verlagshaus Fromm

Bund deutscher Baumschulen (BdB) (Hg.): Klimawandel und Gehölze, Sonderheft Grün ist Leben, signum-kom Agentur für Kommunikation GmbH, 2008

Butterfly Hill, Julia: Die Botschaft der Baumfrau, Riemann 2000

Clasen & Co. Baumschulen GmbH (Hg.): Moderne Stadtbäume klimafest & zukunftssicher, Broschüre 2016

Eisenstein, Charles: Klima. Eine neue Perspektive, Europa 2019

Fellhölter, G., Schreiner, M., Zander, M., Ulrichs, C.: Stresstest an Straßenbäumen in Berlin-Neukölln, Pro Baum 2015

Fischer-Rizzi, Susanne: Das Geheimnis deines Ortes. Anleitung zum heimisch werden, Kosmos 2020

Fischer-Rizzi, Susanne: Das große Buch der Pflanzenwässer. Pflegen, heilen, gesund bleiben mit Hydrolaten, AT Verlag 2014

Fischer-Rizzi, Susanne: Wilde Küche, AT Verlag 2010

Fischer-Rizzi, Susanne: Mit der Wildnis verbunden. Zwölf Wege in die Natur. Kraft schöpfen, sich sicher in der Natur bewegen, Kosmos (2007) 2016

Fischer-Rizzi, Susanne: Mit Tieren verbunden. Die geheimnisvolle Beziehung zwischen Mensch und Tier, AT Verlag (2004) 2016

Fischer-Rizzi, Susanne: Das Buch vom Räuchern, AT Verlag (2001) 2022

Fischer-Rizzi, Susanne: Blätter von Bäumen. Heilkraft und Mythos einheimischer Bäume, AT Verlag (1980) 2021

Forstliche Versuchs- und Forstanstalt Baden-Württemberg (FVA): Artensteckbriefe 2.0. Alternative Baumarten im Klimawandel – Eine Stoffsammlung, FVA 2021

Francé, Raoul H.: Ewiger Wald. Ein Buch für Wanderer und andere Naturfreunde, OLV Organischer Landbau Verlag Kurt Walter Lau 2013

GALK-Arbeitskreis Stadtbäume (Hg.): GALK-Straßenbaumtest Online, Broschüre, 2016

Giono, Jean: Der Mann, der Bäume pflanzte, Hanser 2007

Göpel, Maja: Unsere Welt neu denken. Eine Einladung, Ullstein 2020

Goodall, Jane: Das Buch der Hoffnung, Goldmann 2021

Grace Foundation (Hg.): Defend the Sacred, Meiga 2019

Greenpeace Magazin: Waldleben. Unsere Reise durch das bedrohte Paradies, Greenpeace Media 2020

Hageneder, Fred: Nur die eine Erde. Globaler Zusammenbruch oder globale Heilung – unsere Wahl, Neue Erde 2021

Hanh, Thich Nhat: Wie Siddharta zum Buddha wurde. Eine Einführung in den Buddhismus, dtv 2005

Harding, Stephan: Lebendige Erde. Gaia – vom respektvollen Umgang mit der Natur, Heinrich Hugendubel 2008

Haskell, David G.: Das verborgene Leben des Waldes. Ein Jahr Naturbeobachtung, Goldmann 2017

Haskell, David G.: Der Gesang der Bäume, Antje Kunstmann 2017

Hein, Wulf, Lund, Marquardt: FlintHandWerk, Angelika Hörnig 2017

Helm, Eve Marie: Feld-, Wald- und Wiesenkochbuch, Heimeran 1978

Henfrey, Thomas, Penha-Lopes, Gil: Permaculture and Climate Change Adaptation. Inspiring Ecological, Social, Economic and Cultural Responses for Resilience and Transformation, Permanent Publications 2015

Hesse, Hermann: Bäume, Insel 2014

Hockenjos, Wolf: Begegnung mit Bäumen, DRW-Verlag 1979

Jensen, Derrick: A language older than words, Chelsea Green Publishing Company 2004

Johnson, Ayana Elizabeth, Wilkinson, Katherine K.: All we can save. Truth, Courage and Solutions for the Climate Crisis, Penguin Random House 2020

Johnson, Hugh: Das große Buch der Bäume. Ein Führer durch Wälder, Parks und Gärten der Welt, Hallwag 1976

Kiermeier, Peter: Lebensbereiche der Gehölze, eingeteilt nach dem Kennziffernsystem, Verlagsgesellschaft Grün ist Leben mbH 1995

Kimmerer, Robin Wall: Geflochtenes Süßgras. Die Weisheit der Pflanzen, Aufbau Verlag 2021

Klein, Erhard Maria: Die Bienenkiste. Selbst Honigbienen halten – einfach und natürlich, pala 2012

König, Michael: Julius forscht im Wald. Forschen, entdecken, basteln, Olivia 2021

Körber, K.: Bäume mit Zukunftscharakter: Evaluierung von Baumarten und Sorten aus der Sicht der Baumschulen. Manuskript zum Vortrag beim NÖ Baumtag in Baden bei Wien, 2017

Körner, Stefan: Feinstaubfilterungspotential von Pflanzen, Universität Berlin (IASP) 2007

Kolbert, Elizabeth: Das 6. Sterben. Wie der Mensch Naturgeschichte schreibt, Suhrkamp 2017

Küchli, Christian: Wälder der Hoffnung, Verlag Neue Zürcher Zeitung 1997

Lancaster, Roy: Bäume unserer Gärten, BLV 1974

Lazzarini, Ennio, Lonardoni, Anna R.: La manna salute della natura, Edizioni Mediterranee 1984

Leisgang, Theresa, Thelen, Raphael: Zwei am Puls der Erde. Eine Reise zu den Schauplätzen der Klimakrise – und warum es trotz allem Hoffnung gibt, Goldmann 2021

Lewis-Stempel, John: Ein Stück Land. Mein Leben mit Pflanzen und Tieren, DuMont 2019

Lorberg Quality Plants GmbH & Co. KG: Die Herausforderung. Liste mit empfehlenswerten Baumarten, 2018

Lorenz von Ehren Pflanzenhandel (Hg.): Stadtbäume fit für die Zukunft, Broschüre, 2015

Machatschek, Michael: Laubgeschichten, edition bohlissimo 2002

Meller, Harald, Puttkammer, Thomas (Hg.): Klimagewalten. Treibende Kraft der Evolution, Begleithefte zur Sonderausstellung im Landesmuseum für Vorgeschichte Halle, Band 6, Landesamt für Denkmalpflege und Archäologie Sachsen-Anhalt, 2018

Merian, Maria Sibylla: Neues Blumenbuch, Insel 2013

Mollison, Bill: Permaculture. A Designer's Manual, Tagari Publications 2016

Müller, Arno Hermann: Lehrbuch der Paläozoologie, Band III: Vertebraten: Teil 3: Mammalia, Fischer 1989

Pauleit, S., et al.: Tree establishment practice in towns and cities – Results from a European survey. Urban Forestry Urban Gree, 1, 2002, Seite 83–96

Pearce, Fred: Die neuen Wilden. Wie es mit fremden Tieren und Pflanzen gelingt, die Natur zu retten, oekom 2016

Pfindel, Judith, Meier, Heinz-Dieter: Die Pflanzenwelt der Mainau, Hampp 2005

Reimer, Nick, Staud, Toralf: Deutschland 2050. Wie der Klimawandel unser Leben verändern wird, Kiepenheuer & Witsch 2021

Roszak, Theodore, Gomes, Mary E., Kanner, Allen D.: Ecopsychology. Restoring the earth – healing the mind, Sierra Club Books 1995

Ruf, Stefan: Klimapsychologie. Atmosphärisches Bewusstsein als Weg aus der Klimakrise, Info3 2019

Sagan, Carl: Cosmos, Ballantine Books 2013

Sander, E. (Hg.): Der Klimabaumkatalog. Stressresistenz – Gesundheit – Zukunft für Stadt und Land, Broschüre, 2015

Schall, Rainer: Waldbaden mit allen Sinnen. Die Heilkraft der Natur erleben, Kosmos 2019

Schauberger, Viktor und Jörg: Das Wesen des Wassers. Original-Texte, AT Verlag 2006

Scheidler, Fabian: Der Stoff, aus dem wir sind. Warum wir Natur und Gesellschaft neu denken müssen, Piper 2021

Schieblinge, L.: Schöne Geister. Frauen in den Anfängen der modernen Wissenschaft. Klett-Cotta 1993

Schilk, Jochen: Die Wiederbegrünung der Welt. 50 Geschichten vom Bäumepflanzen, Drachen 2019

Schmidt, Peter A., Hecker, Ulrich: Taschenlexikon der Gehölze. Ein botanisch-ökologischer Exkursionsbegleiter, Quelle & Meyer 2009

Schubert, R., Wagner, G.: Botanisches Wörterbuch, Pflanzennamen und botanische Fachwörter, Eugen Ulmer 2000

Schwartz, Judith D.: The Reindeer Chronicles – and Other Inspiring Stories of Working with Nature to Heal the Earth, Chelsea Green Publishing 2020

Scott, James C.: Die Mühlen der Zivilisation. Eine Tiefengeschichte der frühesten Staaten, Suhrkamp 2020

Simard, Suzanne: Finding the Mother Tree. Uncovering the Wisdom and Intelligence of the Forest, Allen Lane 2021

Sloterdijk, Peter: Du musst dein Leben ändern. Über Anthropotechnik, Suhrkamp 2012

Smith, Betty: A tree grows in Brooklyn, The center of learning (1934) 1993

Spohn, Margot: Kosmos-Baumführer Europa, Kosmos 2022

Stammel, Heinz J.: Die Apotheke Manitous, Wunderlich 1986

Suzuki, David, Grady, Wayne: Der Baum. Eine Biografie, oekom 2012

Tallamy, Douglas W.: Nature's Best Hope. A New Approach to Conservation That Starts in Your Yard, Timber Press 2019

Tallantire, P. A.: The Early Holocene-Spread of Hazel in Europe North and West of the Alps. An Ecological Hypothesis, Holocene 12, 2002

Tatschl, Siegfried: 555 Obstsorten für den Permakulturgarten und -balkon. Planen, Auswählen, Ernten, Genießen, Löwenzahn Studienverlag 2021

Terberger, Thomas, Böhner, Utz, et al.: 300 000 Jahre Spitzentechnik: Der altsteinzeitliche Fundplatz Schöningen und die frühesten Speere der Menschheit, Edition Theiss 2018
Tudge, Colin: Neanderthals, Bandits & Farmers, Yale University Press 1999
Ufer, T., Wrede A.: Stadtgrün 2025. Klimawandel und Baumsortimente der Zukunft – ein neues EIP-Projekt in Schleswig-Holstein, Tagungsband 34, Osnabrücker Baumpflegetage, 2016
Van Horn, Gavin, Kimmerer, Robin Wall, Hausdoerffer, John (Hg.): Kinship: belonging in a world of relations, vol. 1, Planet, Center for Humans and Nature Press 2021
Wichterich, Andrea: Wald-Yoga im Jahreskreis, Synergia 2021
Wichterich, Andrea: Waldverbunden. Eintauchen in die Präsenz des Waldes, Neue Erde 2018
Wilson, E. O.: Die Hälfte der Erde. Ein Planet kämpft um sein Leben, C. H. Beck 2016
Whitman, Walt: Grashalme, Anaconda (1855) 2009
Whittle, Tyler: Pflanzenjäger. Die abenteuerliche Suche nach dem Grünen Gold, Prestel 1971
Wohlleben, Peter: Der lange Atem der Bäume. Wie Bäume lernen, mit dem Klimawandel umzugehen – und warum der Wald uns retten wird, wenn wir es zulassen, Ludwig 2021
Wohlleben, Peter: Das geheime Band zwischen Mensch und Natur. Erstaunliche Erkenntnisse über die 7 Sinne des Menschen, den Herzschlag der Bäume und die Frage, ob Pflanzen ein Bewusstsein haben, Ludwig 2019
Wohlleben, Peter: Mein erstes Waldstück – naturnah und nachhaltig bewirtschaften, Eugen Ulmer 2018
Wohlleben, Peter: Das geheime Leben der Bäume, Ludwig 2015
Zürcher, Ernst: Die Bäume und das Unsichtbare. Erstaunliche Erkenntnisse aus der Forschung, AT Verlag 2020

WEITERFÜHRENDE QUELLEN

ALLGEMEIN ZUM KLIMAWANDEL

www.allaboutclimate.com (Yann Gagers)
www.stopecocide.earth
www.ecologicalcitizen.org

ALLGEMEIN ZU KLIMABÄUMEN IN DER STADT

www.die-gruene-stadt.de
www.die-gruene-stadt.de/baeume-und-pflanzen-lassen-staedte-atmen.pdfx
www.cityrepair.org
Untersuchungen zum Gebrauchswert von Straßenbäumen:
www.straatbomen.nl

INFORMATIONEN ZUM WALDBADEN

Deutschland: Deutsche Waldbaden Akademie
www.waldbaden-akademie.com

Schweiz: Waldbadeninstitut Schweiz
www.achtsamkeitimwald.ch

Österreich: Institut für Waldbaden
www.waldwelt.at

BEISPIELE FÜR WALDBADENPFADE

www.buergerstiftung-sindelfingen.de/2021/07/23/sindelfingen-erleben-waldbadepfad/
www.schwarzwald-tourismus.info/attraktionen/waldbadepfad-bollschweil-st.-ulrich-59bf37d44f

Sämtliche Links wurden zuletzt am 26. April 2022 abgerufen.

BEZUGSQUELLEN FÜR KLIMAGEHÖLZE

Hier finden Sie eine Auswahl an Bezugsquellen für Klimabäume für Garten, Permakultur, Waldgarten, Agroforst, Stadtbegrünung und Tiny Forest.

ACKERBAUM
Essbare Pflanzen für die Zukunft.
Kompetent, große Auswahl.
www.ackerbaum.de

AHORNBLATT
Einheimische Sträucher und Gehölze.
www.ahornblatt-garten.de

BALKEP, BALKAN ECOLOGY PROJECT
Informative Website mit Listen von permakulturellen Bäumen für jeden Zweck. Sitz in Bulgarien. Bäume für heiße trockene Sommer, kalte kontinentale Winter. Unterstützenswertes Projekt.
www.balkep.org

BAUMFELDWIRTSCHAFT
Beratung und Planung von Agroforstprojekten, Waldgärten, regenerativer Landwirtschaft.
www.baumfeldwirtschaft.de

BAUMSCHULE BRENNINGER
Alte Sorten sehr guter Qualität.
www.baumschule-brenninger.de

BRUNS PFLANZEN
Baumschulen, große Auswahl.
www.bruns.de

CARYA, BAUMSCHULE FÜR UNGEWÖHNLICHE OBSTGEHÖLZE

Ökologisch, sehr gutes Angebot und Preis-Leistungs-Verhältnis. Sitz in Polen. Da es im Sommer in Polen heiß und trocken ist, sind die Gehölze zukunftsfest.
www.kornelkirsche.eu

MARTIN CRAWFORD

Permakulturbetrieb, seltene Fruchtbäume und Sträucher.
www.agroforestry.co.uk

DEAFLORA

Seltene essbare Bäume und Sträucher wie Maulbeere und Papier-Maulbeerbaum.
www.deaflora.de

EGGERT BAUMSCHULEN

Große Auswahl an Bäumen und Sträuchern.
www.eggert-baumschulen.de

FRIEDERSDORFER BAUMSCHULEN

Ökologische Baumschule mit Wildobstraritäten.
www.baumschule-friedersdorf.de

HÄBERLI FRUCHTPFLANZEN

Seltene Fruchtbäume und Sträucher.
www.haeberli-beeren.ch

RARITÄTENGÄRTNEREI MANFRED HANS

Obstbäume, Maulbeeren, Raritäten.
www.manfredhans.de

OBSTBAUMSCHULE HUBMANN

Raritäten wie Maulbeeren oder türkische Quitten.
www.baumschule-hubmann.at

BAUMSCHULE FÜR KLIMAWANDELGEHÖLZE LARS KASPER

Große Auswahl und professionelle Beratung.
www.klimawandelgehoelze.de

OPENSOURCESEEDS

Saatgut als Gemeingut. Alternative gegen Privatisierung von Saatgut. Samen für den Waldgarten.
www.opensourceseeds.org

BAUMSCHULE RITTHALER

Gute Qualität, viel Information und Material zum Veredeln. Die Baumschule für den Einstieg ins DIY beim Veredeln.
www.baumschuleritthaler.de

PFLANZ MICH

Baumschule, Obstsorten, Raritäten.
www.pflanzmich.de

VERBAND DEUTSCHER FORSTBAUMSCHULEN

Forstbäume, auch in großen Mengen und kleinem Wuchs, anwachsfreudig und preiswert, auch für Tiny Forests.
www.vdf-online.org

SEEDEO-SAMENRARITÄTEN

Saatgut verschiedener Klimabäume wie Amberbaum, Blauglockenbaum, Buddha Baum, Maulbeerbaum, Tulpenbaum. Mit brauchbaren Tipps und Ratschlägen zur eigenen Zucht.
www.seedeo.de

HERZLICHEN DANK

In den bewegten Jahren 2020 bis 2022 schrieb ich forschend und recherchierend an diesem Buch, durch Klimawandel, Pandemie und die spürbare Nähe eines Krieges hindurch. Mit jedem Tag erschien mir das Thema bedeutender. Dies und die Begleitung vieler Menschen, die mich bei der Arbeit unterstützten, ermöglichten es, dass das Buch entstehen konnte. Ich möchte euch allen ganz herzlich dafür danken. Ihr seid großartig.

Angelika Weigand nahm es als Erste mit den Fehlerteufelchen und den Ungereimtheiten in meinem Manuskript auf. Wulf Hein, der meinen Text ebenfalls gegenlas, versorgte mich die ganze Bucharbeit hindurch mit wertvollem Fachwissen, unermüdlich und geduldig angesichts meiner vielen Fragen. Dieter Baur, der ebenfalls den Text durchsah, steuerte wichtige Fakten über Zusammenhänge zu Bäumen, Wäldern, Klima und so weiter bei. Michael Brantner, der ebenfalls die Textentstehung begleitete, lieferte mit viel professionellem Sachverständnis wertvolle Hinweise. Wissen über Zusammenhänge von Klimawandel, Wasserretention, über die praktische Umsetzung von Permakultur, regenerativer Landwirtschaft und Gemeinschaftsleben erläuterte mir theoretisch und praktisch mein Sohn Silvano Rizzi.

Lars Kasper empfing mich in seiner Baumschule voller wunderbarer Klimawandelgehölze und teilte mit mir sein Wissen darüber. Christine Ohde erstellte die ersten inspirierenden Fotos und Recherchen zu den Klimabäumen, begleitete mich bei meinen Recherchen und ließ sich von meiner Begeisterung für das Thema anstecken. Jonas Frei legte kilometerlange Strecken mit mir in Zürich zurück, zeigte mir fast alle Klimabäume des Buches in dieser Stadt, teilte sein umfangreiches Wissen darüber mit mir und erstellte Fotos für das Buch.

Axel Heinrich von der Zürcher Hochschule für Angewandte Wissenschaften in Wädenswil lieferte wichtige Hinweise und Fakten zum Thema Klimabäume in der Stadt und erzählte von seinen eigenen Erfahrungen damit. Felix Keller versorgte mich mit Fachzeitschriften. Ronny Müller von der

Permakulturschule Dreisamtal unterstützte mich bei der Erstellung der Texte zum Thema Permakultur mit seinem Fachwissen und mit seiner mitreißend guten Energie während unserer gemeinsamen Lehrtätigkeit bei den Ausbildungskursen zur Permakultur.

Mit Paul Wernicke von der Wildnisschule Hoher Fläming hatte ich viel Spaß bei den gemeinsamen praktischen Recherchen darüber, wie man Schwarznüsse knackt. Eleonora Sparer und Joe Dipaolo steuerten Rezepte bei. Christian Jean Schürr unterstützte mich bei meinen Recherchen in Eberswalde. Anne Talk half tatkräftig bei der Erstellung der letzten Skripte.

Silke Paulick, Annelieke van der Slujs, Ernst Gumbrecht, Esther Kempf, Martina Keller, Sabine Karg und Judith Bölke halfen bei den Recherchen und trugen wertvolles Fachwissen bei. Tanja Kaller, Roland Wildgruber, Christine Karmann und Mario Strobel versorgten mich während der Pandemiezeit in meiner Schreibklause liebevoll mit Nahrung.

Gabriela Lagrange bereicherte das Buch mit ihren ausdrucksstarken und wunderschönen Fotos, Rosy Jungbluth trug bezaubernde Illustrationen dazu bei. Lisa Marie Ghabhour Hanna erstellte die Porträtfotos. Carla Schmid vom AT Verlag hat alles zu dieser ansprechenden und schönen Gestaltung des Buches zusammengefügt. Vielen Dank dem Team des AT Verlags, Urs Hofmann und Monika Schmidhofer für die unterstützende und freundliche Zusammenarbeit.

Danke allen meinen Lehrerinnen und Lehrern und danke an das, was dazu beigetragen hat, dass ich dieses Buch schreiben konnte.

Danke an die Menschen und Bäume, die mich in meinem Leben begleiten.

DIE AUTORIN

Susanne Fischer-Rizzi, Heilpraktikerin, Pionierin der Heilpflanzenkunde und der Aromatherapie, Expertin für Permakultur und Agroforst. Ausbildung bei Heilkundigen in Europa, Asien und Amerika. Autorin von 15 Fachbüchern, die in zahlreiche Sprachen übersetzt wurden. Seit über vierzig Jahren intensive Beschäftigung mit Bäumen und Wäldern. Lehrtätigkeit im In- und Ausland und an der von ihr gegründeten Schule ARVEN für Heilpflanzenkunde, Aromatherapie und Wildniswissen.

ARVEN

Schule für Heilpflanzenkunde, Aromatherapie,
Permakultur und Wildniswissen
Susanne Fischer-Rizzi
D-87475 Sulzberg
www.susanne-fischer-rizzi.de
mit Angaben zu Seminaren, Ausbildungen, Workshops und Vorträgen.

FOTOGRAFIN / FOTOGRAF

Gabriela Lagrange, geboren in Buenos Aires, Argentinien, beschäftigt sich seit 2011 intensiver mit Wissen und Weisheit der Pflanzen, Permakultur, Naturmedizin sowie der Esskultur und ihrer Geschichte rund um den Globus.

Jonas Frei ist Landschaftsarchitekt und Stadtökologe aus Zürich. Er befasst sich mit der Gestaltung von Freiräumen, mit Botanik und Stadtökologie und setzt Projekte als Fotograf, Dokumentarfilmer und Illustrator um. Autor mehrerer Bücher im AT Verlag.

ILLUSTRATORIN

Rosy Jungbluth, geboren in Lima, Peru, fokussiert sich in ihrem zeichnerischen Werk auf das Darstellen des Waldlebens. Sie lebt in der Schweiz und hat ihre Bilder in zahlreichen Ländern ausgestellt.

Fotos
Gabriela Lagrange: Umschlag Vorderseite, 6, 11, 16, 19, 22, 29, 36, 41, 44, 48/49, 55, 57, 58/59, 60, 62, 63, 70/71, 75, 78/79, 90/91, 92, 95, 109, 111, 116, 117, 118, 120/121, 122, 125, 126/127, 129, 131, 150, 177, 181, 184/185, 186, 191, 192, 193, 196/197, 201, 202, 204, 208/209, 211, 212, 214, 220, 224, 226, 227, 230/231, 234/235, 236, 256, 260, 265, 266, 272, 278/279, 282, 290, 296/297, 307
Jonas Frei: 52, 66/67, 68, 72, 82, 83, 88, 102, 103, 104/105, 106, 112, 113, 114, 132, 137, 138/139, 140, 142, 143, 151, 154, 157, 158/159, 164/165, 168, 170, 171, 216, 218/219
iStock:
65 ©iStock.com/Werner Meidinger
85 ©iStock.com/Cuckoo
87, 96, 135, 232 ©iStock.com/seven75
146 ©iStock.com/nakagun, Japan
152 ©iStock.com /Svetlanistaya
162 ©iStock.com /Yurich84
166 ©iStock.com/Whiteway
174, 182 ©iStock.com/Skapie777
238/239 ©iStock.com/Anita Nicholson
244 ©iStock.com/Aleksander
251 ©iStock.com/heckepics
318 ©Lisa Marie Ghabbour Hanna
319 ©Lucia Rigazio, ©Norman Eppenberger, ©Elias Binggeli
Illustrationen, Rosy Jungbluth: 76, 80, 98, 173, 179, 189, 194, 223, 228, Umschlag Rückseite

AT Verlag AG, Aarau und München
Lektorat: Diane Zilliges
Fotos: Gabriela Lagrange und Jonas Frei
Illustrationen: Rosy Jungbluth
Grafische Gestaltung und Satz: Carla Schmid, AT Verlag
Bildbearbeitung: Christian Spirig
Druck und Bindearbeiten: Printer Trento, Trento
Printed in Italy

ISBN 978-3-03902-077-5

www.at-verlag.ch

Der AT Verlag wird vom Bundesamt für Kultur für die Jahre 2021 bis 2024 unterstützt.

MIX
Papier aus verantwortungsvollen Quellen
FSC www.fsc.org FSC® C015829